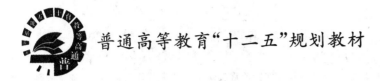

普通高等教育"十二五"规划教材

大学物理实验

主　编　王憨鹰　王国章
副主编　李小龙　晋宏营　王兆华
　　　　程君妮　刘美云

北京邮电大学出版社
·北京·

内容提要

本书根据国家教育部制订的《高等院校工科本科物理实验课程教学基本要求》（修订版）中基础实验部分的要求编写。全书共分6章。第1章介绍测量误差、实验结果的不确定度表示及数据处理等基础知识，第2～5章分别介绍力学实验、热学实验、电磁学实验、光学实验的原理、实验步骤和数据处理等相关内容，第6章罗列了部分拓展型实验以此开阔学生视野。本教材按照由易到难、由浅入深、循序渐进的原则，编排每一个实验。本书可作为高等院校理工科专业的大学物理实验教材及实验技术人员和其他相关人员的教学参考书。

图书在版编目(CIP)数据

大学物理实验/王憨鹰,王国章主编. -- 北京：北京邮电大学出版社,2015.1(2018.12重印)
ISBN 978-7-5635-4194-2

Ⅰ.①大… Ⅱ.①王… ②王… Ⅲ.①物理学—实验—高等学校—教材 Ⅳ.①O4-33

中国版本图书馆 CIP 数据核字(2014)第 266022 号

书　　名	大学物理实验
主　　编	王憨鹰　王国章
责任编辑	张保林
出版发行	北京邮电大学出版社
社　　址	北京市海淀区西土城路10号(100876)
电话传真	010-82333010　62282185(发行部)　010-82333009　62283578(传真)
网　　址	www.buptpress3.com
电子信箱	ctrd@buptpress.com
经　　销	各地新华书店
印　　刷	北京泽宇印刷有限公司
开　　本	787 mm×1 092 mm　1/16
印　　张	20
字　　数	499千字
版　　次	2015年1月第1版　2018年12月第5次印刷

ISBN 978-7-5635-4194-2　　　　　　　　　　　　　　定价：45.00元

如有质量问题请与发行部联系

版权所有　侵权必究

前　言

《大学物理实验》是依照国家级教材的编写要求,并结合学校的实际情况,借鉴了国内同类教材先进经验编撰而成。撰写此教材旨在锻炼学生动手能力,突出学生创新思维、创新方法、创新能力的培养。在内容的安排上,分为基础性实验、拓展性实验等两个部分。在撰写格式上,编写了实验原理的理论推导、计算,注重实验方法、实验操作技能和数据处理方法的介绍,并通过课前预习、课后留思考题等方式引导学生自主学习,查阅资料。而且在数据处理中引入不确定度的概念,使学生掌握一定的标准计量方法。该教材实际操作感强,既能使学生的基本实验技能得到训练,又能使学生在以后的工程实践中上手能力得到培养。

本书共分 6 章。第 1 章介绍测量误差、实验结果的不确定度表示及数据处理等基础知识;第 2 章为力学实验,包含 9 个实验;第 3 章为热学实验,包含 9 个实验;第 4 章为电磁学实验,包含 10 个实验;第 5 章为光学实验,包含 9 个实验;第 6 章为拓展性实验,包含 10 个实验。

本书由王憨鹰、王国章主编,由李小龙、晋宏营、王兆华、程君妮、刘美云任副主编。编写具体分工:第 1 章和第 2 章由王憨鹰和程君妮编写,第 3 章由晋宏营和刘美云编写,第 4 章由王国章和李小龙编写,第 5 章由王国章、王兆华和李小龙编写,第 6 章由王憨鹰和李小龙编写。本书出版前李增生教授和李成荣教授对书稿进行了审阅,并提出许多宝贵意见。全书由王憨鹰和李小龙负责统稿工作。本书不仅包含了榆林学院几十年物理实验教学实践的积累,还吸收了兄弟院校的优秀教学成果,展现了近几年来我们对物理实验教学新体系探索的尝试。

在本书的出版过程中得到陕西省"理工科专业学生大学物理自主学习能力的培养与评价研究"教改项目、"榆林学院教材建设资助项目"的资助,以及榆林学院教务处、能源工程学院主要领导和物理教研室全体老师的大力支持。还有北京邮电大学出版社马飞老师和张保林老师为本书的出版付出了辛勤劳动。在此一并感谢!

由于编者水平有限,书中难免还存在一些缺点和错误,殷切希望广大读者批评指正。

编　者
2014 年 11 月
于榆林学院

目 录

绪论 ··· 1

第1章 测量误差与数据处理知识 ·· 5
1.1 测量 ··· 5
1.2 测量的不确定度 ·· 10
1.3 数据处理方法 ··· 30

第2章 力学实验 ·· 46
实验2.1 长度测量 ·· 46
实验2.2 用流体静力称衡法测物体的密度 ·· 51
实验2.3 动量守恒定律的验证 ·· 53
实验2.4 用单摆测量重力加速度 ··· 59
实验2.5 用比重瓶测小块固体和液体的密度 ··· 62
实验2.6 用拉伸法测金属丝的杨氏弹性模量 ··· 64
实验2.7 刚体转动的研究 ·· 69
实验2.8 弹簧振子的简谐振动 ·· 72
实验2.9 测量弦振动时波的传播速度 ·· 76

第3章 热学实验 ·· 83
实验3.1 测定冰的熔解热 ·· 83
实验3.2 用混合法测定金属的比热容 ·· 86
实验3.3 用电热法测定热功当量 ··· 88
实验3.4 研究物态方程 ··· 90
实验3.5 空气比热容比测定 ··· 91
实验3.6 用落球法测量液体的黏滞系数 ·· 94
实验3.7 拉脱法测液体的表面张力系数 ·· 97
实验3.8 金属线膨胀系数的测定 ··· 100
实验3.9 液体比热容的测定 ··· 103

第4章 电磁学实验 ··· 106
实验4.1 电阻的伏安特性研究 ·· 106

实验 4.2　电表的改装和多用表的使用 ·················· 110
　　实验 4.2.1　电表的改装与校准 ························ 110
　　实验 4.2.2　多用表的使用 ···························· 115
实验 4.3　电桥原理与使用 ································ 120
实验 4.4　电位差计测电动势 ······························ 123
　　实验 4.4.1　线式电位差计测电动势 ···················· 124
　　实验 4.4.2　箱式电位差计测电动势 ···················· 128
实验 4.5　静电场的描绘 ·································· 131
实验 4.6　霍耳效应 ······································ 135
　　实验 4.6.1　利用霍耳效应测磁场 ······················ 135
　　实验 4.6.2　利用霍耳效应测量霍耳元件的基本参数 ······ 140
实验 4.7　示波器的调整与使用 ···························· 148
实验 4.8　电子束实验 ···································· 166
实验 4.9　铁磁材料的磁滞回线和基本磁化曲线 ·············· 173
实验 4.10　温度特性的研究 ······························ 184
　　实验 4.10.1　金属电阻温度系数的测定 ················ 184
　　实验 4.10.2　PN 结正向压降与温度关系的研究和应用 ···· 186
　　实验 4.10.3　热敏电阻温度特性的研究 ················ 189

第 5 章　光学实验 ······································ 192
实验 5.1　薄透镜焦距的测定 ······························ 192
实验 5.2　分光计的调整与使用 ···························· 196
实验 5.3　用分光计测折射率 ······························ 203
实验 5.4　用分光计测光栅常数和波长 ······················ 207
实验 5.5　牛顿环 ·· 211
实验 5.6　偏振光的研究 ·································· 214
实验 5.7　迈克耳孙干涉仪测波长 ·························· 219
实验 5.8　物质旋光性的研究与测量 ························ 223
实验 5.9　光电效应法测定普朗克常数 ······················ 228

第 6 章　拓展性实验 ···································· 236
实验 6.1　照相技术 ······································ 236
实验 6.2　数字万用表设计实验 ···························· 241
实验 6.3　光敏电阻综合实验 ······························ 244
　　实验 6.3.1　光敏电阻的光电特性 ······················ 244
　　实验 6.3.2　光敏电阻的伏-安特性 ····················· 246
实验 6.4　光敏开关设计实验 ······························ 247
实验 6.5　用低电势电位差计测量热电偶温差电动势 ·········· 249

实验6.6　密立根油滴实验 ………………………………………………… 253
　　实验6.7　弗兰克-赫兹实验 ………………………………………………… 259
　　实验6.8　多普勒效应综合实验 …………………………………………… 268
　　实验6.9　波尔共振实验 …………………………………………………… 277
　　实验6.10　声速测定 ………………………………………………………… 285

附录 ……………………………………………………………………………… 292
　　一、国际单位制 ……………………………………………………………… 292
　　二、常用物理参数 …………………………………………………………… 295
　　三、常用仪器的性能参数 …………………………………………………… 301

绪　　论

　　实验是人们研究自然规律、改造客观世界的一种特殊的实践形式和手段。人们通过实验发现自然规律,检验自然科学理论,同时,工程设计和生产实际中的问题也要靠实验来解决。

　　实验不同于对自然现象的直接观察,也不同于生产过程中的直接经验。其特有的优点是：第一,可以利用实验方法控制实验条件,排除外界因素的干扰,从而能有效地突出被研究事物之间的某些重要关系；第二,可以把复杂的自然现象或生产过程分解成若干独立的现象和过程,进行个别的和综合的研究；第三,可以对现象和过程进行满足预期准确度要求的定量测量,以揭示现象和过程中的数量关系；第四,可以进行重复实验,或改变条件进行实验,便于对事物的各方面作广泛的比较和分析等。

　　本教材以物理实验知识、方法和技能为基点,旨在学生能通过实验实践来体验和熟悉科学实验的过程和特点。

一、物理实验的特点

　　学生在物理实验课中主要是通过自己独立的实验实践来学习物理实验知识、培养实验能力和提高实验素养,这个学习任务决定了作为实验课程的物理实验有以下几个特点：

　　(1) 实验带有很强的目的性。无论是应用性实验、验证性实验还是探索性实验,几乎都是在已经确立的理论指导下的实践活动,在有限的时间内,不仅要完成实验课题(实验目的),而且还要完成学习任务(学习要求)。那种把实验课程看成是摆弄摆弄仪器、测测数据就达到目的的单纯实验观点是十分有害的。

　　(2) 实验要采取恰当的方法和手段,以使所要观测的物理现象和过程能够实现,并达到符合一定准确度的定量测量要求。虽然方法和手段会随着科学技术和工业生产的进步而不断改进,但历史积累的方法仍是人类知识宝库精华的一部分。有了积累才有创新,因此,从一开始就应十分重视实验方法知识的积累。

　　(3) 实验中所包括的技能,其内容十分广泛。仪器的选择、使用和保养,设备的装校、调整和操作,现象的观察、判断和测量,故障的检查、分析和排除……它有众多的原则和规律,可以说它是知识、见解和经验的积累。唯有实践,既动手又动脑,才有可能获得这种技能,单凭看书是不可能学到的。

　　(4) 实验需要用数据来说明问题。数据是实验的语言,物理实验中数据处理有各种不同的方法和特定的表达方式。测量结果、验证理论、探索规律和分析问题,无一不用数据,数据是学术交流和报告技术成果最有力的工具和最准确的语言。

　　实验集理论、方法、技能和数据于一体。它不但要求实验者弄懂实验内容与实验方法的道理,而且还要求实验者根据这些道理付诸实践,从获得的数据结果中得出应有的结论,这就是物理实验的特点。

二、物理实验的基本程序和要求

做任何一个实验时,都必须把握住实验预习、实验进行和实验总结这三个重要环节。

1. 实验预习

预习至关重要,它决定着实验能否取得主动和收获的大小。预习包括阅读资料、熟悉仪器和写出预习报告。

仔细阅读实验教材和有关的资料,重点解决三个问题:

(1)做什么:这个实验最终要得到什么结果;

(2)根据什么去做:实验课题的理论依据和实验方法的道理;

(3)怎么做:实验的方案、条件、步骤及实验关键。

预习报告用统一的预习实验报告纸按格式要求书写,并且要求书写整洁、清晰,排版合理。预习报告格式要求:

(1)实验名称;

(2)实验目的;

(3)实验仪器;

(4)原理简述(原理、有关定律或公式,电路图或光路图);

(5)数据记录表格;

(6)预习思考题。

2. 实验的进行

学生进入实验室后,先在实验室准备好的实验情况登记表上签到,然后认真听实验教师的讲解指导,再按照编组使用相应的指定仪器。应该像科学工作者那样要求自己,井井有条地布置仪器,根据事先设想好的步骤演练一下,然后再按确定的步骤开始实验。要注意细心观察实验现象,认真钻研和探索实验中的问题。不要期望实验工作会一帆风顺,要把遇到问题看作是学习的良机,冷静地分析和处理它。仪器发生故障时,要在教师的指导下学习排除故障的方法。总之,要把重点放在实验能力的培养上,而不是测出几个数据就认为完成了任务。

要做好完备而整洁的记录,例如,研究对象的编号,主要仪器的名称、规格和编号;原始数据要用钢笔或圆珠笔记入事先准备好的表格中,如确实记错,也不要涂改,应轻轻画上一道,在旁边写上正确值(错误多的,须重新记录),使正误数据都清晰可辨,以供在分析测量结果和误差时参考。不要用铅笔记录,给自己留有涂抹的余地;也不要先草记在另外的纸上再誊写在数据表格里,这样容易出错,况且,这也不是"原始记录"了。希望同学们注意纠正自己的不良习惯,从一开始就培养良好的、科学的作风。

实验结束,先将实验数据交教师审阅,经教师验收签字后,然后再整理还原仪器,方可离开实验室。

3. 实验总结

实验后要对实验数据及时进行处理。如果原始记录删改较多,应加以整理,对重要的数据要重新列表。数据处理过程包括计算、作图、误差分析等。计算要有计算式(或计算举例),代入的数据都要有根据,便于别人看懂,也便于自己检查;作图要按作图规则,图线要规矩、美观;

数据处理后应给出实验结果。最后要求撰写出一份简洁、明了、工整、有见解的实验报告。这些是每一个大学生必须具备的报告工作成果的能力。

实验报告内容包括：

(1)实验名称；

(2)实验目的；

(3)实验仪器；

(4)实验原理 简要叙述有关物理内容(包括电路图或光路图或实验装置示意图)及测量中依据的主要公式,式中各量的物理含义及单位,公式成立所应满足的实验条件等；

(5)实验步骤 根据实际的实验过程写明关键步骤；

(6)注意事项；

(7)数据报告与数据处理 列表报告数据,完成计算、曲线图、不确定度计算或误差分析,最后写明实验结果；

(8)小结和讨论 内容不限,可以是对实验中现象的分析,对实验关键问题的研究体会,实验的收获和建议,也可以是解答实验思考题。

三、物理实验成绩评定记分标准(参考使用)

1．到课准时(10分)

到课准时,以上课铃声为准。到课准时者记10分,迟到者扣10分。

2．预习报告(10分)

(1)预习报告用统一的预习实验报告纸按格式要求书写,且书写整洁、清晰,排版合理者,记10分。预习报告格式要求：

①实验名称；

②实验目的；

③实验仪器；

④原理简述(原理、有关定律或公式,电路图或光路图)；

⑤数据记录表格；

⑥做好预习思考题。

(2)在上面格式要求中任缺一项扣2分,可累计扣分。

(3)格式基本达到要求,但书写潦草者可酌情扣分。

3．实验操作(40分)

(1)按实验步骤和实验程序,自觉认真完成实验且实验数据达到要求者,记40分。

(2)抄数据者扣40分。

(3)实验过程中,根据实验步骤和实验程序规范程度及实验数据合乎要求的情况视情形酌情记分。

(4)粗心大意损坏仪器,除按规定赔款外,另扣10分。

4．文明卫生纪律(5分)

(1)遵守实验室规则。在实验过程中始终遵守纪律、认真完成实验,不随意在实验室内、外走动,不在实验室吃东西、吸烟、乱丢纸屑者,记5分。

(2)违反上款任一项者扣5分。

(3)实验完毕后,老师要求学生打扫室内卫生,不打扫者扣5分。

(4)上实验课闲谈、大声喧哗或不听指导者,扣5分。

(5)上实验课违反纪律屡教不改或早退者,本次实验成绩记0分。

5. 仪器整理(5分)

(1)实验完毕,学生按要求主动整理好仪器的,记5分。

(2)实验完毕,学生没有整理仪器的,扣5分。

(3)实验完毕,整理仪器不符合要求者,可视其情况酌情扣分。

6. 实验报告(30分)

(1)实验报告用统一的实验报告纸按格式要求书写,实验数据按要求处理并有实验结果表示,报告书写整洁、清晰、布局合理者,且附有预习报告和原始记录,可记30分。实验报告格式要求:

①实验名称;

②实验目的;

③实验仪器;

④实验原理(简单扼要);

⑤实验步骤;

⑥注意事项;

⑦实验数据及处理(要有明确结果);

⑧体会(讨论或答思考题)。

(2)没有数据处理、计算过程以及最后结果表示的,扣15分。

四、实验课程流程图

实验课程的流程如图0-1所示。

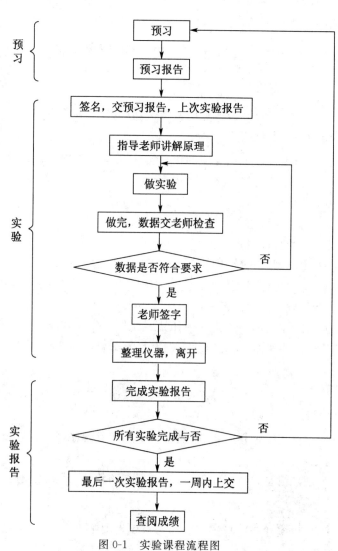

图0-1 实验课程流程图

第1章 测量误差与数据处理知识

1.1 测　　量

在物理实验中，不仅要定性地观察物理现象，而且还需要定量地测量有关物理量。测量就要取得数字、记录数据、计算和报告数据，这里都存在有效数字取位的问题。因此，从实验课一开始，就要建立有效数字的概念，并强调通过练习达到熟练掌握和运用于每一个数据的目的。

一、测量的定义

1. 测量的定义

以确定量值为目的的一组操作称为测量（或计量）。

测量的过程就是把被测物理量与选作计量标准单位的同类物理量进行比较的过程。选作计量单位的标准必须是国际公认的、唯一的、稳定不变的。例如，真空中的光速是一个不变的量，国际单位制由此规定以光在真空中 $1/299\ 792\ 458$ s 的时间间隔内所经路径的长度作为长度单位——1 m。

测量一个物体的长度，就是找出该被测量是 1 m 的多少倍，这个倍数称为测量的读数。数值连同单位记录下来便是数据，称为量值。量值用数值和单位的乘积来表示。

例如，钠光的一条谱线的波长为 $\lambda=589.6\times10^{-7}$ m，它是单位 m 和数值 589.6×10^{-7} 的乘积。在图表和表格中正确的表示是 $\lambda/\text{m}=589.6\times10^{-7}$。

2. 直接测量和间接测量

根据获得数据的方法不同，测量可分为直接测量和间接测量两类。

(1) 直接测量。

把被测量直接与标准量（量具或仪表）进行比较，直接读数，直接得到数据，这样的测量就是直接测量，相应的物理量称为直接测量量。例如，用米尺测量长度，用天平测量质量，用欧姆表测量电阻等。

直接测量是测量的基础。

(2) 间接测量。

大多数物理量没有直接测量的量具或仪表，不能直接得到测量数据，但能够找到它与某些直接测量量的函数关系。测出直接测量量,通过函数关系得到被测量的测量数据,这种测量称为间接测量,相应的物理量就是间接测量量。

例如,圆的半径 r,若圆心不能确定就不能直接测量,但可测量直径 d,然后通过公式 $r=d/2$ 算出半径,这就是间接测量。这时半径 r 就是间接测量量。实际中的间接测量远远多于直接测量。实际中的原理、方法、步骤、计算等,大都是间接测量的内容;实验方法、实验技术也主要在间接测量范围之内。

3. 基本单位和导出单位

不同的物理量有各自不同的单位,幸而各物理量不是相互独立,而是由许多物理定义和物理规律联系起来的,所以只需要规定少数几个物理量的单位,其他物理量的单位就可根据定义和物理规律推导出来。独立定义的单位叫作基本单位,相对应的物理量叫作基本量;由基本单位推导出的单位叫作导出单位,相对应的物理量叫作导出量。

需要注意的是,在测量中区分的直接测量量和间接测量量,与在计量单位中规定的基本量和导出量,两事件之间没有对应关系。例如,物理的质量,它的单位 kg 是基本单位,若用天平测量,它是直接测量量;若把它浸没在量筒中的水里测出体积 V,从手册中查出该物质的密度 ρ,再用公式 $m=\rho V$ 计算,则该质量就是间接测量量了。

在物理学发展过程中,曾建立过各种不同的单位制,各单位制选取的基本量和规定的单位各不相同,使用中常常造成混乱,带来诸多不便。1960 年,国际计量大会正式通过了一种通用于一切计量领域的单位制——国际单位制,用符号"SI"表示。SI 规定的基本单位有 7 个。为了保证单位量值的统一,国际计量局设有复现单位标准的专门实验室,每个国家又都有自己的计量组织。任何工厂生产的量具、仪表都要经过计量单位检验鉴定才能出售使用,以保证量具能在规定的准确度标准下体现出量度单位。现在,我国已建立了与国际计量单位一致的米、秒、千克、开[尔文]、安[培]、坎[德拉]6 个基本单位的基准,其中有的基准完成了实验基准向自然基准过渡的工作。如实现米的新定义的碘稳频 He-Ne 激光器,实现 1990 年国际温标中用的中、高温固定点及铂电阻温度计,绝对重力仪等,主要技术指标都达到国际先进水平,有的还处于国际领先地位。在开展国际量值比对中,我国的国际地位不断提高,计量科学技术水平在国际上的声誉和威望越来越高。在 50 多个物理量中,我国现已建立起 142 项国家基准和标准,并相应建立了各级计量(技术监督)部门、量值传递系统、管理制度和专门的计量人员队伍。我国计量科学的水平在世界上已步入领先的行列。

二、有效数字

1. 有效数字和仪器读数规则

(1)有效数字。

实验数据是通过测量得到的。读数的数字有几位,在实验中的含义是明确的。例如,用厘米分度的尺去测量一铜棒的长度(见图 1-1-1),我们先看到铜棒的长度大于 4 cm,小于 5 cm,进一步估计其端点超过 4 cm,刻线 3/10 格,得到棒长为 4.3 cm。不同的观察者估读不尽相同,可能读成 4.2 cm 或 4.4 cm。这样,同一根棒的长度得到 3 个测量结果,它们都应当是正确的。比较 3 个读数,可以看到最后一位数字测不准确,称之为欠准数字或可疑数字,前面的

"4"是可靠数字。

上例中得到的全部可靠数字和欠准数字都是有意义的,总称为有效数字。当被测物理量和测量仪器选定以后,测量值的有效数字的位数就已经确定了。我们用厘米分度的尺测量铜棒的长度,得到的结果为 4.2 cm、4.3 cm 或 4.4 cm 都是 2 位有效数字,它们的测量准确度相同。若换以毫米分度的尺子测量上例中的铜棒(图 1-1-2),从尺的刻度可以直接读出 4.2 cm,再估读到 1/10 格值,测定铜棒的长度为 4.22 cm(当然,不同的观察者还可能得到 4.21 cm 或 4.23 cm),测量结果有 3 位有效数字,准确度高于上例。

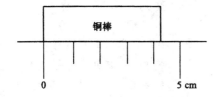

图 1-1-1　用厘米分度尺测量铜棒的长度

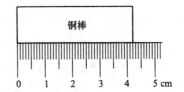

图 1-1-2　用毫米分度尺测量铜棒的长度

可见,用不同的量具或仪器测量同一物理量,准确度较高的量具或仪器得到的测量结果有效位数较多。另一方面,如果被测铜棒的长度是十几厘米或几十厘米,那么用厘米分度尺测量的结果变为 3 位有效位,用毫米分度尺测量的结果变为 4 位有效位。可见,有效位的多少还与被测量的大小有关。

有效位的多少,是测量实际的客观反映,不能随意增减测得值的有效位。

(2)仪器的读数规则。

测量就要从仪器上读数,读数应包括仪器指示的全部有意义的数字和能够估读出来的数字。

①估读。有一些仪器读数时需要估读,估读时首先根据最小分格的大小、指针的粗细等具体情况确定把最小分格分成几份来估读,通常读到格值的 1/10、1/5 或 1/2。前述图 1-1-1 就是估读到最小格值的 1/10。这样的仪器和量具很多,如米尺、螺旋测微计、测微目镜、读数显微镜、指针式电表等。图 1-1-3 是估读到 1/5 格值的例子。

②"对准"时的读数。对于已经选定的仪器,读数读到哪一位是确定的。例如,用 50 分度的游标卡尺测一物体的长度,游标恰与主尺 3 cm 刻线

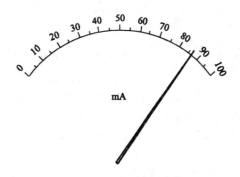

图 1-1-3　估读到 1/5 格值

对准,如图 1-1-4 所示。50 分度游标卡尺的分度值是 0.002 cm,这类仪器不估读,读数应读到厘米的千分位,测得值为 3.000 cm,有效位为 4 位,不可以读成 3 cm。反过来,如果以为"对准"是准确无误,3 后面的 0 有无穷多个也是错的,因为游标卡尺有一定的准确度,且"对准"也是在一定分辨能力限制下的对准。

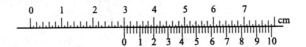

图 1-1-4　游标对准主尺 3 cm 刻线

由此可见,在每次测量之前,首先应记录所用仪器刻度的最小分度值,然后根据具体情况确定是否应当估读或估读到几分之一格值,必要时还要加以说明,使记录清楚明白。

(3)有效位的概念。

①数字中无零的情况和数字间有零的情况全部给出的均为有效数。例如,56.147 4 mm 这个量值,其有效数字共有6位;50.007 4 mm,其有效数字也有6位。

②小数末尾的零。有小数点时,末尾的零全部为有效数字。例如,50.140 0,其有效位为6位。

③第一位非零数字左边的零。第一位非零数字左边的零称为无效零。例如,0.050 470 0,有效位为6位;0.000 018 只有2位有效数字。

④变换单位。变换单位而产生的零都不是有效数字。计量单位的不同选择可改变量值的数值,但绝不应改变数值的有效位数。例如,4.30 cm = 0.0430 m = 430 00 μm = 0.000 0430 km,带有横线的0是因为单位变化而出现的,它们只反映小数点的位置,都不是有效数字。上例中的43 000 μm 还错误地反映了有效位。为了正确表达出有效数字,实验中常采用科学记数法,即用10的幂次表示,如

$$4.30 \text{ cm} = 4.30 \times 10^{-2} \text{ m} = 4.30 \times 10^4 \ \mu\text{m} = 4.30 \times 10^{-5} \text{ km}$$

这种写法不仅简洁明了,特别当数值很大和很小时突出了有效数字,而且还使数值计算和定位变得简单。

2. 有效数字的运算规则和修约规则

(1)有效数字的运算规则。

从仪器上读出的数值经常要经过运算以得到实验结果,运算中不应因取位过少而丢失有效数字,也不能凭空增加有效位。规范的做法是用测量结果的不确定度来确定测量结果的有效位。看来计算过程中只要不少取位,最后根据不确定度来截取结果的有效位,就不会出错。但也有一些不计算不确定度的情况,例如,用作图法处理数据时。下面给出有效数字的运算规则:如果计算不确定度,则比规则规定再多取1~2位,最后再根据不确定度去掉多余的数字。

①加减法运算。和或差的末位数字所在的位置,和参与加减运算各量中末位数字位置最高的一个相同。

例1　13.65 + 1.622 0 = 15.27

16.6 − 8.35 = 8.2

②乘除法运算。一般情况下,积或商的有效位数,和参与乘除运算各量中有效位最少的那个数值的位数相同。又建议:如果所得的积或商的首位数字为1、2或3时,就要多保留一位有效数字。

例2　24 320 × 0.341 = 8.29 × 10³

85 425 ÷ 125 = 683

12 345 ÷ 98 = 126

③对数运算。对数结果其小数点后的位数与真数的有效位数相同。

例3　lg 543 = 2.735

④一般函数运算。将函数的自变量末位变化1,运算结果产生差异的最高位就是应保留的有效位的最后一位。用这种方法来确定有效位,是一种有效而直观的方法。

例 4 　　sin 30°2′＝0.500 503 748
　　　　　sin 30°3′＝0.500 755 559

两者差异出现在第 4 位上,故 sin 30°2′＝0.500 5。

其实这正是求微分问题。通过求微分来确定函数的有效数字取位的意义是:设测量值的不确定度在最后一位上是 1,求由此而引起函数的不确定度出现在哪一位上。本章 1.2 节中"第四小节"的内容,也是应用求微分的方法进行不确定度的传递。

例 5 　计算 sin30°2′。

解
$$x = 30°2′, \quad \Delta x = 1′ = \frac{\pi}{180 \times 60} = 0.000\ 29 (\text{rad})$$
$$\text{d}(\sin x) = \cos x \cdot \Delta x = 0.000\ 25$$

所以有效数末位的位置在小数点后的第 4 位上;sin 30°2′＝0.500 5,它有 4 位有效数字。直观法和微分法效果是一样的。

⑤运算中常数和自然数的取位规则。运算中无理常数的位数比参加运算各分量中有效位最少的多取 1 位,例如,π 等于 3.141 592 654…在算式中要将所取的数字全部写出来。自然数是准确的,例如自然数 2,它后面有无穷多个 0,在算式中不必把那些 0 写出来。

上述运算规则是一种粗略的近似规则,如前所述,由不确定度决定有效位才是合理的。

(2)修约间隔与修约规则。

在例 4 和例 5 中,都从较多的数字中留下了有效数字,去掉了多余的数字,这就是对数字的修约。

①修约间隔。修约间隔可以看成是被修约值的最小单元,它既可以是个数值,也可以是个量值。修约间隔一旦确定,修约后的值即应是修约间隔的整数倍。

例如,修约间隔是 0.1 g,则修约后的量值只能是 0.1 g 的整数倍而不能出现小于 0.1 g 的部分:

712.315 g 修约成 712.3 g

614.470 g 修约成 614.5 g

例如,修约间隔是 1 000 m,则 85.47 km 修约成 85 km 或 85×10^3 m。

②修约中的"进"与"舍"的规则。拟舍弃位小于 5 时,舍去。拟舍弃位大于 5(包括等于 5 而其后有非零数值)时,进 1,即保留的末位加 1。拟舍弃位为 5 且其后无数值或皆为零时,若所保留的末位为奇数,即进 1;若为偶数,则舍去。

例如,1.234 51 m 修约成 4 位有效位,为 1.235 m;
　　　1.234 49 m 修约成 4 位有效位,为 1.234 m;
　　　1.234 50 m 修约成 4 位有效位,为 1.234 m;
　　　1.233 50 m 修约成 4 位有效位,为 1.234 m。

③负数的修约。取绝对值,按上述规则修约,然后再加上负号。

④不允许连续修约。在确定修约间隔后应当一次修约获得结果,不得逐次修约。

例如,修约间隔为 1 mm,对 15.454 6 mm 进行修约。

正确做法:15.454 6 mm 一次修约为 15 mm;

错误做法:15.454 6 mm→15.455 mm→15.46 mm→15.5 mm→16 mm。

可见,错误的做法会导致错误的结果。

三、测量结果的有效位

1. 测量结果的表示

测量结果通常表示为(请注意,这不是测量结果的完整报告):

$$\text{被测量的符号} = (\text{测量结果的值} \pm \text{不确定度的值})\text{单位}$$

或

$$\text{被测量的符号} = \text{测量结果的值}(\text{不确定的值})\text{单位}$$

关于测量的不确定度,本章 1.2 节将专门讲述,这里只说明测量结果表示中数值的有效位。

2. 不确定度的有效位

不确定度的值通常只取 1 或 2 位有效数字。本课程的教学中为了简化,规定不论什么情况都取 2 位。如果表示成相对不确定度的形式,也取 2 位有效数字。

不确定度计算过程中要多保留 1 位,即运算中的数值取 3 位有效数字,直到算出最终的不确定度,才修约成 2 位。

3. 测量结果的有效位

国际上规定,测量结果的修约间隔与其不确定度的修约间隔相等,即不确定度给到了哪一位,测量结果也应给出到这一位。

例如,国际科学协会科学技术数据委员会 1986 年公布:

阿伏加德罗常量 $L = 6.022\,136\,7(0.000\,003\,6) \times 10^{23}\ \text{mol}^{-1}$,

更习惯的表示是 $L = 6.022\,136\,7(36) \times 10^{23}\ \text{mol}^{-1}$;

原子质量常数 $m_u = 1.660\,540\,2(0.000\,001\,0) \times 10^{-27}\ \text{kg}$,

或表示为 $m_u = 1.660\,540\,2(10) \times 10^{-27}\ \text{kg}$。

在弄不清测量不确定度的大小时,无法确定测量结果给出到哪一位;一旦得到了测量结果的不确定度,给出到哪一位就确定了,测量结果的有效位也就明确了。

1.2　测量的不确定度

在报告物理测量的结果时,不但要写明计量单位,而且还有责任给出表示测量质量的某些指标,这样才算是完整的报告。没有单位的数据,不能表征被测量大小的特征;没有测量结果的质量表示,使用它的人不能判定其可靠程度,测量结果也不能比较,既不能自身比较,也不能与说明书和标准给出的参考值比较。这个评定测量结果质量如何的指标就是不确定度。

然而对于测量数据的处理、测量结果的表达,长期以来在各个国家和不同学科有不同的看法和规定,有关术语的定义也不统一,从而影响了国际间的交流和对各种成果的互相利用。1980 年 10 月,国际计量局(BIPM)综述了来自 21 个国家的意见,提出了《关于表述不确定度的建议草案》,在 1981 年 10 月召开的 BIPM 第 70 届会议上修改通过,编号为 INC‐1(1980)。于是,《建议 INC‐1(1980)》成为国际性指导文件。

1986年成立了国际不确定度工作组，负责制定用于计量、标准、质量、认证、科研、生产中的不确定度指南。国际不确定度工作组成员中有中国的代表。

1993年，国际计量局(BIPM)、国际电工委员会(IEC)、国际临床化学联合会(IFCC)、国际标准化组织(ISO)、国际理论与应用化学联合会(IUPAC)、国际理论与应用物理联合会(IUPAP)和国际法定计量组织(OIML)7个国际组织正式发布了《测量不确定度表示指南》(*Guide to the Expression of Uncertainty in Measurement*，GUM)，为计量标准的国际化和测量不确定度的表述奠定了基础。

GUM被译为许多种文字，得到了广泛的应用。许多国家的计量实验室、校准实验室、检测实验室和国际组织都制定了相应的规定和准则，来规范各自领域中测量不确定度的计算和表达，从而促使科学、技术、商业、工业、卫生、安全和管理等各方面对测量的结果及其质量有统一的认识、理解、评价和比较。

为了贯彻实施GUM，统一我国对测量不确定度的评定方法，加速与国际惯例接轨，我国制定了一系列技术标准，其中要求对测量不确定度进行全面评价，特别是国家质量技术监督局于1999年1月11日发布了新的计量技术规范《JJF1059—1999测量不确定度评定与表示》，代替《JJF1027—1991测量误差及数据处理》中的误差部分，并于1999年5月1日起实行；同时利用专著、期刊、讲座、培训班普及测量不确定度的知识，宣传不确定度的实际应用经验。在我国实施GUM，科学、准确、规范地表述测量结果，不仅是工程技术和学术交往的需要，也是全球市场经济发展的需要。为培养面向21世纪的科技人才，物理实验课程的教学要积极采用国际通用的标准和指南。

一、测量的不确定度

本小节给出关于不确定度的一些基本资料，这些资料引自不确定度的专著和文献。陌生的名词、术语读起来可能枯燥和费解，希望读者能耐心地读下去，读后获得关于不确定度的一些印象，目的就达到了。本节中的第二到第四小节会具体地讲述不确定度的计算方法和表达方法，读者完全能读懂；然后还需再阅读本节，以获得对不确定度的理解。本小节还可作为本节的小结，也可以像手册那样用来查询。

1. 测量不确定度

(1) 测量不确定度的定义。

测量不确定度是与测量结果相联系的参数，表征合理地赋予被测量之值的分散性。

从词义上理解，测量不确定度是测量结果有效性的可疑程度或不肯定程序；从统计概率的概念上理解，它是被测量的真值所处范围的估计值。真值是一个理想化的概念，是实际上难以操作的未知量，人们把通过实际测量所得到的量值赋予被测量，这就是测量结果。这个结果不必然落在真值上，即测量结果具有分散性。因此还要考虑测量中各种因素的影响，估算出一个参数，并把这个参数赋予分散性。也就是说，用一个恰当的参数来表述测量结果的分散性，这个参数就是不确定度。

① 这个参数，可以是标准偏差s，可以是s的倍数ks；也可以是具有某置信概率p(如$p=95\%$、99%)的置信区间的半宽。

② 测量不确定度一般由若干分量组成，这些分量恒只用实验标准偏差给出而称为标准不

确定度。其中如果由测量列的测量结果按统计方法估计,则称之为 A 类标准不确定度;其中如由其他方法和其他信息的概率分布估计的,称之为 B 类标准不确定度。这些标准不确定度现均用符号 Δ 表示,如 $\Delta(x)$ 或 Δ_x。

③实验的测量结果是被测量之值的最佳估计以及全部不确定度成分。在不确定度的分量中,也应包括那些由系统效应,如与修正值、参考计量标准器有关的不确定度分量,这些分量都对实验结果的分散性有"贡献"。

(2)不确定度的常用术语与定义。

标准不确定度:用标准差表示的测量不确定度。

A 类标准不确定度评定或标准不确定度的 A 类评定:用对观测列进行统计分析的方法,来评定标准不确定度。

B 类标准不确定度评定或标准不确定度的 B 类评定:用不同于对观测列进行统计分析的方法来评定的标准不确定度。

合成标准不确定度:当测量结果是由若干其他量的值求得时,按其他各量的方差和协方差算得的标准不确定度。它是测量结果标准差的估计值。

扩展不确定度:确定测量结果区间的量,合理赋予被测量之值分布的大部分可望含于此区间。

包含因子:为求得扩展不确定度,对合成标准不确定度所乘的数字因子。包含因子也称为覆盖因子。

自由度:在方差的计算中,和的项数减去对和的限制数。

置信概率(置信水平):与置信区间或统计包含区间有关的概率值,常用百分数表示。

2. 与不确定度有关的概念

(1)被测量与误差。

量值:量值是由一个数乘以测量单位所表示的特定量的大小。

真值、约定真值:量的真值 μ 定义为与给定的特定量定义相一致的量值。真值是一个理想化的概念,只有通过符合定义的、完美无缺的测量才有可能得到。对于给定目的具有适当不确定度的、赋予特定量的值称为约定真值。该值有时是约定采取的。常用到的约定真值有:由国际计量会议约定的值或公认的值,如基本物理常数、基本单位标准;高一级仪器校验过的计量标准器的量值(称为实际值);修正过的算术平均值(称为最佳值)等。

被测量、测得值、测量结果:作为测量对象的特定量称为被测量。由测量所得到的并赋予被测量的量值,称为测得值或测量结果。在给出测得值时,应说明它是示值、未修正的测得值或已修正的测得值。在测量结果的完整表示中,还应包括测量不确定度的完整表示。

测量误差(真误差)、绝对误差、相对误差:测量误差(真误差)定义为测量结果减去被测量的真值,该差值带有正、负号,具有测量单位,称为绝对误差。绝对误差除以真值,单位为 1,称为相对误差。相对误差也常用百分数表示。

示值误差、引用误差、准确度等级:描述仪器特性的术语。仪表的示值误差是仪表的示值与真值之差。引用误差是仪表的示值误差与引用值(如全量程)之比。有时用引用误差绝对值不超过某个界限的百分数来确定仪表的准确度等级。准确度是一个定性的概念,例如,可以说准确度高低、准确度为 0.25 级、准确度为 3 等及符合××标准;但不得使用如下表示:准确度为 25%、16 mg、≤16 mg、±16 mg。不要用术语"精密度"或"精度"代替"准确度"。

(2) 常用统计学术语和概念。

总体、数学期望：在相同条件下，对某一稳定的量进行无限次测量，获得的全部测得值称为总体。总体的平均值，称为期望（数学期望值）。

系统误差与随机误差：期望与真值的差称为系统误差，测得值与期望之差称为随机误差。若已知系统误差或其近似值，可反复修正测得值；随机误差则不能修正。

总体方差、总体标准偏差：无限次测量的随机误差的平方取平均称为总体方差。总体方差的正平方根称为总体标准偏差。该值无正负号，它描述了测得值或随机误差的分散的特征。

样本、期望的估计：在相同条件下，对同一稳定的量进行 n 次测量，得到的 n 个测得值称为总体的样本，样本平均值是期望的估计（值）。

残差、样本方差、样本标准偏差：每个测得值与样本平均值之差称为残差。残差平方的平均值（分母常用 $n-1$）即样本方差，样本方差是总体方差的估计（值）。取样本方差的正平方根得到样本标准偏差。样本标准偏差描述了每个（n 次测量的任何一次）测得值对于样本平均值的分散的特征。

样本平均值的标准偏差：表征估计对于期望的分散特征。样本平均值的标准偏差是样本标准偏差的 $1/\sqrt{n}$。

3. 测量不确定度评定的步骤和表达

(1) 测量模型。

被测量 Y 与 N 个被测量或其他已知量 $X_1, X_2, \cdots, X_N$ 构成函数关系：

$$Y = f(X_1, X_2, \cdots, X_N) \tag{1-2-1}$$

若视自变量 $X_1, X_2, \cdots, X_N$ 为系统的输入量，则函数 Y 为该系统的输出量。

式(1-2-1)为真值的函数关系。$X_1, X_2, \cdots, X_N$ 通常是直接测量量或已知量，其测得值或给出值为 $x_1, x_2, \cdots, x_N$，即 x_i 是输入量 X_i 的输入估计值，则对应的

$$y = f(x_1, x_2, \cdots, x_N) \tag{1-2-2}$$

为输出量 Y 的输出估计值，y 就是被测量 Y 的测量结果。在获得输入量的估计值的计算中，应尽力做到：剔除含有粗大误差的异常值，修正含有系统误差的测量值。

输入估计值 x_i 含有不确定度（不确定度分量），这些不确定度分量将导致输出量 y 也含有不确定度。

(2) 测量不确定度评定的步骤。

评定不确定度的任务就是找出不确定度的来源，算出每个输入量的不确定度 Δ_{x_i}，并分别以其对测量结果 y 的不确定度的贡献 $\Delta_i(y)$ 的形式列出，然后把它们合成，计算出 y 的不确定度。

① 分析输入量 x_i 的不确定度来源（通常不止一个），算出相应的标准不确定度分量及其自由度，并将来源、数值和自由度列表报告。

② 将各标准不确定度分量考虑相关性后，予以合成得到各输入量 x_i 的标准不确定度 Δx_i 及 Δx_i 的自由度 ν_i。

③ 根据式(1-2-1)的具体函数关系，按照不确定度的传播方法，从 Δx_i 计算出输出量 y 的标准不确定度分量 $\Delta_i(y), i=1,2,\cdots,N$。

④ 将各标准不确定度分量 $\Delta_i(y)$ 合成，得到输出量 y 的合成标准不确定度 Δ_y；并计算 Δ_y

的自由度 $\nu = \nu_{\text{eff}}$。

⑤由合成标准不确定度 Δ_y 及包含因子 k 算出 y 的扩展不确定度 Δy_p。

⑥给出不确定度的最后报告。

(3)测量不确定度的表达。

根据测量原理,使用测量装置进行测量,得出测量结果后,不仅应报告被测量值的最佳估计 y,还应给出测量不确定度报告。

测量不确定度有以下两种表达方式。

①标准不确定度:用标准偏差表示,表明测量结果的分散性。多个标准不确定度分量 $\Delta_i(y)$ 按照一定的方式合成,得到的合成不确定度 $\Delta(y)$ 仍旧是标准偏差。如能求得自由度,则在报告 $\Delta(y)$ 的同时,还应报告 $\Delta(y)$ 的自由度 ν。

②扩展不确定度:用标准偏差的倍数表示,将 $\Delta(y)$ 扩展 k 倍,得到扩展不确定度 Δy_p,扩展不确定度比标准不确定度有更高的置信概率,Δy_p 表明了置信区间的半宽度。若测量结果为 $\bar{x}$,则置信区间为 $[\bar{x} - \Delta y_p, \bar{x} + \Delta y_p]$。当用扩展不确定度报告不确定度时,还应报告置信概率 p 或者包含因子 k。

不论用哪一种表达方式,测量不确定度本身都不带有正负号。

二、标准不确定度的 A 类评定

1. 统计方法的基本概念

所谓统计方法,不是研究样本本身,而是根据样本对总体进行推断。

所谓总体是由观测的个体构成的集团。为了观测,从这个集团抽出的个体,就是反映总体特征的样本。

统计学中把总体视为无限多个个体的集团,即所谓无限总体,并认为样本本身的大小(样本中个体的数目)越大,就越能准确地反映总体的特征。因此,取尽可能大的样本,由近似计算进行统计推断。在统计学领域,对同一个被测量值在相同条件下的每一次独立的测量结果就是一个样本。它是这同一个被测量的无穷多次测量结果总体中的一个。通过有限次数的重复测量结果,对无穷多次测量结果进行推断,这就是计量学中对不确定度的 A 类评定方法。

2. 总体标准偏差和样本标准偏差

(1)正态分布。

对被测量进行多次测量,测得值或其误差可视为随机变量。该随机变量的取值表现为一定的分布,而分布影响着不确定度的计算。常见的误差分布有正态分布、均匀分布、反正弦分布等,其中又以正态分布应用得最广泛。在表示测量结果时,常用到与正态分布有关的平均值、方差和协方差等,所以常假设测量符合正态分布,这给不确定度的计算带来了极大的方便。

假设系统误差已经修正,被测量值本身稳定,在重复条件下对同一被测量做 N 次测量。当 N 很大时,测量值的分布符合正态分布。

现举例说明之。

把表 1-2-1 的数据画成 $(N_k/N) - x_k$ 离散曲线图(图 1-2-1)。其中 N 是测量的总次数,N_k 是在 N 次测量中测得值为 x_k 出现的次数(频数)。如果观测量 x 可以连续取值,当测量次数

$N \to \infty$ 时,离散曲线图将变成一条光滑的连续曲线(图 1-2-2)。

表 1-2-1　对某量测量 150 次,测得量值及该量值出现的次数

测得值 x_k	出现次数 N_k	频率 N_k/N
7.31	1	0.007
7.32	3	0.020
7.33	8	0.053
7.34	18	0.120
7.35	28	0.187
7.36	34	0.227
7.37	29	0.193
7.38	17	0.113
7.39	9	0.060
7.40	2	0.013
7.41	1	0.007

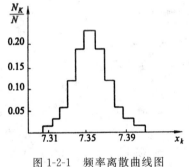

图 1-2-1　频率离散曲线图

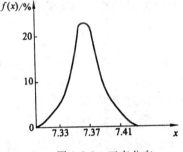

图 1-2-2　正态分布

由图可见,每次测得的 x_k 尽管不相同,但 x_k 总围绕着平均值 μ($\mu=7.360$)而起伏。虽然我们不能预言某一次测量的数值落在哪里,但可以肯定总的趋势是偏离平均值越远的次数越少,而且偏离过远的测量结果实际上不存在。也就是说,可以从总体上把握结果取某个测量值的可能性(概率)有多大。

图 1-2-3 所示的分布就是正态(高斯)分布。它是用期望 μ 和方差 σ^2 所定义的曲线,概率分布函数式为:

$$f(x) = \frac{1}{\sqrt{2\pi} \cdot \sigma} e^{-\frac{(x-\mu)^2}{2\sigma^2}} \tag{1-2-3}$$

式中参数 σ 称为总体标准偏差,它由下式给出:

$$\sigma = \sqrt{\frac{\sum_{k=1}^{N}(x_k-\mu)^2}{N}} \tag{1-2-4}$$

式中,μ 是总体平均值,称为期望参数。μ 决定曲线峰值的位置,σ 决定曲线的形状。

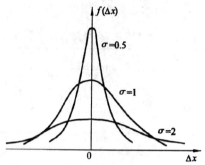

图 1-2-3　对应不同 σ 的正态分布曲线

(2) 正态分布的特点。

① 正态分布中 x_k 的误差 Δx_k（误差 $\Delta x_k = x_k - \mu$）具有以下特点。

有界性：绝对值很大的误差出现的概率极小，即误差的绝对值不超过一定的界限，通常 $|\Delta x_k|$ 不大于 3σ。

单峰性：曲线呈凸形，绝对值小的误差出现的概率比绝对值大的误差出现的概率大，曲线的峰值对应于 μ。

对称性：绝对值相等的正误差和负误差出现的概率相等。

抵偿性：随测量次数的增加，有 $\sum\limits_{N\to\infty}\Delta x = 0$。

② σ 和曲线的形状。测量值的概率分布曲线提供了测量及其误差分布的全部知识。曲线越"瘦"，说明测得值（或及其误差）分布得越集中，此时 σ 的值较小；曲线越"胖"，则说明测得值越分散，此时 σ 的值较大，如图 1-2-3 所示。可见，标准偏差 σ 表征了测得值对期望 μ 的分散性。参数 σ 反映了曲线的形状。

③ 置信区间和置信概率。测得值出现在某区间，例如区间 $[\mu - a, \mu + a]$ 内的概率是 $p = \int_{\mu-a}^{\mu+a} f(x)\mathrm{d}x$，$p$ 称为置信概率，相应的区间称为置信区间，a 称为置信区间的半宽。

相应于置信区间 $[\mu - \sigma, \mu + \sigma]$ 的置信概率为 68.27%。

相应于置信区间 $[\mu - 3\sigma, \mu + 3\sigma]$ 的置信概率为 99.73%，也就是说，测得值落在该区间之外的可能性只有 0.27%，即几乎不可能落到区间以外，故通常把置信区间等于 3σ 作为误差界限。

(3) 总体标准偏差和实验标准偏差。

实际实验中，人们只能作有限次（n 次）测量，甚至 n 也不可能很大。这 n 个测得值称为一个测量列，它是总体的一个样本。下面讨论样本的标准偏差和一些重要的基本概念。

对同一被测量 X，在相同条件下独立测量 n 次，得到下面的测量列（即样本）：

$$x_1, x_2, \cdots, x_k, \cdots, x_n$$

① X 的最佳估计值为算术平均值：

$$\bar{x} = \frac{1}{n}\sum_{k=1}^{n} x_k \tag{1-2-5}$$

② 表征测得值 x_k 对其最佳估计值 $\bar{x}$ 分散程度的参数 s，记为 s_x 或 $s(x)$，称为实验标准偏差，可用贝塞尔公式求得：

$$s(x) = \sqrt{\frac{\sum_{k=1}^{n}(x_k - \overline{x})^2}{n-1}} \qquad (1\text{-}2\text{-}6)$$

或

$$s(x) = \sqrt{\frac{1}{n-1}\left\{\sum_{k=1}^{n}x_k^2 - \frac{1}{n}\left(\sum_{k=1}^{n}x_k\right)^2\right\}} \qquad (1\text{-}2\text{-}7)$$

式中,x_k 为第 k 次的测得值,$\overline{x}$ 为 n 次测量的算术平均值。(1-2-7)式可由(1-2-6)式推导得到,在计算机上编程计算时,用(1-2-7)式更为方便。

③在统计学中,s 称为样本标准偏差,s^2 称为样本方差,$\overline{x}$ 称为样本均值,σ^2 称为总体方差。

④$x_k - \overline{x}$ 称为残差,它有专门的符号 v,第 k 次测得值 x_k 的残差为 v_k。在正态分布下,关于残差 v 有:

$$\sum_{k=1}^{n}v_k = 0 \text{(在 } \overline{x} \text{ 未进行修约的条件下)} \qquad (1\text{-}2\text{-}8)$$

和

$$\sum_{k=1}^{n}v_k^2 = \sum_{k=1}^{n}(x_k - \overline{x})^2 \text{ 为最小} \qquad (1\text{-}2\text{-}9)$$

(1-2-9)式又称为最小二乘原理。

⑤样本平均值的标准偏差表征最佳估计值 $\overline{x}$ 对其期望 μ 的分散性,记为 $s_{\overline{x}}$ 或 $s(\overline{x})$:

$$s(\overline{x}) = \frac{s(x)}{\sqrt{n}} = \sqrt{\frac{\sum_{k=1}^{n}(x_k - \overline{x})^2}{n(n-1)}} \qquad (1\text{-}2\text{-}10)$$

⑥请读者注意区分 $s(x)$ 和 $s(\overline{x})$,以及它们各表示什么值对什么值的分散性。

3. 标准不确定度的 A 类评定

如前所述,标准不确定分量用符号 Δ 并带下脚标来表示,例如 Δ_1。

(1)对被测量 X 在相同条件下独立测量 n 次,用测量列的算术平均值 $\overline{x} = \frac{1}{n}\sum_{k=1}^{n}x_k$ 作为测量结果时,它的 A 类标准不确定度:

$$\Delta_A(x) = s(\overline{x}) = \frac{s(x)}{\sqrt{n}}, \quad \text{自由度 } \nu(x) = n-1 \qquad (1\text{-}2\text{-}11)$$

式中,$s(x)$ 是测量列(样本)的标准偏差,由(1-2-6)式或(1-2-7)式算出。

(2)对被测量 X 只测量一次时,测量结果就是这一次的测量值,它的 A 类不确定度:

$$\Delta_A(x) = s(x) \qquad (1\text{-}2\text{-}12)$$

其中,$s(x)$ 是在本次测量的"早先"通过多次测量得到。当然,本次测量应在早先多次测量的重复条件下进行。同样,早先测量的次数为 n,则本次测量的自由度仍旧是 $n-1$。

"早先的多次测量",可以是实验者本人或其他实验人员完成,也可以是仪器生产厂家或检定单位完成,可从检定校准证书中查得。

(3)其他评定方法。

贝塞尔法只是 A 类标准不确定度的评定方法之一，其他常用的方法有残差法、极差法等，这些评定方法的自由度可以查相应的表得到。

4. 自由度

(1)自由度等于方差计算中和的项数减去对和的限制数。通常自由度为正整数，自由度记为 ν。

在相同条件下对被测量作 n 次独立测量，所得的样本方差为 $(v_1^2+v_2^2+\cdots+v_n^2)/(n-1)$，其中和的项数即为残差的个数 n，而限制条件只有 $\sum_{k=1}^{n}v_k=0$ 这一个，所以实验标准偏差的自由度 $\nu=n-1$。

(2)对自由度的通俗解释：被测量 X，本来测量一次即可获得，但为了提高测量的质量(品质)或可信度而测量了 n 次，其中多测的 $n-1$ 次实际上是由实验人员根据需要"自由"选择的，故称为自由度。

(3)自由度 ν 反映标准偏差 $s(\bar{x})$ 的可靠程度，也就是说，自由度表明了测量结果的不确定度的不确定度。

$\sigma(\bar{x})$ 是 $\bar{x}$ 的标准差，$s(\bar{x})$ 是 $\sigma(\bar{x})$ 的估计值；$s(\bar{x})$ 的方差 $\sigma^2[s(\bar{x})]$ 由近似表达式给出：

$$\sigma^2[s(\bar{x})]\approx\frac{\sigma^2(\bar{x})}{2\nu} \tag{1-2-13}$$

由此得到：

$$\nu\approx\frac{1}{2}\left\{\frac{\sigma[s(\bar{x})]}{\sigma(x)}\right\}^{-2} \tag{1-2-14}$$

式中，$\sigma[s(\bar{x})]$ 是 $s(\bar{x})$ 的标准差，大括号内是 $s(\bar{x})$ 的相对标准不确定度。(1-2-14)式反映了自由度与 $s(\bar{x})$ 的相对不确定度之间的关系：ν 的数值越大，表明 $s(\bar{x})$ 越可靠，如果自由度趋于 ∞，则说明标准不确定度 $s(\bar{x})$ 的相对不确定度 $\sigma[s(\bar{x})/\sigma(\bar{x})]$ 趋近于零，也就是说 $s(\bar{x})$ "准确无误"。

(4)正态分布的 n 次观测，$s(\bar{x})$ 的相对标准偏差 $\sigma[s(\bar{x})/\sigma(\bar{x})]$ 的值，$s(\bar{x})$ 的自由度如表 1-2-2 所示(请思考：表中数值的变化趋势说明了什么)。

表 1-2-2 自由度和 $s(\bar{x})$ 的相对标准偏差

观测次数 n	$s(\bar{x})$ 的自由度 $\nu=n-1$	$s(\bar{x})$ 的相对标准偏差 $\sigma[s(\bar{x})/\sigma(\bar{x})]/\%$
2	1	76
3	2	52
4	3	42
5	4	36
10	9	24
20	19	16
30	29	13
50	49	10

5. A 类标准不确定度评定举例

例 6 用千分尺测量圆柱的直径 D,相同条件下在圆柱的某一部位取直径互相垂直的方向各测量一次,取平均为一次独立测量,取圆柱的不同部分共进行 n 次独立测量,$n=5$ 次,测得的数据如表 1-2-3 所示,试计算 $\overline{D}$ 的 A 类标准不确定度。

表 1-2-3

序号 i	互垂方向直径测得值	D_k/mm	残差 $v_k/10^{-3}$ mm $(D_k-\overline{D})$	$v_k^2/10^{-6}$ mm²
1	14.053 14.052	14.052 5	+0.1	0.01
2	14.053 14.052	14.052 5	+0.1	0.01
3	14.053 14.053	14.053 0	+0.6	0.36
4	14.052 14.052	14.052 0	-0.4	0.16
5	14.052 14.052	14.052 0	-0.4	0.16
和				$\sum v_k^2 = 0.70$
平 均		$\overline{D}=14.052\ 4$		

用千分尺测量圆柱的直径 D。

千分尺量程:0~25 mm;允差:0.004 mm。

零点读数(5 次测量的平均值)$D_0=0.037\ 4$ mm。

修正零点误差:$D=\overline{D}-D_0=14.052\ 4-0.037\ 4=14.015\ 0$ mm。

实验标准偏差按贝塞尔公式计算:

$$s(D)=\sqrt{\frac{\sum_{k=1}^{n}(D_k-\overline{D})^2}{n-1}}=\sqrt{\frac{0.70\times 10^{-6}}{5-1}}=0.418\times 10^{-3}\ \text{mm}$$

平均值 $\overline{D}$ 的标准偏差:$s(\overline{D})=\dfrac{s(D)}{\sqrt{n}}=\dfrac{0.418}{\sqrt{5}}=0.187\times 10^{-3}$ mm。

D 的 A 类标准不确定度:$\Delta_A(D)=s(\overline{D})=0.187\times 10^{-3}$ mm。

$\Delta_A(D)$ 的自由度 $\nu=n-1=4$。

例 7 在与例 6 相同的条件下,对例 6 圆柱的直径 D 进行了一次测量(在互垂方向上各测一次,取平均为一次),得到的结果是 $D=14.052\ 5$ mm,求测量结果的 A 类标准不确定度。

只测量一次时,按照(1-2-12)式,$\Delta_A(D)=s(D)=0.418\times 10^{-3}$ mm。

$\Delta_A(D)$ 的自由度与例 6 相同,$\nu=4$。

三、标准不确定度的 B 类评定

1. 非统计方法的基本概念

非统计方法,就是统计方法以外的其他方法。

在不确定度的 A 类评定中,对于评定的时间、地点、人员甚至机构都没有限制,前人所做的评定可以作为人们实验评定的依据。B 类评定中虽然往往所依据的是诸如计算器具的检定书、标准、技术规范、手册上所提供的技术数据以及国际上所公布的常量与常数等,这些信息通常也是通过统计方法得出的,但是给出的信息不全,例如,只给出真值的一个分量。

根据现有信息对这一分量进行估算,得到近似的相应方差或标准偏差以及相应的自由度,就是不确定度 B 类分量的评定。

2. B 类评定所依据的信息

(1)获得 B 类标准不确定度的信息来源一般有:

①以前的观测数据;

②对有关技术资料和测量仪器特性的了解和经验;

③技术说明书、校准证书、检定证书或其他文件提供的数据,准确度的等别或级别,包括目前暂在使用的极限误差等;

④手册、标准以及其他资料给出的数据。

(2)如果还有上述未能包含的实验装置、实验条件、测量操作、环境等因素导致的不确定度,则应充分考虑并计入。

3. 测量仪器的最大允许误差

测量仪器的最大允许误差(又称为极限允许误差、误差界限、允差等)在评定 B 类标准不确定度时经常要用到。

(1)测量仪器的最大允许误差。

制造厂在制造某种仪器时,在其技术规范中预先设计规定了允许误差的极限值,终检时凡误差不超出此界限的仪器均为合格品,可以出厂。因此,最大允许误差是人们为一批仪器规定的技术指标(过去所说的仪器误差、示值误差或准确度,实际上都是最大允许误差),它不是某台仪器实际存在的误差或误差范围,也不是用该仪器测量某个被测量时所得到的测量结果的不确定度。在《国际通用计量学基本术语》中称之为测量仪器的"最大允许误差"或"允许误差极限"。在物理实验中通常用 $\Delta_{仪}$ 表示。

最大允许误差是一个范围,某种仪器的最大允许误差为 $\pm\Delta_{仪}$,表明凡是合格的这种仪器,其误差必在 $-\Delta_{仪} \sim +\Delta_{仪}$ 范围之内,也就是说,最大允许误差给出了置信概率为 1 的区间。最大允许误差实质上并非误差,而是一个不确定度的概念。

(2)仪器最大误差的给出方式。

最大允许误差通常用绝对误差、相对误差、引用误差和分贝误差的允许范围的形式表示。

①用绝对误差形式表示:例如,用 I 级钢卷尺测量 0.7 m 长的钢丝长度,根据示值允许误差计算公式,其示值允许误差为[II 级钢卷尺的 $\Delta_{仪}=\pm(0.3+0.2L)$]:

$$\Delta_{仪}=\pm(0.1+0.1L) \text{ mm}=\pm 0.2 \text{ mm} \quad (L=1)$$

②用引用误差形式表示：某些仪器的最大允许误差用绝对误差与特定值之比的百分数来表示，称为引用误差。"特定值"指满量程值或最低位数字。

例如，0.5级微安表，500 μA量程挡的 $\Delta_{仪}=\pm$（满量程值×级别%）$=500~\mu A \times 0.5\%=\pm 2.5~\mu A$。若测得值为 400 μA，则用相对误差表示的极限允许误差为 $\pm 2.5/400=\pm 0.625\%$。注意，它并不等于仪器的级别 0.5%（所以使用这类仪表时，应选择恰当的量程，使被测量在量程的 2/3 以上）。

又如数字电压表的最大允许误差为 $\Delta_{仪}=\pm$（级别%×读数+3×最低位数值）。

用引用误差来表示仪器最大允许误差的情形很普遍，尤其是在电工仪器仪表中，本教材将在各有关实验的仪器介绍中一一给出。

4. 标准不确定度的 B 类评定方法

B 类标准不确定度分量也用符号 Δ 并带有下标来表示，如 Δ_B。

(1) 第一种情况。

① 根据信息得到测量仪器的最大允许误差 $\Delta_{仪}=\pm a$，即在区间 $[x-a, x+a]$ 中的置信概率 $p=1$，所以 a 称为 x 分散区间的半宽度，则不确定度：

$$\Delta_B(x)=\frac{a}{k} \tag{1-2-15}$$

式中，k 值取决于 x 在区间 $[x-a, x+a]$ 的分布，常见的分布及相应的 k 值如表 1-2-4 所示。

若进一步估计出 a 的相对标准不确定度 $\dfrac{\Delta(a)}{a}$，$\Delta_B(x)$ 的自由度为：

$$\nu(x)=\frac{1}{2\left[\dfrac{\Delta(a)}{a}\right]^2}$$

表 1-2-4　常见分布与 k、$\Delta_B(x)$ 的关系

分布类别	p	k	$\Delta_B(x)$
正态	$(0.9973\approx)1$	3	$a/3$
三角	1	$\sqrt{6}$	$a/\sqrt{6}$
均匀	1	$\sqrt{3}$	$a/\sqrt{3}$
反正弦	1	$\sqrt{2}$	$a/\sqrt{2}$
两点	1	1	a（游标读数即属此）

② 物理实验教学中的简化处理。

估计误差在其分散区间内的分布，对于初学者比较困难，故本课程规定，除游标读数外，无论能否估计分布，一律折中假设为均匀分布，取 $k=\sqrt{3}$，即 $\Delta_B(x)=a/\sqrt{3}$，式中 $a=|\Delta_{仪}|$。

这种情况，常常缺乏关于自由度的信息，因此也可以不报告自由度。实际上在表 1-2-4 中根据分布估算 B 类标准不确定度时，都隐含地假设标准不确定度分量是确切知道的，这就已暗示其自由度趋近于 ∞。

(2) 第二种情况。

若已知 x 在区间 $[x-U, x+U]$ 为正态分布，根据信息得到 U 和误差区间的置信概率 p，则标准不确定度：

$$\Delta_B(x) = \frac{U}{k} \tag{1-2-16}$$

与正态分布有关的 B 类标准不确定度 $\Delta_B(x)$ 如表 1-2-5 所示。

表 1-2-5　与正态分布有关的 B 类标准不确定度 $\Delta_B(x)$

p	k	$\Delta_B(x)$
$(0.9973 \approx)1$	3	$U/3$
0.99	2.58	$U/2.58$
0.9545	2	$U/2$
0.95	1.96	$U/1.96$
$0.68 \approx 2/3$	1	U
0.5	0.6745	$1.48U \approx 1.5U$

若能进一步估计出 $\Delta_B(x)$ 的相对标准不确定度 $s[\Delta_B(x)]/\Delta_B(x)$，则 $\Delta_B(x)$ 的自由度为：

$$\nu(x) = \frac{1}{2\left\{\dfrac{s[\Delta_B(x)]}{\Delta_B(x)}\right\}^2}$$

(3) 第三种情况。

x 来源于已知的信息，该信息不仅提供了 x 量值，还提供了某扩展不确定度 U、包含因子 k 的自由度 ν，则 x 的 B 类标准不确定度分量 $\Delta_B(x)$ 和自由度 $\nu(x)$ 分别为：

$$\Delta_B(x) = \frac{U}{k} \tag{1-2-17}$$

$$\nu(x) = \nu$$

5. B 类标准不确定度的自由度

如前所述，自由度是标准不确定度 $\Delta_B(x)$ 的不确定度。对于 B 类不确定度，(1-2-13)式或(1-2-14)式可以写成：

$$\nu \approx \frac{1}{2}\frac{\Delta_B^2(x)}{\sigma^2[\Delta_B(x)]} \approx \frac{1}{2}\left\{\frac{\sigma[\Delta_B(x)]}{\Delta_B(x)}\right\}^{-2} \tag{1-2-18}$$

式中，$\sigma[\Delta_B(x)]$ 是 $\Delta_B(x)$ 的标准不确定度，大括号内是 $\Delta_B(x)$ 的相对标准不确定度。根据经验，按所依据的信息来源的可信程度来判断 $\Delta_B(x)$ 的标准不确定度，从而推算出 $\left\{\dfrac{\sigma[\Delta_B(x)]}{\Delta_B(x)}\right\}$，再用(1-2-18)式算出 $\Delta_B(x)$ 的自由度 ν。估计 $\left\{\dfrac{\sigma[\Delta_B(x)]}{\Delta_B(x)}\right\}$ 的值需要一定的经验，由此也可以看出，ν 的值往往会因人而异。表 1-2-6 是按(1-2-18)式算出的 ν 值。

表 1-2-6　$\sigma[\Delta_B(x)]/\Delta_B(x)$ 与 ν 的值

$\sigma[\Delta_B(x)]/\Delta_B(x)$	ν
0	∞
0.10	50
0.20	12

续表

$\sigma[\Delta_B(x)]/\Delta_B(x)$	ν
0.25	8
0.30	6
0.40	3
0.50	2

6. B 类标准不确定度评定举例

例 8 已知某测量仪器在实验测量示值处的最大允许误差为 a，该仪器合格，由此求 B 类标准不确定度分量。

误差分散区间 $[-a,a]$ 中的置信概率 $p=1$，此时 $\Delta_B=a/k$。

① 根据本课程教学中的简化处理，无论明确误差分布还是对分布一无所知，除游标读数 $k=1$ 处，其他都取 $k=\sqrt{3}$，于是 $\Delta_B=a/\sqrt{3}$，且 Δ_B 的自由度趋近于 ∞。

② 若说明书中给出 k 和 ν，则 $\Delta_B(x)=a/k$，$\nu(x)=\nu$；或说明书中给出 a 的相对标准不确定度，如 $\Delta(a)/a=\dfrac{1}{4}$，则自由度为 $\nu=\dfrac{1}{2(1/4)^2}=8$［根据(1-2-15)式］。

例 9 计算例 6 中测量圆柱直径 D 的 B 类标准不确定度。

分析：D 的测量不确定度主要来自千分尺的仪器基本误差，其他如温度的影响等忽略不计。千分尺的最大允许误差 $\Delta_仪$ 由下面给出的千分尺示值误差查得，$a=\Delta_仪=0.004$ mm。

测量范围(mm)	示值误差(μm)
0～25,25～50	4
50～75,75～100	5
100～125,125～150	6
150～175,175～200	7

取 $k=\sqrt{3}$，于是 $\Delta_B(D)=a/\sqrt{3}=0.004/\sqrt{3}$ mm$=2.31\times10^{-3}$ mm，$\nu\to\infty$。

四、合成标准不确定度和扩展不确定度

1. 广义方和根法

(1) 广义方和根法。

在前面，曾给出测量模型
$$Y=f(X_1,X_2,\cdots,X_N)$$

和对应的 $y=f(x_1,x_2,\cdots,x_N)$。

算出每个输入量 $x_1,x_2,\cdots,x_N$ 的标准不确定度相应为 $\Delta(x_1),\Delta(x_2),\cdots,\Delta(x_N)$，然后根据测量模型给出的函数关系计算出它们对测量结果 y 的不确定度的贡献分别为 $\Delta_1(y)$，$\Delta_2(y),\cdots,\Delta_N(y)$，最后用广义方和根法算得 y 的总的标准不确定度 $\Delta(y)$。$\Delta(y)$ 是由各标准不确定度（分量）合成而来，因而还是标准不确定度，称为合成标准不确定度。

广义方和根法是把各标准不确定度分量平方（方差），求和之后再开平方。如果求和各项

相关,则求和还应加上相关项(协方差)再开平方,用公式表达为:

$$\Delta(y) = \sqrt{\sum_{i=1}^{N}\Delta_i^2(y) + 2\sum_{i=1}^{N-1}\sum_{j=i+1}^{N}r(x_i,x_j)\Delta_i(y)\Delta_j(y)} \tag{1-2-19}$$

式中,$r(x_i,x_j)$ 是相关系数。若 x_j 和 x_i 完全相关,该项的相关系数为 1;若完全不相关,则相关系数为零。若所有的输入量都是独立的,所有协方差项都为零,则(1-2-19)式变为:

$$\Delta(y) = \sqrt{\Delta_1^2(y) + \Delta_2^2(y) + \cdots + \Delta_N^2(y)} \tag{1-2-20}$$

(2)相关的概念。

把各个标准不确定度综合为合成标准不确定度时,要考虑这些分量之间的相关性。

在两个随机变量之间,当它们变化时,表现出存在某种相依的关系,这种关系往往也并非其中的某一个为变量而另一个为因变量,而是由它们在某种程度上受同样的影响而导致相依。在这种情况下,这两个量就是相关的,或非独立的。例如,都是由于温度所引起的两个不确定度分量,由于同一观测员所导致的两个不确定度分量,由同一标准器所产生的两个不确定度分量等。有时,两个本来不相关的变量,但对于它们都进行了温度修正,而这个修正的依据是由同一温度计测出的,因此它们的修正量就相关了,从而修正后的这两个变量也就相关了。

两个变量之间互相依赖的程度用相关系数 r 表示,r 的取值为 0~1 任何可能的值。

比较(1-2-19)式和(1-2-20)式,显然(1-2-20)式简单得多。在实际测量中,通过合理地选择输入量和设计测量方案,尽量使各输入量相互独立,这样协方差项不出现。以下讨论中,假设各输入量独立无关。

(3)不确定度传播系数。

为了计算合成标准不确定度,首先要算出测量结果 y 的不确定度分量 $\Delta_i(y)$。$\Delta_i(y)$ 是当某一自变量 x_i 有一个微小变化量(不确定度)$\Delta(x_i)$ 时所引起函数 y 的变化量。显然,这是偏微分问题。

$$y = f(x_1, x_2 \cdots)$$
$$\Delta_i(y) = \frac{\partial y}{\partial x_i}\Delta(x_i) = C_i \cdot \Delta(x_i) \tag{1-2-21}$$

式中,$C_i = \partial y/\partial x_i$ 叫作不确定度传播系数或灵敏度系数,它表示输出量 y 随第 i 个输入量 x_i 变化的灵敏程度,即输入量 x_i 变化一个单位时输出量 y 相应的变化量。

2. 合成标准不确定度

(1)合成标准不确定度。

①当待测量是直接测量量,即 $Y=X$,此时 $C = \left|\dfrac{\partial y}{\partial x}\right| = 1$,所以合成标准不确定度:

$$\Delta(y) = \Delta(x) \tag{1-2-22}$$

$\Delta(x)$ 的来源有 A 类、B 类,共数个标准不确定度分量 $\Delta_1(x), \Delta_2(x), \cdots$,如果这些分量是相互独立即不相关的,则:

$$\Delta(x) = \sqrt{\Delta_1^2(x) + \Delta_2^2(x) + \cdots} \tag{1-2-23}$$

$\Delta_1(x), \Delta_2(x), \cdots$ 是标准不确定度,用方和根法合成后的 $\Delta(x)$ 仍是标准不确定度,所以也是标准不确定度。在实际数据计算过程中,(1-2-23)式简化为 $\Delta(x) = \sqrt{\Delta_A^2(x) + \Delta_B^2(x)}$,式中 $\Delta_A(x)$ 用(1-2-11)式计算。

例 10 计算例 6 所测圆柱直径 D 的合成标准不确定度 $\Delta(D)$。

D 的不确定度有两个来源。为了便于计算,表示成方差(表 1-2-7)。

表 1-2-7

i	符号	类型	来源	$\Delta_i(D)/(10^{-3}\text{mm})$	$\Delta_i^2(D)/(10^{-3}\text{mm})^2$	ν
1	$\Delta_A(D)$	A(见例 1)	多次测量的分散性	0.187	0.035 0	4
2	$\Delta_B(D)$	B(见例 4)	千分尺的基本误差	2.31	5.333 3	∞

$\Delta_A(D)$ 和 $\Delta_B(D)$ 相互独立,按广义方和根法合成:

$$\Delta^2(D) = \Delta_A^2(D) + \Delta_B^2(D) = 5.368\ 3 \times 10^{-3}\ \text{mm}^2$$

$$\Delta(D) = \sqrt{5.368\ 3 \times 10^{-6}} = 2.32 \times 10^{-3}\ \text{mm}$$

本例中 $S(\overline{D}) \ll \Delta_{仪}/\sqrt{3}$,即多次测量的分散性远小于仪器基本误差的影响,仪器误差是不确定度的主要来源。今后计算中,在不确定度取 2 位的情况下,用方和根法合成两个分量时,如果一个分量比另一个分量的 1/10 还要小,则该分量可以略去不计。如果 $S(D) \ll \Delta_{仪}/\sqrt{3}$,则表明多次测量的分散性已经被仪器的分辨能力所掩盖,在这种情况下,只测量一次就够了,没有必要做多次测量。

② 被测量 y 是间接测量量,即 $y=f(x)$,此时 $C = \left|\dfrac{\partial y}{\partial x}\right|$,则经过传播得到标准不确定度:

$$\Delta(y) = C \cdot \Delta(x) = \left|\frac{\partial y}{\partial x}\right| \Delta(x) \tag{1-2-24}$$

实际上,①是②的特例。

③ 普遍的情况是,y 是 N 个直接测量的函数,即 $y=f(x_1, x_2, \cdots, x_N)$,若输入量彼此无关,则合成不确定度:

$$\Delta(y) = \sqrt{\sum_{i=1}^{N} \Delta_i^2(y)} \tag{1-2-25}$$

式中,$\Delta_i(y) = C_i \cdot \Delta(x_i)$,$C_i = \left|\dfrac{\partial y}{\partial x_i}\right|$。

(2) 合成标准不确定度的计算步骤。

① 计算输入量估计值的标准不确定度 $\Delta(x_i)$:由 x_i 的 A 类和 B 类(可能不止一个)标准不确定度合成。$\Delta(x_i)$ 有 N 个 $(i=1, 2, \cdots, N)$。

② 计算 y 的合成标准不确定度:若输入量独立无关,则 $\Delta(y) = \sqrt{\sum_{i=1}^{N} \Delta_i^2(y)}$。

3. 合成标准不确定度的自由度

$\Delta(y)$ 是由各标准不确定度分量用广义方和根法 (1-2-25)式合成得到的,其自由度 ν 也就由各标准不确定度分量的自由度求得:

$$\nu = \nu_{\text{eff}} = \frac{\Delta^4(y)}{\sum \dfrac{\Delta_i^4(y)}{\nu_i}} \tag{1-2-26}$$

式中,ν_i 为 $\Delta(x_i)$ 的自由度。

(1-2-26)式叫作韦尔奇-萨特斯韦特(Welch-Satterthwaite)公式,ν_{eff} 是 $\Delta(y)$ 的有效自由

度。当计算出的 ν_{eff} 不是整数时,取最接近的较小整数。显然,只有已得到各不确定度分量的自由度 ν_i,才能算出 ν_{eff},否则就不能报告自由度 ν_{eff}。

例 11 计算例 10 中合成标准不确定度 $\Delta(D)$ 的自由度 $\nu(D)$。

由 (1-2-26) 式,

$$\nu(D) = \nu_{\text{eff}} = \frac{\Delta^4(y)}{\sum \frac{\Delta_i^4}{\nu_i}} = \frac{\Delta^4(D)}{\frac{\Delta_1^4(D)}{\nu_1} + \frac{\Delta_2^4(D)}{\nu_2}}$$

$$= \frac{(5.368\ 3 \times 10^{-6})^2}{\frac{(0.035\ 0 \times 10^{-6})^2}{4} + \frac{(5.333\ 3 \times 10^{-6})2}{\infty}} = \infty$$

从本例也可以看出,例 10 的计算中若略去 $\Delta_A(D)$,对合成标准不确定度的自由度 $\nu(D)$ 的计算没有影响。

4. 扩展不确定度

扩展不确定度 U 是表明测量结果分散区间的参数,它所给出的置信区间有更高的置信水平,合成标准不确定度 $\Delta(y)$ 乘以包含因子 k,就得到扩展不确定度:

$$U = k \cdot \Delta(y) \tag{1-2-27}$$

关于 k 值的获取,分别有以下两种情况:

(1) 算得 $\Delta(y)$ 的有效自由度 ν_{eff}。

根据测量所要求的置信概率 p 和算出的 ν_{eff},查 t 分布置信概率 $t_p(\nu)$ 表,通常包含因子就等于 $t_p(\nu)$,并记为 k_p,此时 (1-2-27) 式写成:

$$U_p = k_p \cdot \Delta(y)$$

置信概率 p 作为下标时用小数表示,如 $U_{0.95}$、$k_{0.95}$ 或 $U_{0.99}$、$k_{0.99}$。

这种情况下,测量最终结果中除报告输出估计值 y 和扩展不确定度 U_p 外,还应报告自由度 ν_{eff}、置信概率 p 或包含因子 k_p。在实际数据计算中,都取 $p = 0.95$,$\nu = \infty$,则 $k_{0.95} = 1.96$。

例 12 计算例 10 中圆柱直径测量结果的扩展不确定度 $U_{0.95}$,并报告直径 D 的测量结果。

根据例 11 的计算结果,$\nu(D) = \infty$,查表 1-2-10 得到 $k_{0.95} = 1.960$。于是有:

$$U_{0.95}(D) = k_{0.95} \cdot \Delta(D) = 1.960 \times 2.32 \times 10^{-3}\ \text{mm} = 4.547 \times 10^{-3}\ \text{mm}$$

圆柱直径 D 的测量结果报告:

$$D = 14.015\ 0\ \text{mm}, \quad U_{0.95} = 0.004\ 5\ \text{mm}, \quad \nu = \infty$$

或

$$D = (14.015\ 0 \pm 0.004\ 5)\ \text{mm}, \quad \nu = \infty, \quad p = 95\%$$

(2) 缺少自由度的信息。

此时取 $k = 2$ 或 $k = 3$。在大多数情况下,$k = 2$ 时区间的置信概率约为 95%,$k = 3$ 时区间的置信概率约为 99%。

在这种情况下,测量最终结果中,除报告输出估计值 y、扩展不确定度 U,还必须报告包含因子 k。

例如,某时间量的测量结果表示为:

$$\tau = 500.153\ 3\ \mu\text{s}, \quad U = 0.002\ 3\ \mu\text{s}, \quad k = 2$$

或

$$\tau = 500.153\,3(0.002\,3)\,\mu s, \quad k = 2$$

5. 测量结果和不确定度的有效位

①测量结果的最终值(指测量报告上的)的修约间隔与其测量不确定度的修约间隔相等；
②扩展不确定度和相对不确定度的有效位数,本课程中规定一律取 2 位；
③$\Delta(y)$、$\Delta(x_i)$ 等运算过程中的量值,则应多取 1 位,即都取 3 位。

6. 例题

例 13 求例 6 和例 9 中被测圆柱的体积及其扩展不确定度 $U_{0.95}$。

千分尺量程：0～25 mm,允差：0.004 mm。

零点读数(5 次测量的平均值)：$D_0 = 0.037\,4$ mm。

表 1-2-8

	测量圆柱的直径 D		测量圆柱的高 H	
序号 k	互垂方向直径测得值	D_k/mm	序号 k	H_k/mm
1	14.053	14.052 5	1	20.051
	2		2	1
2	3	25	3	0
	2		4	1
3	3	30	5	2
	3		6	2
4	2	20	7	1
	2		8	1
5	2	20	9	0
	2		10	0
平 均		$\overline{D} = 14.052\,4$	平 均	$\overline{H} = 20.050\,9$
经修正零点误差后		$D = 14.015\,0$		$H = 20.013\,5$

$$s(D) = \sqrt{\frac{\sum_{k=1}^{n}(D_k - \overline{D})^2}{n-1}} = 0.418 \times 10^{-3}\ \text{mm}$$

$$s(H) = \sqrt{\frac{\sum_{k=1}^{n}(H_k - \overline{H})^2}{n-1}} = 0.738 \times 10^{-3}\ \text{mm}$$

$$s(\overline{D}) = \frac{s(D)}{\sqrt{n}} = 0.187 \times 10^{-3}\ \text{mm}$$

$$s(\overline{H}) = \frac{s(H)}{\sqrt{n}} = 0.233 \times 10^{-3}\ \text{mm}$$

$$\Delta_A(D) = s(\overline{D}) = 0.187 \times 10^{-3} \text{ mm}$$

$$\Delta_A(H) = s(\overline{H}) = 0.233 \times 10^{-3} \text{ mm}$$

$\Delta_A(D)$ 的自由度 $\nu = n - 1 = 4$，$\Delta_A(H)$ 的自由度 $\nu = 9$

(1) 计算圆柱的体积 V：

$$V = \frac{1}{4}\pi D^2 H = 3\,087.444 \text{ mm}^3$$

(2) 计算体积 V 的扩展不确定度 $U_{0.95}$。

① V 的不确定 $\Delta(V)$ 有两个分量：

$\Delta_1(V)$ 来自直径 D 的不确定度 $\Delta(D)$；$\Delta_2(V)$ 来自高 H 的不确定度 $\Delta(H)$。

② 计算分量 $\Delta_1^2(V)$：

见例 10、例 11，忽略多次测量的分散性，得到 $\Delta^2(D) = \Delta_B^2(D) = 5.33 \times 10^{-6} \text{ mm}^2$，$\nu(D) = \infty$。

求灵敏度系数：$C_1 = \dfrac{\partial V}{\partial D} = \dfrac{1}{2}\pi DH = \dfrac{1}{2} \times 3.142 \times 14.015\,0 \times 20.013\,5 = 441 \text{ mm}^2$，

$\Delta_1^2(V) = C_1^2 \cdot \Delta^2(D) = 441^2 \times 5.33 \times 10^{-6} = 1.04 \text{ mm}^6$，$\nu_1 = \nu(D) = \infty$。

③ 计算分量 $\Delta_2^2(V)$：

$\Delta_A(H) \ll \Delta_B(H)$，略去 $\Delta_A(H)$。

$$\Delta^2(H) = \Delta_B^2(H) = \left(\frac{a}{\sqrt{3}}\right)^2 = 5.33 \times 10^{-6} \text{ mm}^2, \quad \nu(H) = \infty$$

求灵敏度系数：

$$C_2 = \frac{\partial V}{\partial H} = \frac{1}{4}\pi D^2 = \frac{1}{4} \times 3.142 \times 14.015\,0^2 = 154 \text{ mm}^2$$

$\Delta_2^2(V) = C_2^2 \cdot \Delta^2(H) = 154^2 \times 5.33 \times 10^{-6} = 0.127 \text{ mm}^6$，$\nu_1 = \nu(H) = \infty$

④ 计算 V 的合成标准不确定度 $\Delta(V)$ 和 $\Delta(V)$ 的自由度。

体积 V 的标准不确定度分量列表如表 1-2-9 所示。

表 1-2-9 体积 V 的标准不确定度分量列表

i	符号	类型	来源	传递系数 C_i/mm^2	$\Delta_i^2(V)/(10^{-3}\text{ mm})^2$	自由度 ν
1	$\Delta_1(V)$	合成标准不确定度	来自 D 的测量不确定度 $\Delta^2(D) = 5.33 \times 10^{-6} \text{ mm}^2$	441	1.04	∞
2	$\Delta_2(V)$	合成标准不确定度	来自 H 的测量不确定度 $\Delta^2(H) = 5.33 \times 10^{-6} \text{ mm}^2$	154	0.127	∞

$\Delta_1(V)$ 和 $\Delta_2(V)$ 相互独立，所以

$$\Delta(V) = \sqrt{\Delta_1^2(V) + \Delta_2^2(V)} = \sqrt{1.04 + 0.127} = 1.08 \text{ mm}^3$$

$\Delta(V)$ 的自由度

$$\nu = \nu(V) = \nu_{\text{eff}} = \frac{\Delta^4(y)}{\sum \dfrac{\Delta_i^4}{\nu_i}} = \frac{\Delta^4(V)}{\dfrac{\Delta_1^4(V)}{\nu_1} + \dfrac{\Delta_2^4(V)}{\nu_2}} = \frac{1.08^4}{\dfrac{1.04^2}{\infty} + \dfrac{0.127^2}{\infty}} = \infty$$

⑤计算 V 的扩展不确定度 $U_{0.95}$。

从表 1-2-10 查得对应于 $\nu=\infty$，$P=95\%$ 的 k_p 值为 $k_{0.95}=1.96$，则
$$U_{0.95}=k_{0.95}\times\Delta(V)=1.96\times1.08=2.12\ \mathrm{mm}^3\text{。}$$

(3) 写出实验结果。
$$V=3\ 087.4\ \mathrm{mm}^3,\quad U_{0.95}=2.2\ \mathrm{mm}^3,\quad \nu=\infty$$

或
$$V=3\ 087.4(2.2)\ \mathrm{mm}^3,\quad \nu=\infty,\quad P=95\%$$
$$V=(3\ 087.4\pm2.2)\ \mathrm{mm}^3,\quad \nu=\infty,\quad P=95\%$$

(4) 关于合成不确定度 $\Delta(V)$ 的计算。

根据测量模型的函数关系，在采用不确定度传播合成时，许多情况（例如函数为乘除关系）不必求灵敏度系数 C_i，而是可以用它们的相对标准不确定度按下式计算更为方便：

$$\left[\frac{\Delta(y)}{y}\right]^2=\sum\left[c_i\frac{\Delta(x_i)}{x_i}\right]^2\text{。} \tag{1-2-28}$$

式中，系数 c_i 由对函数式 $Y=f(X_1,X_2,\cdots,X_N)$ 先取对数，再对 X_i 求偏导数得到。

本例的函数关系是 $V=\dfrac{1}{4}\pi D^2 H$，根据 (1-2-28) 式有：

$$\left[\frac{\Delta(V)}{V}\right]^2=\left[2\frac{\Delta(D)}{D}\right]^2+\left[\frac{\Delta(H)}{H}\right]^2$$
$$=2^2\times\frac{5.33\times10^{-6}}{14.015\ 0^2}+\frac{5.33\times10^{-6}}{20.013\ 5^2}=1.22\times10^{-7}$$

$$\frac{\Delta(V)}{V}=\sqrt{1.22\times10^{-7}}=0.000\ 349=0.034\ 9\%$$

$$\Delta(V)=3\ 087.444\times0.034\ 9\%=1.08\ \mathrm{mm}^3$$

与④中合成标准不确定度 $\Delta(V)$ 的计算结果相同。

表 1-2-10　t 分布在不同概率 p 与自由度 ν 的 $t_p(\nu)$ 值

自由度 ν	$p\times100$					
	68.27	90	95	95.45	99	99.73
1	1.84	6.31	12.71	13.97	63.66	235.80
2	1.32	2.92	4.30	4.53	9.92	19.21
3	1.20	2.35	3.18	3.31	5.84	9.22
4	1.14	2.13	2.78	2.87	4.60	6.62
5	1.11	2.02	2.57	2.65	4.03	5.51
6	1.09	1.94	2.45	2.52	3.71	4.90
7	1.08	1.89	2.36	2.43	3.50	4.53
8	1.07	1.86	2.31	2.37	3.36	4.28
9	1.06	1.83	2.26	2.32	3.25	4.09
10	1.05	1.81	2.23	2.28	3.17	3.96
11	1.05	1.80	2.20	2.25	3.11	3.85

续表

自由度 ν	$p \times 100$					
	68.27	90	95	95.45	99	99.73
12	1.04	1.78	2.18	2.23	3.05	3.76
13	1.04	1.77	2.16	2.21	3.01	3.69
14	1.04	1.76	2.14	2.20	2.98	3.64
15	1.03	1.75	2.13	2.18	2.95	3.59
16	1.03	1.75	2.12	2.17	2.92	3.54
17	1.03	1.74	2.11	2.16	2.90	3.51
18	1.03	1.73	2.10	2.15	2.88	3.48
19	1.03	1.73	2.09	2.14	2.86	3.45
20	1.03	1.72	2.09	2.13	2.85	3.42
25	1.02	1.71	2.06	2.11	2.79	3.33
30	1.02	1.70	2.04	2.09	2.75	3.27
35	1.01	1.70	2.03	2.07	2.72	3.23
40	1.01	1.68	2.02	2.06	2.70	3.20
45	1.01	1.68	2.01	2.06	2.69	3.18
50	1.01	1.68	2.01	2.05	2.68	3.16
100	1.005	1.660	1.984	2.025	2.626	3.077
∞	1.000	1.645	1.960	2.000	2.576	3.000

a：对期望 μ，总体标准 σ 的正态分布描述某量 z，当 $k=1,2,3$，时，区间 $\mu \pm k\sigma$ 分别包含分布的 68.27%、95.45%、99.73%。

1.3 数据处理方法

数据处理是指从获得的数据得出结果的加工过程，包括记录、整理、计算、分析等处理方法。用简明而严格的方法把实验数据所代表的事物内在的规律提炼出来，就是数据处理。正确处理实验数据是实验能力的基本训练之一。根据不同的实验内容、不同的要求，可采用不同的数据处理方法。本章介绍物理实验中较常用的数据处理方法。

一、列表法

获得数据后的第一项工作就是记录，欲使测量结果一目了然、避免混乱、避免丢失数据、便于查对和比较，列表法是最好的方法。制作一份适当的表格，把被测量和测量的数据一一对应地排列在表中，就是列表法。

1. 列表法的优点

① 能够简单地反映出相关物理量之间的对应关系，清楚明了地显示出测量数值的变化情况。

② 较容易从排列的数据中发现个别有错误的数据。

③ 为进一步用其他方法处理数据创造了有利条件。

2. 列表规则

① 用直尺画线制表，力求工整。

② 对应关系清楚简洁，行列整齐，一目了然。

③ 表中所列为物理量的数值（纯数），表的栏头应是物理量的符号及单位的符号，例如，$a/\mathrm{m\cdot s^{-2}}$、$I/10^{-3}\mathrm{A}$ 等，其中物理量的符号用斜体字，单位的符号用正体字。为避免手写正、斜体混乱，本课程规定手写时物理量用汉字表示，例如，加速度$/\mathrm{m\cdot s^{-2}}$、电流$/10^{-3}\mathrm{A}$。

④ 提供必要的说明和参数，包括表格名称、主要测量仪器的规格（型号、量程、准确度级别或最大允许误差等）、有关的环境参数（如温度、湿度等）、引用的常量和物理量等。

3. 应用举例

例 14 用列表法报告测得值（表 1-3-1）。

列表法还可用于数据计算，此时应预留相应的格位，并在其标题栏中写出计算公式。

例 15 列表报告测得值，并计算标准偏差。见 1.2 节第二小节的例 6。

表 1-3-1 用伏安法测量电阻

测量序号 k	电压 U_k/V	电流 I_k/mA
1	0	0
2	2.00	3.85
3	4.00	8.15
4	6.00	12.05
5	8.00	15.80
6	10.00	19.90

注：伏特计为 1.0 级，量程为 15 V，内阻为 15 kΩ；

毫安表为 1.0 级，量程为 20 mA，内阻为 1.20 Ω。

4. 列表常见错误

① 没有提供必要的说明或说明不完全，造成后续计算中一些数据来源不明，或丢失了日后重复实验的某些条件。

② 横排数据，不便于前后比较（纵排不仅数据趋势一目了然，而且可以在首行之后仅记变化的尾数，如 1.2 节中的例 13）。

③ 栏头概念含糊或错误，例如将 $U_k(\mathrm{V})$ 写成 U_k 或 V 等。

④ 数据取位过少，丢失有效数字，给继续处理数据带来困难。

⑤ 表格断成两截，不能一目了然。

要按照列表规则养成良好的列表习惯，避免出现以上错误。

列表法是最基本的数据处理方法,一个好的数据处理表格,往往就是一份简明的实验报告,因此,在表格设计上要舍得下工夫。

二、作图法

在研究两个物理量之间的关系时,把测得的一系列相互对应的数据及变化的情况用曲线表示出来,这就是作图法。

1. 作图法的优点

① 能够形象、直观、简便地显示出物理量的相互关系以及函数的极值、拐点、突变或周期等特征。

② 具有取平均的效果。因为每个数据都存在测量不确定度,所以曲线不可能通过每一个测量点。但对曲线,测量点是靠近和匀称分布的,故曲线具有多次测量取平均的效果。

③ 有助于发现测量中的个别错误数据。虽然曲线不可能通过所有的数据点,但不在曲线上的点都应是靠近曲线才合理。如果某一个点离曲线明显地远了,说明这个数据错了,要分析产生错误的原因,必要时可重新测量或剔除该测量点的数据。

④ 作图法是一种基本的数据处理方法,不仅可以用于分析物理量之间的关系,求经验公式,还可以求物理量的值。但受图纸大小的限制,一般只有 3~4 位有效数字,且连线具有较大的主观性。所以用作图法求值时,一般不再计算不确定度。

在报告实验结果时,一条正确的曲线往往胜过许多文字的描述,它能使实验中各物理量间的关系一目了然。所以只要有可能,实验结果就要用曲线表达出来。

2. 作图规则

① 列表。按列表规则,将作图的有关数据列成完整的表格,注意名称、符号及有效数字的规范使用。

② 选择坐标纸。作图必须用坐标纸。根据物理量的函数关系选择适合的坐标纸,最常用的是直角坐标纸,此外还有对数坐标纸、半对数坐标纸、极坐标纸等。本节以直角坐标为例介绍作图法,其他坐标可参考本节原则进行。

坐标纸的大小要根据测量数据的有效位数和实验结果的要求来决定,原则是以不损失实验数据的有效数字和能包括全部实验点作为最低要求,即坐标纸的最小分格与实验数据的最后一位准确数字相当。在某些情况下,例如数据的有效位太少使得图形太小,还要适当放大以便于观察,同时也有利于避免由于作图而引入附加的误差;若有效位数多,又不宜把该轴取得过长,则应适当牺牲有效位,以求纵横比适度(1/2~2)。

③ 标出坐标轴的名称和标度。通常的横轴代表自变量,纵轴代表因变量,在坐标轴上标明所代表物理量的名称(或符号)和单位,标注方法与表的栏头相同,即量的符号(可用汉字)除以单位的符号。横轴和纵轴的标度比例可以不同,其交点的标度值不一定是零。选择原点的标度值来调整图形的位置,使曲线不偏于坐标的一边或一角;选择适当的分度比例来调整图形的大小,使图形充满图纸。分度比例要便于换算和描点,例如,不要用 4 个格代表 1(单位)或用 1 格代表 3(单位),一般取 1,2,5,10…标度值按整数等间距(间隔不要太稀或太密,以便于读数)标在坐标轴上。

④描点和连线。根据测量数据,用削尖的铅笔在坐标图纸上用"+"或"×"标出各测量点,使各测量数据坐落在"+"或"×"的交叉点之上。同一图上的不同曲线应当使用不同的符号,如"+"、"×"、"⊙"、"△"、"□"等。

用透明的直尺或曲线板把数据点连成直线或光滑曲线。连线应反映出两物理量关系的变化趋势,而不应强求通过每一个数据点,但应使在曲线两旁的点有较匀称的分布,使曲线有取平均的作用。用曲线板连线的要领是:看准 4 个点,连中间 2 点间的曲线,依次后移,完成整个曲线。

⑤在图上空旷位置写出完整的图名、绘制人姓名及绘制日期,所标文字应当用仿宋体。

3. 求直线的斜率和截距

直线时,其方程具有形式 $y=b_0+b_1x$。只要求出斜率 b_1 和截距 b_0,就可以得到关于物理量 x、y 的经验公式。在许多实验中也通过求斜率或截距来求得物理量。

例 16 测定有一固定转轴的刚体的转动惯量 J,该刚体受到动力矩 M 和阻力矩 M_μ 的作用,根据转动定律 $M-M_\mu=J\beta$,写成 $M=M_\mu+J\beta$,设阻力矩为常量,这就是一个直线方程。改变动力矩 M,测得一系列相应的角加速度 β,作 M-β 曲线,求出斜率和截距,就得到了转动惯量和阻力矩。

(1)求斜率。

直线方程

$$y=b_0+b_1x$$

斜率

$$b_1=\frac{y_2-y_1}{x_2-x_1} \tag{1-3-1}$$

在曲线上取 $p_1(x_1,y_2)$ 和 $p_2(x_2,y_2)$ 两点代入(1-3-1)式,即可求得斜率。求斜率时要注意:

① p_1、p_2 必须是直线上的点,且不可取测量点;

② p_1、p_2 在测量范围以内,且相距应尽量远;

③ p_1、p_2 用不同于作图描点的符号标出,例如,用△或□,标上字母符号 p_1 或 p_2 及坐标值,读数和计算时注意正确使用有效数字;

④在实验报告上写出计算斜率的完整过程。

(2)求截距。

截距 b_0 是对应于 $x=0$ 的 y 值。在曲线上另取一点 $p_3(x_3,y_3)$,将 x_3、y_3 的值和(1-3-1)式代入直线方程,求得:

$$b_0=y_3-\frac{y_2-y_1}{x_2-x_1}x_3 \tag{1-3-2}$$

如果作图时 x 轴标度从零开始,截距 b_0 也可以从图上直接读出。

4. 应用举例

例 17 以例 14 伏安法测电阻为例,用作图法求电阻 R。

作图数据列表如表 1-3-2 所示。

表 1-3-2 作图数据列表

测量序号 k	x U_k/V	y I_k/mA
1	0	0
2	2.00	3.85
3	4.00	8.15
4	6.00	12.05
5	8.00	15.80
6	10.00	19.90

在直角坐标系上建立坐标,在横轴右端标上电压(V),以 1 mm 代表 0.1 V,原点标度值为 0,每隔 20 mm 依次标出 2.00,4.00,6.00,8.00,10.00;在纵轴上端标上电流(mA),以 1 mm 代表 0.2 mA,原点标度值为 0,每隔 25 mm 依次标出 5.00,10.00,15.00,20.00,如图 1-3-1 所示。

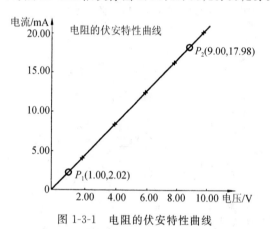

图 1-3-1 电阻的伏安特性曲线

削尖铅笔,按照表 1-3-2 的数据,用符号"+"描出各测量点,然后用透明的直尺画一条直线,连线时注意使 6 个测量点靠近直线且匀称地分布在该直线两侧。

在曲线上方空白处写上图名"电阻的伏安特性曲线"。

为求斜率,在曲线上取两点用"○"标出,并在旁边写上符号和坐标值 $P_1(1.00,2.02)$ 和 $P_2(9.00,17.98)$。

斜率 $$b_1=\frac{y_2-y_1}{x_2-x_1}=\frac{17.98-2.02}{9.00-1.00}=1.995$$

电阻 $$R=\frac{1}{b_1}=\frac{1}{1.995}=0.501\ \text{k}\Omega$$

5. 曲线改直

按相关物理量作成曲线虽然直观,但要判断具体函数关系却比较困难。通过适当的变换,将曲线改成直线,再作图分析就方便得多,而且容易求得有关的参数。

例 18 带等量异号电荷的无限长同轴圆柱面之间的静电场中,某点 A 的电场强度 E 的大小和 A 点到轴线的距离 r 成反比。现用实验来验证 $E\infty(1/r)$。实验中不能直接测电场强度,只能测 A 点的电位 U,根据场强和电位的关系 $E=\dfrac{\mathrm{d}U}{\mathrm{d}r}$,从 $E\propto(1/r)$ 可推出 $U\propto\ln r$。实验数据处理时作 r-U 图线(以 U 为横轴,r 为纵轴),得到一条曲线,很难看出它们有怎样的函数关系[图 1-3-2(a)]。若仍以 U 为横轴,而以 $\ln r$ 为纵轴,则图线为一条直线[图 1-3-2(b)],这就证明了 $U\propto\ln r$,从而验证了 $E\propto(1/r)$ 的关系。

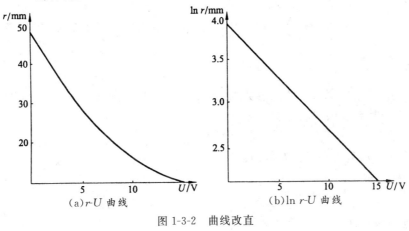

图 1-3-2　曲线改直

6. 作图中的常见错误

①原点标度不当,图形偏于一边或一角;坐标比例不当,图形太小或部分实验点超出图纸而丢失。

②在坐标轴上标出了测量值或在实验点旁标出其坐标值。

③用"·"作为描点的符号;用圆球笔作图或者没有把铅笔削尖,徒手连曲线或者用直尺连曲线。

④求斜率、截距使用了测量点。应注意,即使曲线通过了测量点,该点也不可用来求斜率和截距。

最后应该指出,不要以为作图法仅仅是做完实验之后处理数据的一种方法,从分析实验任务设计方案时就可以运用作图法的思想。例 17 就巧妙地绕开了阻力矩的影响求得了转动惯量。作图法适用于物理实验的全过程。在教学中,作图法对于物理思维、实验方法和技能训练有着特殊的地位和作用。

三、逐差法

当两物理量成线性关系时,常用逐差法来计算因变量变化的平均值;当函数关系为多项式形式时,也可用逐差法来求多项式的系数。逐差法也称为环差法。

1. 逐差法的优点

①充分利用测量数据,更好地发挥了多次测量取平均值的效果。

②绕过某些定值未知量。

③可验证表达式或求多项式的系数。

2. 逐差法的适用条件

① 两物理量 x、y 之间的关系可表示为多项式形式。

例如：$y=b_0+b_1x$

$y=b_0+b_1x+b_2x^2$

$y=b_0+b_1x+b_2x^2+b_3x^3$

② 自变量 x 必须是等间距变化，且较因变量 y 有更高的测量准确度，以致通常 x 的测量不确定度忽略不计。

3. 逐项逐差

逐项逐差就是把因变量 y 的测量数据逐项相减，用来检查 y 对于 x 是否成线性关系，否则用多次逐差来检查多项式的幂次。

(1) 一次逐差。

若 $y=b_0+b_1x$，测得一系列对应的数据

$$x_1,x_2,\cdots,x_k,\cdots,x_n$$
$$y_1,y_2,\cdots,y_k,\cdots,y_n$$

(1-3-3)

逐项逐差，得到：

$$y_2-y_1=\Delta y_1$$
$$y_3-y_2=\Delta y_2$$
$$\cdots\cdots$$
$$y_{k+1}-y_k=\Delta y_k$$

因为 y 对于 x 成线性关系，且 x 为等间距变化，故 $\Delta y_k=$ 常量，所以，若对实验测量值进行逐项逐差，得到：

$$\Delta y_k\approx 常量$$

则证明 y 对于 x 成线性关系。

(2) 二次逐差。

若 $y=b_0+b_1x+b_2x^2$，则逐项逐差后所得结果 $\Delta y_k\neq$ 常量，遂将 Δy_k 再作一次逐项逐差（称为二项逐差）：

$$\Delta y_2-\Delta y_1=\Delta' y_1$$
$$\Delta y_3-\Delta y_2=\Delta' y_2$$
$$\cdots\cdots$$
$$\Delta y_{k+1}-\Delta y_k=\Delta' y_k$$

同理，若二次逐差结果 $\Delta' y_k\approx$ 常量，则可证明 y 对于 x 为二次幂的关系。依此类推，还可以进行三次逐差或更高次逐差。

4. 分组进行逐差求多项式的系数

用逐差法来求因变量变化的平均值或求多项式的系数时，不能用逐项逐差，而是把 n 项测量值分为上、下两组，用下组中的每一个数据与上组中对应的数据一一相减。

(1) 当 y 对于 x 为线性关系 $y=b_0+b_1x$ 时，用一次逐差即可求系数 b_0 和 b_1。

① 求系数 b_1。测得值如(1-3-3)式，共有 n 项对应值。分为上、下两组，每组有 $l=n/2$ 项。隔 l 项相减作逐差：

第1章 测量误差与数据处理知识

$$y_k = b_0 + b_1 x_k \quad (1\text{-}3\text{-}4)$$
$$y_{k+1} = b_0 + b_1 x_{k+1}$$

两式相减得到：
$$y_{k+1} - y_k = b_1(x_{k+1} - x_k)$$

上式左边为因变量隔 l 项的逐差值，记为 $\delta_l y_k$；右边括号中为 l 倍自变量间隔，记为 $l(x_2 - x_1)$，则上式写为：

$$\delta_l y_k = b_1 \cdot l(x_2 - x_1) \quad (1\text{-}3\text{-}5)$$

从 $k=1$ 到 $k=l$ 共可得到 l 个 $\delta_l y_i$ 值，取平均记为 $\overline{\delta_l y}$，代入 (1-3-5) 式，求得系数 b_1 的值：

$$b_1 = \frac{\overline{\delta_l y}}{l(x_2 - x_1)} \quad (1\text{-}3\text{-}6)$$

② 求系数 b_0。将系数 b_1 值代入 (1-3-4) 式，有：

$$y_1 = b_0 + b_1 x_1$$
$$y_2 = b_0 + b_1 x_2$$
$$\cdots\cdots$$

一共 n 个 y_k，每个 y_k 都可以求出一个 b_0，n 个 b_0 取平均，即为所求系数 b_0 的值：

$$\begin{aligned} b_0 &= \frac{1}{n}\sum_{k=1}^{n}(y_k - b_1 x_k) \\ b_0 &= \frac{1}{n}\sum_{k=1}^{n} y_k - b_1 \frac{1}{n}\sum_{k=1}^{n} x_k \\ b_0 &= \overline{y} - b_1 \cdot \overline{x} \end{aligned} \quad (1\text{-}3\text{-}7)$$

(2) 若 $y = b_0 + b_1 x + b_2 x^2$，求系数时，则须将第一次逐差得到的 $\delta_l y_k$ 再分成上、下两组，进行第二次逐差，从而求得系数 b_2，然后依次求出 b_1 和 b_0。

依此类推，也可以进行多次逐差求高次项的系数，但实际上很少使用。

(3) 系数 b_1 和 b_0 的标准偏差。

① b_1 的标准偏差。根据 (1-3-6) 式，b_1 由 $\overline{\delta_l y}$ 而来，故通常用求多次测量平均值标准偏差的公式 (1-2-10) 式求出 $\overline{\delta_l y}$ 的标准偏差 $s(\overline{\delta_l y})$，再用不确定度传播公式 (1-2-21) 求得系数 b_1 的标准偏差 $s(b_1)$。

② b_0 的标准偏差。由 (1-3-7) 式可见，b_0 的标准偏差由 $\overline{y}$ 和 b_1 的标准偏差合成 (1.2 节第四小节) 得到。如前所述，计算过程中 x 的测量不确定度忽略不计。

5. 应用举例

例 19 仍以伏安法测电阻为例 (见例 14)，用逐差法求电阻 R。

$I = b_0 + b_1 U$，$R = 1/b_1$；共 6 项，$n=6$，$l=n/2=3$，故隔 3 项逐差，$\delta_3 I_k = I_{k+3} - I_k$。

表 1-3-3 为用逐差法处理数据的列表。

表 1-3-3 用逐差法处理数据

序号 k	$I_k/10^{-3}$ A	$I_{k+3}/10^{-3}$ A	$\delta_3 I_k/10^{-3}$ A
1	0	12.05	12.05
2	3.85	15.80	11.95

续表

序号 k	$I_k/10^{-3}$ A	$I_{k+3}/10^{-3}$ A	$\delta_3 I_k/10^{-3}$ A
3	8.15	19.90	11.75
			$\overline{\delta_{3l}}$ = 11.917

求系数 b_1：$b_1 = \dfrac{\overline{\delta_3 I}}{l(U_2-U_1)} = \dfrac{11.917}{6} = 1.986$

求被测量 R：$R = \dfrac{1}{b_1} = 0.5035 \text{ k}\Omega = 503.5 \text{ }\Omega$

求 b_1 的标准偏差：$s(\overline{\delta_3 I}) = \sqrt{\dfrac{\sum\limits_{k=1}^{3}(\delta_3 I_k - \overline{\delta_3 I})^2}{l(l-1)}} = 0.0882$

$$s(b_1) = \dfrac{s(\overline{\delta_3 I})}{l(U_2-U_1)} = \dfrac{0.0882}{3\times 2} = 0.0147$$

求 R 的标准偏差：$\dfrac{s(R)}{R} = \dfrac{s(b_1)}{b_1} = \dfrac{0.0147}{1.986} = 0.00740$

$$s(R) = 503.5 \times 0.740\% = 3.7 \text{ }\Omega$$

6. 逐差法中常见错误

(1) 求系数时使用了逐项逐差。

例 19 中，若用逐项逐差求电流变化的平均值，则算式为

$$\dfrac{(I_2-I_1)+(I_3-I_2)+\cdots+(I_6-I_5)}{5} = \dfrac{I_6-I_1}{5}$$

显然，中间各测量值都被抵消掉了，只用了第一次和最后一次测量值，失去了多次测量取平均值的意义。

(2) 奇数项时（$n=$ 奇数），上组少分一项。

假设上例中共测了 9 次，$n=9$，应分为上组 5 项，下组 4 项，隔 5 项逐差后得到 4 项。若按上组少一项分组，则是隔 4 项逐差，似乎最后可多得到一项为 I_9-I_5。但仔细考察可见，该项和第一项 I_5-I_1 的 I_5 抵消掉了，仍旧是没有利用 I_5。所以，凡 n 为奇数时，应上组多一项，作隔 $l=\dfrac{n+1}{2}$ 项逐差。

(3) 列表表达不清楚。

表中应表达出是隔几项逐差，反映出 l、y_k、y_{k+l} 和 $\delta_l y_k$ 之间的对应关系。

四、最小二乘法和一元线性回归

从测量数据中寻求经验方程或提取参数，称为回归问题，是实验数据处理的重要内容。用作图法获得直线的斜率和截距就是回归问题的一种处理方法，但连线带有相当大的主观成分，结果会因人而异；用逐差法求多项式的系数也是一种回归方法，但它又受到自变量必须等间距变化的限制。本节介绍处理回归问题的另一种方法——最小二乘法。

1. 拟合直线的途径

(1) 问题的提出。

假定变量 x 和 y 之间存在着线性相关的关系，回归方程为一条直线：
$$y = b_0 + b_1 x \tag{1-3-8}$$

由实验测得的一组数据是 x_k、$y_k(k=1,2,\cdots,n)$，我们的任务是根据这组数据拟合出(1-3-8)式的直线，即确定其系数 b_1、b_0。

我们讨论最简单的情况，假设：

① 系统误差已经修正；

② n 次测量的条件相同，所以其误差符合正态分布，这样才可以使用最小二乘原理；

③ 只有 y_k 存在误差，即把误差较小的作为变量 x，使不确定度的计算变得简单。

(2) 解决问题的途径——最小二乘原理。

由于测量的分散性，实验点不可能都落在一条直线上，如图 1-3-3 所示。相对于我们所拟合的直线，某个测量值 y_k 在 y 方向上偏离了 v_k，v_k 就是残差：

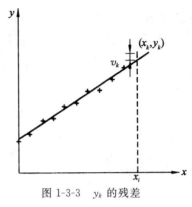

图 1-3-3　y_k 的残差

$$v_k = y_k - y = y_k - (b_0 + b_1 x_k) \tag{1-3-9}$$

联想到贝塞尔公式(1-2-6)式，如果 $\sum_{k=1}^{n} v_k^2$ 的值小，那么标准偏差 $s(y)$ 就小，能够使 $s(y)$ 最小的直线就是我们所要拟合的直线。这就是最小二乘原理。

最小二乘原理：最佳值乃是能够使各次测量值残差的平方和为最小值的那个值。

由(1-3-9)式可见，b_0 和 b_1 决定 v_k 的大小，能够使 $\sum_{k=1}^{n} v_k^2$ 为最小值的 b_0、b_1 值就是回归方程的系数。

2. 回归方程的系数

(1) 用最小二乘原理求回归方程的系数。

$$\sum_{k=1}^{n} v_k^2 = \sum_{k=1}^{n} (y_k - b_0 - b_1 x_k)^2 \tag{1-3-10}$$

使 $\sum_{k=1}^{n} v_k^2$ 为极小值，极小值条件是一阶导数等于零和二阶导数大于零。这里 x_k、y_k 是测量值，变量是 b_0 和 b_1，(1-3-10)式分别对 b_0 和 b_1 求偏导数：

$$\begin{cases} \dfrac{\partial}{\partial b_0}\left(\sum_{k=1}^{n} v_k^2\right) = -2\sum_{k=1}^{n}(y_k - b_0 - b_1 x_k) = 0 \\ \dfrac{\partial}{\partial b_1}\left(\sum_{k=1}^{n} v_k^2\right) = -2\sum_{k=1}^{n}(y_k - b_0 - b_1 x_k)x_k = 0 \end{cases} \tag{1-3-11}$$

整理后得：
$$\begin{cases} \overline{x} b_1 + b_0 = \overline{y} \\ \overline{x^2} b_1 + \overline{x} b_0 = \overline{xy} \end{cases} \tag{1-3-12}$$

式中，$\overline{x} = \dfrac{1}{n}\sum_{k=1}^{n} x_k, \overline{y} = \dfrac{1}{n}\sum_{k=1}^{n} y_k, \overline{x^2} = \dfrac{1}{n}\sum_{k=1}^{n} x_k^2, \overline{xy} = \dfrac{1}{n}\sum_{k=1}^{n} x_k y_k$，解联立方程(1-3-12)，得到：

$$b_1 = \frac{\overline{x} \cdot \overline{y} - \overline{xy}}{\overline{x}^2 - \overline{x^2}} \tag{1-3-13}$$

$$b_0 = \overline{y} - b_1 \overline{x} \tag{1-3-14}$$

(1-3-13)式对 b_0 和 b_1 再求一次导数,得到 $\sum_{k=1}^{n} v_k^2$ 的二阶导数大于零。这样,(1-3-13)式和(1-3-14)式给出的 b_0 和 b_1 对应于 $\sum_{k=1}^{n} v_k^2$ 的极小值,即为回归直线的斜率和截距的最佳估计值,于是就求得了回归方程(1-3-8)。

(2)为了便于记忆和用计算器或计算机编程计算,引入符号:

$$L_{xy} = \sum_{k=1}^{n}(x_k - \overline{x})(y_k - \overline{y})$$

$$L_{xx} = \sum_{k=1}^{n}(x_k - \overline{x})^2 \tag{1-3-15}$$

$$L_{yy} = \sum_{k=1}^{n}(y_k - \overline{y})^2$$

很容易证明:

$$L_{xy} = n(\overline{xy} - \overline{x} \cdot \overline{y}) = \sum_{k=1}^{n} x_k y_k - \frac{1}{n}\left(\sum_{k=1}^{n} x_k\right)\left(\sum_{k=1}^{n} y_k\right)$$

$$L_{xx} = n(\overline{x^2} - \overline{x}^2) = \sum_{k=1}^{n} x_k^2 - \frac{1}{n}\left(\sum_{k=1}^{n} x_k\right)^2 \tag{1-3-16}$$

$$L_{yy} = n(\overline{y^2} - \overline{y}^2) = \sum_{k=1}^{n} y_k^2 - \frac{1}{n}\left(\sum_{k=1}^{n} y_k\right)^2$$

于是有:

$$b_1 = \frac{L_{xy}}{L_{xx}} \tag{1-3-17}$$

(3)测量点的重心。

由(1-3-14)式,得到 $\overline{y} = b_0 + b_1 \overline{x}$,可见回归直线通过 $(\overline{x}, \overline{y})$ 点。点 $(\overline{x}, \overline{y})$ 称为 (x_k, y_k) 的重心。理解这点,有助于用作图法处理数据时的连线。

3. 回归方程系数的标准偏差

(1) y_k 的标准偏差。

由(1-3-12)式,我们很容易求得 y_k 的标准偏差:

$$s(y) = \sqrt{\frac{\sum_{k=1}^{n} v_k^2}{n-2}} = \sqrt{\frac{\sum_{k=1}^{n}(y_k - b_0 - b_1 x_k)}{n-2}} \tag{1-3-18}$$

式中分母 $n-2$ 是自由度,可以作如下解释:两点决定一条直线,只需测量两个点,即可解出直线的斜率和截距,现在多测了 $n-2$ 个点,所以 $n-2$ 是自由度(参见1.2节第二小节)。

$s(y)$ 是因变量 y_k 的标准偏差,在满足本节开始的三个假设的条件下,我们可以对照测量列的标准偏差的意义来理解 $s(y)$:对于自变量的某一个取值,因变量是直线上相应的一个点,在重复条件下作任意次测量,实测点落在与直线上相应点的距离在 $s(y)$ 范围以内的概率是68.3%。$s(y)$ 描述了测量点对于直线的分散性。

(2)回归方程系数的标准偏差。

① b_1 的标准偏差 $s(b_1)$。我们的任务是从 $s(y)$ 求出 b_1 和 b_0 的标准偏差,所以首先要找到

b_1 和 y_k 之间的关系。由(1-3-17)式以及(1-3-16)式、(1-2-8)式,推导整理得到:

$$b_1 = \frac{L_{xy}}{L_{xx}} = \frac{\sum_{k=1}^{n}(x_k-\overline{x})(y_k-\overline{y})}{\sum_{k=1}^{n}(x_k-\overline{x})^2} = \sum_{k=1}^{n}\frac{(x_k-\overline{x})}{\sum_{k=1}^{n}(x_k-\overline{x})^2}y_k \qquad (1\text{-}3\text{-}19)$$

按照不确定度的传播与合成的方法,可求 b_1 的标准偏差。注意到(1-3-19)式,b_1 由多项带有系数的 y_k 求和得到,所以 $s(b_1)$ 具有方和根的形式,方差 $s^2(b_1)$ 为:

$$s^2(b_1) = \sum_{k=1}^{n}\left[\left(\frac{\partial b_1}{\partial y_k}\right)^2 \cdot s^2(y)\right]$$

将(1-3-19)式代入上式,整理后开方得到:

$$s(b_1) = \frac{s(y)}{\sqrt{L_{xx}}} \qquad (1\text{-}3\text{-}20)$$

② b_0 的标准偏差 $s(b_0)$。同理可推导出:

$$s(b_0) = \sqrt{\overline{x}} \cdot s(b_1) \qquad (1\text{-}3\text{-}21)$$

(3)讨论。

① $s(b_0)$ 是截距 b_0 的标准偏差。如果得到 $s(b_0) < b_0$,即截距比它本身的标准不确定度还要小,则表明在 68.3% 的置信水平上 b_0 等于零,回归直线通过原点。

② 从(1-3-20)式可见,当 L_{xx} 较大时,$s(b_1)$ 就较小。根据(1-3-15)式,若 x 的取值比较分散,L_{xx} 就大。这就告诉我们,在求回归直线时,自变量 x 取点不要集中,要在尽可能大的范围内进行测量,以减小斜率的不确定度 $s(b_1)$。

③ 从(1-3-21)式可以看出,$s(b_0)$ 不仅与 $s(b_1)$ 有关,而且还直接受 x 的影响,若 $\sqrt{\overline{x}}$ 数值大,$s(b_0)$ 就会被"放大"。可见,在拟合直线(当然也包括用作图法处理数据)时,如果所取的测量点既远离原点且又密集,则测量结果会很糟糕。

4. 相关系数

定义一元线性回归的相关系数:

$$r = \frac{L_{xy}}{\sqrt{L_{xx}L_{yy}}} \qquad (1\text{-}3\text{-}22)$$

(1)相关系数的正负。

对照(1-3-22)式和(1-3-17)式,可见 r 与 b_1 同号。即 $r>0$,则 $b_1>0$,回归直线的斜率为正,称为正相关;$r<0$,则 $b_1<0$,回归直线的斜率为负,称为负相关。

(2)相关系数的数值。

x、y 完全不相关时,$r=0$;全部实验点都在回归直线上时,$|r|=1$。r 的数值只在 -1 与 $+1$ 之间,即 $-1 \leqslant r \leqslant +1$。$r$ 数值的大小描述了实验点线性相关的程度。

(3)通过相关系数计算标准偏差。

不同相关系数的数据点分布示意图如图 1-3-4 所示。

用相关系数计算标准偏差甚为方便,推导结果为:

$$s(y) = \sqrt{\frac{(1-r^2)L_{yy}}{n-2}} \qquad (1\text{-}3\text{-}23)$$

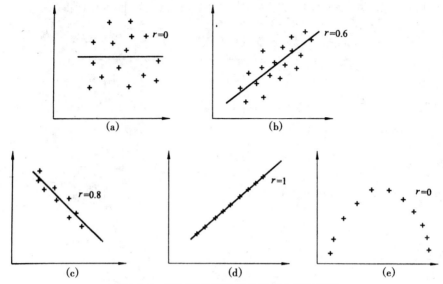

图 1-3-4　不同相关系数的数据点分布示意图

$$\frac{s(b_1)}{b_1}=\sqrt{\frac{\frac{1}{r^2}-1}{n-2}} \tag{1-3-24}$$

应注意(1-3-24)式的计算结果是斜率的相对标准偏差。

相关系数在数据处理计算中有特殊的地位，以至带有线性回归功能的计算器上就设有功能键 r，实验数据输入完毕，人们也习惯首先读出相关系数来检查相关的显著性水平。表 1-3-4 中列出了相关系数的检验数据。

表 1-3-4　相关系数检验表

r \ a \ $n-2$	0.05	0.01	r \ a \ $n-2$	0.05	0.01
1	0.997	1.000	20	0.423	0.537
2	0.950	0.990	21	0.413	0.526
3	0.878	0.959	22	0.404	0.515
4	0.811	0.917	23	0.396	0.505
5	0.754	0.874	24	0.388	0.496
6	0.707	0.834	25	0.381	0.487
7	0.666	0.798	26	0.374	0.478
8	0.632	0.765	28	0.361	0.463
9	0.602	0.735	30	0.349	0.449
10	0.576	0.708	35	0.325	0.418
11	0.553	0.684	40	0.304	0.393
12	0.532	0.661	45	0.288	0.372

续表

r \ a \ n−2	0.05	0.01	r \ a \ n−2	0.05	0.01
13	0.514	0.641	50	0.273	0.354
14	0.497	0.623	65	0.250	0.325
15	0.482	0.606	70	0.232	0.302
16	0.468	0.590	80	0.217	0.283
17	0.456	0.575	90	0.205	0.267
18	0.444	0.561	100	0.195	0.254
19	0.433	0.549	200	0.138	0.181

注：a 为相关的显著性水平；$n-2$ 为自由度。

5. 应用举例

例 20 将例 14 用伏安法测量电阻的数据用最小二乘法作线性回归处理。

用回归法处理伏安法测电阻的数据的列表如表 1-3-5 所示。

表 1-3-5 用回归法处理伏安法测电阻的数据

序号 k	$x_k = U_k/\text{V}$	$y_k = I_k/\text{mA}$	x_k^2	y_k^2	$x_k y_k$
1	0.00	0.00	0.00	0.00	0.00
2	2.00	3.85	4.00	14.82	7.70
3	4.00	8.15	16.00	66.42	32.60
4	6.00	12.05	36.00	145.20	72.30
5	8.00	15.80	64.00	249.64	126.40
6	10.00	19.90	100.00	369.01	199.00
和	$\sum_{k=1}^{6} x_k = 30.00$	$\sum_{k=1}^{6} y_k = 59.75$	$\sum_{k=1}^{6} x_k^2 = 220.00$	$\sum_{k=1}^{6} y_k^2 = 872.10$	$\sum_{k=1}^{6} x_k y_k = 438.00$
和的平方	$\left(\sum_{k=1}^{6} x_k\right)^2 = 900.00$	$\left(\sum_{k=1}^{6} y_k\right)^2 = 3\,570.06$			
平均	$\bar{x} = 5.00$	$\bar{y} = 9.9583$	$\overline{x_k^2} = 36.67$		

$$L_{xy} = \sum_{k=1}^{6} x_k y_k - \frac{1}{n}\left(\sum_{k=1}^{6} x_k\right)\left(\sum_{k=1}^{6} y_k\right) = 139.25$$

$$L_{xx} = \sum_{k=1}^{6} x_k^2 - \frac{1}{n}\left(\sum_{k=1}^{6} x_k\right)^2 = 70$$

$$L_{yy} = \sum_{k=1}^{6} y_k^2 - \frac{1}{n}\left(\sum_{k=1}^{6} y_k\right)^2 = 277.088$$

(1)相关系数。

$$r = \frac{L_{xy}}{\sqrt{L_{xx}L_{yy}}} = 0.999\ 856$$

由表 1-3-4 查得 $k=6, a=0.01$ 时，$r=0.917$ 为显著性标准，现得到 $r=0.999\ 856 > 0.917$，表明 I 与 U 显著相关，即回归直线的直线性很好。

(2)求系数。

$$b_1 = \frac{L_{xy}}{L_{xx}} = 1.989\ 3$$

$$b_0 = \overline{y} - b_1 \overline{x} = 0.011\ 90$$

(3)求系数的标准偏差。

$$\frac{s(b_1)}{b_1} = \sqrt{\frac{\frac{1}{r^2}-1}{n-2}} = 0.849 \times 10^{-3}$$

$$s(b_1) = 0.016\ 9$$

$$s(b_0) = \sqrt{\overline{x^2}} \cdot s(b_1) = 0.102, \quad s(b_0) < b_0, \quad \text{直线通过原点}$$

(4)求电阻及其标准偏差。

$$R = \frac{1}{b_1} = 502.69\ \Omega$$

$$\frac{s(R)}{R} = \frac{s(b_1)}{b_1} = 0.849 \times 10^{-3}, \quad s(R) = 502.69 \times 0.084\ 9\% = 4.27\ \Omega, \quad \nu = 4$$

(5)说明。

在相关性很好的情况下，r 接近于 1，则(1-3-24)式中分子 $\frac{1}{r^2}-1$ 为零，以致不能计算出 $s(b_1)$ 和 $s(b_0)$。所以表 1-3-5 中的各项计算求和、平方、平均等要保留到比 r 值所含的"9"的个数还要多 2 或 3 位数字。例 20 中 $r=0.999\ 856$，小数点后面连续有 3 个"9"，故求回归方程系数的运算(包括表 1-3-5)取 5 或 6 位数字。中间运算过程亦如此，直到计算出合成不确定度或扩展不确定度之后，再把不确定度取为 2 位有效数字，以及把测量结果修约到与不确定度的末位对齐。

习　　题

1.指出下列各数是几位有效数字。
(1)0.002　　　　(2)1.002　　　　(3)1.00
(4)981.120　　　(5)500　　　　　(6)38×10^4
(7)0.001 350　　(8)1.6×10^{-3}　　(9)π

2.某一长度为 $L=3.58$ mm，试用 cm、m、km、μm 为单位表示其结果。

3.用有效数字运算规则求以下结果。
(1)$57.34 - 3.574$　　　　　　(2)$6.245 + 101$
(3)$403 + 2.56 \times 10^3$　　　(4)$4.06 \times 10^3 - 175$
(5)$3\ 572 \times \pi$　　　　　　(6)4.143×0.150

(7) $36 \times 10^3 \times 0.175$ (8) $2.6^2 \times 5\,326$

(9) $24.3 \div 0.1$ (10) $\dfrac{8.042\,1}{6.038 - 6.034}$

4. 确定下列各结果的有效数字位数。

(1) $\sin 30°10'$ (2) $\cos 48°6'$

(3) $\sqrt[3]{278}$ (4) $318^{0.6}$

(5) $\lg 1.984$ (6) $\ln 4\,562$

5. 以下是一组测量数据,单位为 mm,请用函数计算器计算算术平均值与标准偏差。

12.314, 12.321, 12.317, 12.330, 12.309, 12.328, 12.331, 12.320, 12.318

6. 用精密天平称一物体的质量,共称 10 次其结果为:$m_i = 3.612\,7, 3.612\,5, 3.612\,2, 3.612\,1, 3.612\,0, 3.612\,6, 3.612\,5, 3.612\,3, 3.612\,4, 3.612\,4$ g,试计算 m 的算术平均值与标准偏差,若该测量的 B 类不确定度为 $\Delta_B = 0.1$ mg,试计算 m 的不确定度。

7. 将下面错误的式子选出来并改正。

(1) $l = 3.586 \pm 0.10$ (mm)

(2) $P = 31\,690 \pm 200$ (kg)

(3) $d = 10.43 \pm 0.13$

(4) $t = 18.547 \pm 0.312$ (s)

(5) $R = 6\,371\,000 \pm 2\,000$ (km)

8. 计算 $\rho = \dfrac{4M}{\pi D^2 H}$ 的结果及不确定度 Δ_ρ,并分析直接测量值 M、D、H 的不确定度对间接测量值 ρ 的影响(提示:分析间接测量不确定度合成公式中哪一项影响大),其中 $M = (236.124 \pm 0.002)$g,$D = (2.345 \pm 0.005)$cm,$H = (8.21 \pm 0.01)$cm。写出 ρ 的结果表达式。

第 2 章 力 学 实 验

实验 2.1 长 度 测 量

长度是基本的物理量之一。测量长度的仪器和量具,不仅在生产过程和科学实验中被广泛使用,而且有关长度测量的方法、原理和技术,在其他物理量的测量中也具有普遍意义。因为许多其他物理量的测量(如温度计、压力表以及各种指针式电表的示值),最终都是转化为长度(刻度)而进行读数的。

常用的长度测量仪器有米尺、游标卡尺、千分尺(螺旋测微器)和读数显微镜等。表征这些仪器主要规格的量有量程和分度值等。量程表示仪器的测量范围;分度值表示仪器所能准确读出的最小数值,习惯称为精度。在工程技术和科学研究中,经常需要测量不同精度要求的长度,应针对不同要求选择不同的长度测量仪器。本实验我们练习如何正确使用游标卡尺和千分尺。

【实验目的】

1. 掌握游标卡尺、千分尺等几种常用测量长度仪器的使用方法。
2. 进一步理解误差和有效数字的概念,并能正确地表示测量结果。
3. 学习数据记录表格的设计方法。

【实验仪器与器具】

游标卡尺,千分尺,待测物。

一、游标卡尺

由于米尺的分度值(1 mm)不够小,常不能满足测量精度的需要。若要把米尺估读的那一位数值准确地读出来,可在尺身(即米尺)旁加一把游标而构成游标卡尺。游标卡尺有好几种规格,一般按分度值的大小来区分,大致有 0.1 mm、0.05 mm 和 0.02 mm 等数种。

1. 结构

游标卡尺结构如图 2-1-1 所示,它主要由尺身和游标两部分构成。尺身为一根普通的钢质米尺,其最小刻度为 1 mm,其上连有量爪 A 和 A′。游标可紧贴尺身滑动,游标上也有刻度线,连有量爪 B、B′和深度尺 C。AB 构成外量爪,可以测量直径、长度和高度等;A′B′构成内量爪,可以测量内径。深度尺 C 可以测量深度。螺钉 F 用于固定游标。

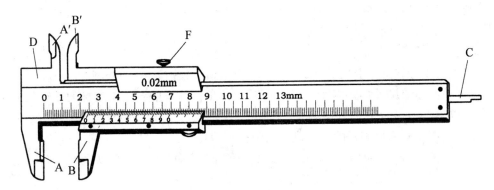

图 2-1-1　游标卡尺

2. 游标卡尺的读数原理

游标卡尺在构造上的主要特点是:游标上总共有 n 个分格,其长度与尺身上的 $(n-1)$ 个分格的长度相等。若用 x 代表游标上一个分格的长度,用 y 代表尺身上一个分格的长度,则有:

$$nx = (n-1)y \tag{2-1-1}$$

那么,尺身和游标上每一分格长度的差为:

$$\delta = y - x = \frac{1}{n}y \tag{2-1-2}$$

这一差值是游标卡尺能读准的最小数值,即游标卡尺的分度值。

下面以实验室常用的五十分度游标(即 $n=50$)为例来说明游标卡尺的读数原理。如图 2-1-2 所示,这种卡尺的游标上有 50 个小分格,其长度正好与尺身上 49 个小格的长度相等,即正好为 49 mm。

由于尺身上一个分格的长度 y 为 1 mm,故由式(2-1-2)知,$\delta = 0.02$ mm,即游标上每小格的长度比尺身上每小格的长度短 0.02 mm。

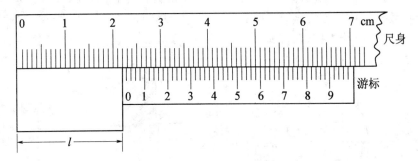

图 2-1-2　游标卡尺的读数

在测量时,当待测物体用量爪卡紧后,它的长度就是尺身与游标上两条零刻线之间的距离 l,具体数值则由游标上零刻线的位置读出。这一数值包括两部分,其中以毫米为单位的整数部分 l' 可以从游标零刻线左边尺身上的刻线读出。图 2-1-2 所示的情况,$l' = 21$ mm,至于第 21 mm 刻线与游标零刻线间的小数部分 Δl 则从游标上读出,这时应看游标上哪一条刻线与尺身上的刻线对齐,图中是游标上第 36 条刻线与尺身上某一刻线对齐。从这一位置起,尺身和游标各往左数 36 小格,它们的长度差就是 Δl,显然 $\Delta l = 36 \times \delta = 0.72$ mm。所以,测量结果是 $l = l' + \Delta l = 21.72$ mm。为了便于直接读数,在游标上刻有 0,1,2,3,… 标度。假设游标上标有"4"的刻线与尺身上某一刻线对齐,则可直接读出 $\Delta l = 0.40$ mm;若再往右边的一条线与尺身某刻线对齐,则 $\Delta l = 0.42$ mm,如此类推。

以上讨论的是五十分度游标卡尺的读数。除此之外,实验室常用的还有十分度游标卡尺($n = 10$)以及二十分度游标卡尺($n = 20$),它们的分度值 δ 分别为 0.1 mm 和 0.05 mm。

无论哪种游标卡尺,均可用下面的方法很快地读出待测长度 l:①由游标的零刻线的位置在尺身上读出毫米整数 l';②再根据游标上的第 k 条刻线与尺身某一刻线对齐,给出毫米以下的读数 Δl,Δl 等于 k 乘以游标的分度值 δ。因此,测量值 $l = l' + k\delta$。

游标卡尺的量程常见的有 125 mm、300 mm 等,对十分度、二十分度和五十分度游标卡尺,仪器示值的最大(极限)误差可参考附录。

3. 使用方法和注意事项

(1)检查零点。在用游标卡尺测量之前,先应把量爪 A、B 合拢,检查游标的零刻线是否与尺身的零刻线对齐。如果不能对齐,应记下零点读数,即测量值 $l =$ 未做零点修正的读数值 $l_1 -$ 零点读数 l_0,其中 l_0 可正可负。

(2)用游标卡尺卡住被测物体时,松紧要适度,以免损伤卡尺或被测物体。当需要把卡尺从被测物体上取下后才能读数时,一定要先把固定螺钉拧紧。

(3)在测量时应卡正被测物体,测环或孔的内径时,要找到最大值,否则会增大测量误差。

(4)卡尺在使用时严禁磕碰,以免损坏量爪或深度尺。若长期不用时,应涂以脱水黄油,置于避光干燥处封存。

二、千分尺

1. 结构

千分尺是一种比游标卡尺更精密的长度测量仪器,常用于测量较小的长度,如金属丝的直径、薄板的厚度等。其结构如图 2-1-3 所示。它主要由两大部分组成:其中尺架、测砧和套在螺杆上的螺母套管连在一起构成千分尺的固定部分。螺母套管上有两列刻线:一列在中心线的上方,另一列在中心线下方,两列刻线的间距均为 1 mm,但彼此错开 0.5 mm,下列刻线对

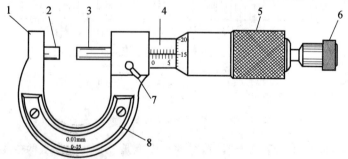

1—尺架;2—测砧;3—测微螺杆;4—螺母套管;5—微分筒;6—棘轮;7—锁紧手柄;8—绝热板

图 2-1-3 千分尺

应的读数为 0,1 mm,2 mm,3 mm,…称为毫米指示线;上列刻线对应的读数为 0.5 mm,1.5 mm,2.5 mm,…称为半毫米指示线,也有千分尺毫米指示线在上方,半毫米指示线在下方的;另一部分为活动部分,它包括测微螺杆、微分筒和尾部的棘轮。转动棘轮可带动微分筒转动,从而使测微螺杆沿轴前进或后退。在前进方向受阻(已卡住被测物)时,若继续旋进棘轮,测微螺杆不再前进,并发出"咔咔"的响声,示意测砧与测微螺杆间的两测量面与被测物已适当接触。图 2-1-3 中 7 为锁紧手柄,用来固定两测量面间的距离。

2. 测微原理

微分筒的边缘被分成 50 等份,当微分筒旋转 1 周时,测微螺杆就沿轴向运动 0.5 mm(即一个螺距)。显然,微分筒每旋转一小格,测微螺杆运动 0.5 mm/50=0.01 mm,这就是千分尺的最小分度值。可见,利用测微螺旋装置后,使测砧与测微螺杆间的长度可以量准到 0.01 mm,再加上对最小分度的 1/10 估读,故可读到毫米的千分位。

实验室常用千分尺的量程为 25 mm,分度值为 0.01 mm,仪器的示值极限误差见本实验附录。

3. 千分尺的读数方法

测量物体长度时,应轻轻转动棘轮,使两测量面与待测物接触,当听到"咔咔"响声即可读数。设此时各指示线的位置如图 2-1-4(a)所示,读数顺序如下:先根据微分筒边缘线读出螺母套管上毫米与半毫米的读数 $l'=3$ mm;再根据螺母套管中心线读出微分筒上 0.5 mm 以内的读估值 $\Delta l=0.185$ mm;其中最后一位"5"是估计读数,则最后结果为 $l=l'+\Delta l=3.185$ mm。当然,实际记录时不应写出上述中间过程,而应直接写出最后结果。

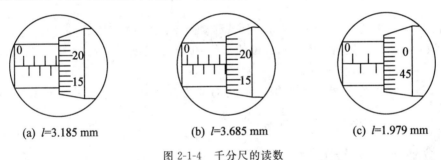

(a) l=3.185 mm   (b) l=3.685 mm   (c) l=1.979 mm

图 2-1-4 千分尺的读数

关于千分尺的读数有两点必须注意:①要特别留心微分筒边缘线是否过了半毫米指示线。如图 2-1-4(b)中,不应读作 3.185 mm,而应读作 3.685 mm,因微分筒边缘线已过了半毫米线。②当微分筒的边缘线压在螺母套管上的某一刻线上时,应根据微分筒的读数来判断它是否超过螺母套管的这一刻线。如图 2-1-4(c)中,不应读作 2.479 mm,而应读作 1.979 mm。因为通过微分筒的读数可以判断微分筒的边缘线实际上并未超过螺母套管的 2 mm 指示线,即螺母套管读数 l'应读成 1.5 mm。

4. 使用方法和注意事项

(1)检查零点。在用千分尺测量前,先缓慢旋转棘轮,直到听到"咔咔"响声,表明测微螺杆和测砧已直接接触。此时,微分筒上的零线应与螺母套管的中心线正好对齐。如果不能对齐,就应记下零点读数。显然,测量值 l=读数值 l_1-零点读数 l_0,其中 l_0 可正可负。图 2-1-5 所示为两个零点读数的例子。

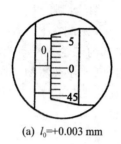
(a) $l_0=+0.003$ mm

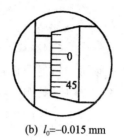
(b) $l_0=-0.015$ mm

图 2-1-5　千分尺的零点读数

（2）测微螺杆接近待测物（或测砧）时不要直接旋转微分筒，而应慢慢旋转棘轮，以免测量压力过大而使测微螺杆的螺纹发生形变。

（3）测量完毕后，两测量面间应留有不小于 0.5 mm 的间隙，以免受热膨胀时使测微螺杆的精密螺纹受损。

（4）千分尺长期不用时，应在易锈表面涂以脱水黄油，置于蔽光干燥处封存。

【实验内容】

1.记下游标卡尺的分度值。用游标卡尺测量铁块的长 a、宽 b 及高 h 各 6 次，并求出它们的平均值及误差。

2.依据公式 $V=abh$ 求出铁块的体积，并依据误差传递公式计算出铁块的误差，写出测量结果。

3.记下螺旋测微器的分度值。测量其零点读数 3 次，求出平均值。

4.用螺旋测微器测量圆柱体不同部位的直径 d_1，测量 6 次（测量时要在垂直交叉方向进行）。计算出直径的平均值。

5.按步骤 4 用螺旋测微器测量钢丝不同部位的直径 d_2，测量 6 次。计算出直径的平均值。

【实验数据及处理】

表 2-1-1　游标卡尺测量铁块的体积　游标卡尺的分度值＝_____mm

	1	2	3	4	5	6	平均值	误差
a/mm								
b/mm								
h/mm								

$V=abh=$

$\sigma_V = \dfrac{\Delta a}{a} + \dfrac{\Delta b}{b} + \dfrac{\Delta h}{h} =$

表 2-1-2　用螺旋测微器测量直径　螺旋测微器的分度值＝_____ mm

	1	2	3	4	5	6	平均值	σ
d_1								
d_2								

$d_1 = \overline{d_1} + \sigma_{d_1} =$
$d_2 = \overline{d_2} + \sigma_{d_2} =$

【思考题】

1. 如何正确使用游标卡尺,怎样处理其零差?
2. 用千分尺测量物体,当测微螺杆即将接触到被测物时,应调节何部件? 使用完毕后,千分尺应保持何状态? 怎样用千分尺的零差来修正读数?

实验 2.2　用流体静力称衡法测物体的密度

【实验目的】

1. 掌握物理天平的构造原理,操作规则,使用方法。
2. 掌握用流体静力称衡法测物体的密度。

【实验仪器与器具】

物理天平,烧杯,温度计,待测物体等。

【实验原理】

设体积为 V 的某一物体的质量为 m,则该物体的密度 $\rho = \dfrac{m}{V}$。

1. 用静力称衡法测固体的密度

不规则物体的体积难于由外形尺寸算出比较精确的值。在水的密度已知的条件下,可利用天平通过两次质量测量而求出体积,方法如图 2-2-1 所示。

设被测物不溶于水,在空气中的质量为 m_1,用细丝将其悬吊在水中的称衡值为 m_2,又设水在当时温度下的密度为 ρ_w,物体体积为 V,则依据阿基米德定律得:

$$\rho_w g V = (m_1 - m_2) g \qquad (2\text{-}2\text{-}1)$$

g 为当地重力加速度,整理后得计算体积的公式为:

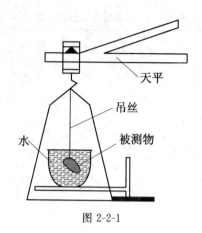

图 2-2-1

$$V = \frac{m_1 - m_2}{\rho_w} \tag{2-2-2}$$

则固体的密度

$$\rho = \rho_w \frac{m_1}{m_1 - m_2} \tag{2-2-3}$$

2. 用静力称衡法测液体的密度

此法要借助于不溶于水并且和被测液体不发生化学反应的物体(一般用玻璃块)。

设物体质量为 m_1，将其悬吊在被测液体中的称衡值为 m_2，悬吊在水中称衡值为 m_3，则参照上述讨论，可得液体密度 ρ 等于：

$$\rho_{液} = \rho_w \frac{m_1 - m_2}{m_1 - m_3} \tag{2-2-4}$$

【实验内容】

1. 用静力称衡法测量不规则固体的密度

(1) 用物理天平利用复称法测量出一不规则物体的质量 m_1(具体物体由实验室给出)。

(2) 按图 2-2-1 方法测量出该物体悬吊在水中时的质量 m_2。

(3) 由公式(2-2-3)算出物体的密度 ρ(20 ℃时 $\rho_w = 0.998\,23\ \text{g}\cdot\text{cm}^{-3}$)

2. 用静力称衡法测量液体的密度

(1) 用物理天平测量出物体的质量 m_1。

(2) 将物体悬吊在被测液体中，用天平测量出质量 m_2。

(3) 将物体悬吊在水中，用天平测量出质量 m_3。

(4) 用公式(2-2-4)计算出被测液体的密度 $\rho_{液}$。

【思考题】

1. 用物理天平称衡物体时能不能把物体放在右盘而把砝码放在左盘？天平启动时能不能加减砝码？能不能用手拿取砝码？

2. 测量密度用的水是不是应该使用蒸馏水？用刚从水龙头里放出来的自来水可以吗？挂

物体的线是用棉线、尼龙线,还是细钢丝好?

3. 如果被测固体的密度小于水的密度,还能采用图 2-2-1 所示的方法吗?如果能够测量,应该怎样做?推导出测量公式。

实验2.3 动量守恒定律的验证

【实验目的】

1. 验证动量守恒定律。
2. 研究完全弹性碰撞与完全非弹性碰撞的特点。

【实验仪器与器具】

气垫导轨、光电门、数字毫秒计、气源、滑行器、弹簧、尼龙粘胶带等。

【实验原理】

对于某一力学系统,如果其所受外力的矢量和为零,则系统的总动量保持不变,这就是"动量守恒定律",即对某系统,若 $\sum F_{ix} = 0$,则

$$\sum_{i=1}^{n} m_i \boldsymbol{v}_i = 恒矢量$$

式中,m_i 和 $\boldsymbol{v}_i$ 分别表示体系中第 i 个物体的质量和速度,F_i 表示第 i 个物体所受的外力,n 表示系统包含物体的数目。又如果物体所受外力的矢量和虽不等于零,但只要外力矢量和在某方向的分量为零,则物体的动量在该方向的分量保持守恒,即若对一系统,其外力矢量和在 x 方向的分量 $\sum_{i=1}^{n} F_{ix} = 0$ 时,有 $\sum_{i=1}^{n} m_{ix} \boldsymbol{v}_{ix}$ 恒量。

在本实验中,我们利用气垫导轨两滑行器 1 和 2 的碰撞来验证动量守恒定律。如图 2-3-1 所示,因为摩擦力可以忽略,则滑行器 1 和 2 之间除了受到碰撞时相互作用的内力外,水平方向将不受外力,因而碰撞前后,它们的总动量保持不变。如以 m_1 和 m_2 分别表示两滑行器的质量,v_{10}、v_{20} 及 v_1、v_2 分别表示碰撞前后的速度,则有

$$m_1 v_1 + m_2 v_2 = m_1 v_{10} + m_2 v_{20} \tag{2-3-1}$$

v_{10}、v_{20}、v_1、v_2 的正负号取决于速度方向和所选坐标 x 的方向是否一致,相同的取正号;相反的取负号。要验证动量守恒定律,就要在极短的时间内测定四个速度。为简单起见,我们分两种情况讨论。

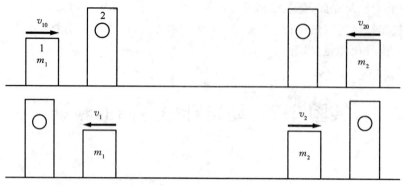

图 2-3-1

1. 完全弹性碰撞

在滑行器的相碰端装上弹性极佳的缓冲弹簧,则它们的碰撞过程就可以近似看作没有机械能损耗的完全弹性碰撞。此时有:

$$\frac{1}{2}m_1v_1^2 + \frac{1}{2}m_2v_2^2 = m_1v_{10}^2 + \frac{1}{2}m_2v_{20}^2 \tag{2-3-2}$$

由式(2-3-1)、式(2-3-2)可得:

$$v_1 = \frac{(m_1-m_2)v_{10} + 2m_2v_{20}}{m_1+m_2} \tag{2-3-3}$$

$$v_2 = \frac{(m_2-m_1)v_{20} + 2m_1v_{20}}{m_1+m_2} \tag{2-3-4}$$

(1) 如果两滑行器质量相等,即 $m_1=m_2$,且令 $v_{20}=0$ 时,根据式(2-3-3)、式(2-3-4)可得到

$$v_1=0, \quad v_2=v_{10} \tag{2-3-5}$$

这说明滑行器 1 和 2 在碰撞前后速度发生交换。

(2) 若 $m_1 \neq m_2$,但 $v_{20}=0$,则得:

$$v_1 = \frac{(m_1-m_2)v_{10}}{m_1+m_2}, \quad v_2 = \frac{2m_1v_{10}}{m_1+m_2} \tag{2-3-6}$$

2. 完全非弹性碰撞

在滑行器 1 和 2 的相碰面上装上一块尼龙粘胶带,碰撞后滑行器 1 和 2 就能粘在一起以同一速度运动,这就实现了完全非弹性碰撞。

(1) 如果 $m_1=m_2$,$v_{20}=0$,相碰后又有 $v_2=v_1=v$,则由式(2-3-1)得:

$$v = \frac{1}{2}v_{10} \tag{2-3-7}$$

(2) 如果 $m_1 \neq m_2$ 不等,但 $v_{20}=0$,则由式(2-3-1)得

$$(m_1+m_2)v = m_1v_{10} \tag{2-3-8}$$

$$v = \frac{m_1v_{10}}{m_1+m_2} \tag{2-3-9}$$

【实验内容】

1. 调节气垫导轨

调节气垫导轨使其成水平状态,并使光电测时系统能正常工作(具体操作过程附后)。

2. 验证完全弹性碰撞

①取带有缓冲弹簧的质量相等的两滑行器，让滑行器静止在两光电门之间且靠右边光电门的某处，使滑行器 1 以一定的速度从左边光电门外向着滑行器 2 运动，观察其上遮光片 Δx（见图 2-3-2）通过左边光电门的时间 Δt_{10}，碰撞后观测滑行器 2 上 Δx 通过右边光电门的时间 Δt_{20}，然后计算 v_{10}、v_2，重复 5 或 6 次，与式(2-3-5)比较，求相对误差。

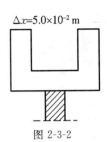

图 2-3-2

②将滑行器 2 拿下来，换上一个质量较大的滑行器，装上弹簧，静止在两光电门之间，让质量小的滑行器以一定的速度从左边光电门外向着静止的滑行器运动，观测其上 Δx 通过左边光电门的时间 Δt_{10}，大滑行器上 Δx 通过右边光门的时间 Δt_2，以及小滑行器返回通过左光电门的时间 Δt_1，然后计算 v_{10}、v_1、v_2，重复 5 或 6 次，与式(2-3-6)比较，求相对误差。

注意：由于只使用一个计时器，要避免两个滑行器同时通过光电门，所以一定要恰当选择两个光电门的距离和静止滑行器的位置，保证能顺利地读出各个时间（必要时可两位同学配合操作）。

3. 验证完全非弹性碰撞

①将质量相等的两滑行器相碰面上的缓冲弹簧取下，装上尼龙粘胶带，然后照前面 2 的①的方法实验，看实验结果是否符合式(2-3-8)，并求相对误差。

②将质量不等的两滑行器换上进行实验，看结果是否与式(2-3-9)符合，并求相对误差。

【注意事项】

(1) 严禁在实验中敲碰、划伤气垫导轨表面。导轨未通气时，不得将滑块放在其上滑动。实验结束后，不得将滑块停放在导轨上，以免导轨变形。

(2) 气垫面和滑行器内表面有较高的光洁度，且二者配合良好。使用前要用酒精棉擦拭干净，不要用手抚摸涂拭。使用时要先通气，再把滑行器放在气垫上，不得在未通气时就将滑行器在轨面上拖动，以免擦伤表面。使用完毕后先将滑行器取下，再关掉气源。

(3) 气源在使用一段时间后（一般不超过半小时）要关机休息 5 min 以利散热。

【实验数据及处理】

1. 完全弹性碰撞

(1) $\Delta x = 5.0 \times 10^{-2}$ m，$v_{20} = 0$；$m_1 = m_2$，记录在表 2-3-1 中。

表 2-3-1

测量次数	碰撞前		碰撞后		理论值	相对误差/%
	Δt_{10}/s	v_{10}/(m/s)	Δt_2/s	v_2/(m/s)	$v_2' = v_{10}$	$E = \dfrac{\lvert v_2' - v_2 \rvert}{v_2'}$
1						

续表

测量次数	碰撞前		碰撞后		理论值	相对误差/%
	$\Delta t_{10}/s$	$v_{10}/(m/s)$	$\Delta t_2/s$	$v_2/(m/s)$	$v_2'=v_{10}$	$E=\dfrac{|v_2'-v_2|}{v_2'}$
2						
3						
4						
5						
6						
					平均	

(2) $\Delta x = 5.0 \times 10^{-2}$ m, $v_{20}=0$, $m_1 \neq m_2$ 记录在表 2-3-2 中。

表 2-3-2

测量次数	碰撞前		碰撞后				理论值		相对误差(%)	
	$\Delta t_{10}/s$	$v_{10}/(m/s)$	$\Delta t_1/s$	$v_1/(m/s)$	t_2/s	$v_2/(m/s)$	$v_1'/(m/s)$	$v_2'/(m/s)$	E_1	E_2
1										
2										
3										
4										
5										
6										
							平均			

2. 完全非弹性碰撞($\Delta x = 5.0 \times 10^{-2}$ m, $v_{20}=0$)

(1) $m_1 = m_2$, 记录在表 2-3-3 中。

表 2-3-3

测量次数	碰撞前		碰撞后		理论值	相对误差/%
	$\Delta t_{10}/s$	$v_{10}/(m/s)$	$\Delta t/s$	$v/(m/s)$	$v'=\dfrac{1}{2}v_{10}$	$E=\dfrac{|v'-v|}{v'}$
1						
2						
3						
4						
5						
6						
					平均	

(2) $m_1 \neq m_2$，记录在表 2-3-4 中。

表 2-3-4

测量次数	碰撞前		碰撞后		理论值 $v' = \dfrac{m_1 v_{10}}{m_1 + m_2}$	相对误差/% $E = \dfrac{|v'-v|}{v'}$
	$\Delta t_{10}/\text{s}$	$v_{10}/(\text{m/s})$	$\Delta t/\text{s}$	$v/(\text{m/s})$		
1						
2						
3						
4						
5						
6						
					平　均	

【附】 气垫导轨及使用方法

一、气垫导轨结构

气垫导轨仪器由导轨、滑块、光电转换系统和气源几部分组成，其整体结构如图 2-3-3 所示。

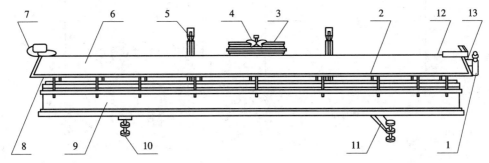

1—进气口；2—标尺；3—滑块；4—挡光片；5—光电门；6—导轨；7—滑轮；
8—测压口；9—底座；10—垫脚；11—支脚；12—发射架；13—端盖

图 2-3-3

导轨的主体是一根长度在 1.5～2 m 的空心三角形铝合金管制成的。一端用堵头封死，另一端装有进气嘴，可向管内送入压缩空气。在导轨的两表面上钻有很多排列整齐的小孔，通入的压缩空气由小孔喷出，在滑块和导轨之间形成厚度在 100～200 μm 的薄薄空气层（气垫），滑块就漂浮在气垫上。由于气垫的存在，滑块可以在气垫上做近乎无摩擦运动。

导轨下部装有调节导轨水平的螺钉，导轨的一端装有气垫滑轮。为了避免碰伤导轨，在导轨的两端装有缓冲弹簧。另外在导轨的一侧装有长度标尺，以便读取两光电门之间的距离。

调节气垫导轨水平可采用下列两种方法：

(1) 静态调平：将气轨通气，把滑行器放置于导轨上，调节支点螺钉，使滑行器在任何位置均可保持不动,或稍有滑动但不总是向一个方向滑动,即认为已基本调平。

(2)动态调平:把二光电门卡在导轨上,接通毫秒计电源,给气轨通气,使滑行器从气轨一端向另一端运动,先后通过两个光电门,在毫秒计上记下通过两个光电门所用时间 Δt_1、Δt_2,调节支点螺钉使 $\Delta t_1 = \Delta t_2$,此时可视为气轨调平。

二、光电测量系统

光电测量系统由光电门和计时器所组成。

1. 光电门

它是门型铁架上对装着聚光小灯泡与光敏二极管,利用光敏二极管在电路中受光照射和不受光照射所引起的电位变化产生脉冲信号,使计时器开始计时和停止计时,以实现时间间隔的测量。每台气轨配有两个光电门,它们可以很方便地装在气轨的任意位置上,并靠门架自身的弹力夹紧。配合气轨的刻度可以确定光电门的位置坐标。

2. 计时器

时间的测量一般是用秒表,但这种测量与人的反应的快慢有关,这就必然造成测量误差。计时器是采用光电转换、数字的显示方法来测量短时间间隔,避免人为误差,提高测量精度。

本实验采用的计时器 JSJ-Ⅲ型多用毫秒计。它的板面布置和各插座、旋钮及板键的使用方法如下:

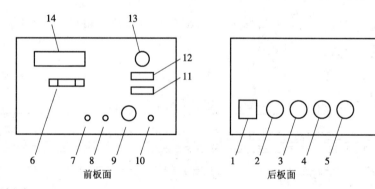

1 为电源插头;

2 为保险丝;

3、4 为四芯插口分别用连线接两个光电门;

5 为二芯插口,接机械触点(本实验不用);

6 为时基脉冲选频按键,分 0 ms,10 ms,1 ms,0.1 ms 四挡供选择测量精度时用;

7 为手动清零钮;

8 为开关,选择手动、自动两种清零方式;

9 为延时旋钮,调整清零延迟时间;

10 为电源开关;

11 为开关,选择计时方式(本实验选择 B 方式,即测量两次遮光之间的时间间隔);

12 为控制开关,选择"机控"、"光控"两种方式(本实验选择"光控");

13 为指示灯;

14 为数码管。

使用方法:将控制开关拨"光控"位,把光电门连线接好,打开电源,调整聚光小灯泡,使光斑对正光电管,数码管的数字不再翻动。如对不正数字会翻动不停。光对好后,按手动复位,使计时器清零。开关放在"A"位,移动挡光片,毫秒计时器显示数为遮光时间;开关放在"B"位,移动挡光片,毫秒计示数为两次遮光的时间间隔。复位开关如拨到"自动",则停止计时后隔一段时间仪器会自动清零。调节延时旋钮,可以选择延迟的时间。

实验2.4 用单摆测量重力加速度

【实验目的】

1. 练习使用秒表和米尺,测单摆的周期和摆长。
2. 求出当地重力加速度 g 的值。
3. 考察单摆的系统误差对测重力加速度的影响。

【实验仪器与器具】

单摆,游标卡尺,秒表,钢卷尺,钢球。

【实验原理】

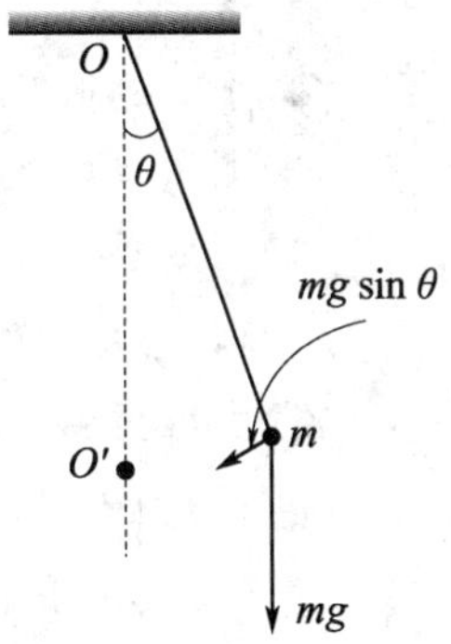

用一不可伸长的轻线悬挂一小球(见图 2-4-1),作幅角 θ 很小的摆动就构成一个单摆。

设小球的质量为 m,其质心到摆的支点 O 的距离即摆长为 l。作用在小球上的切向力的大小为 $mg\sin\theta$,它总指向平衡点 O'。当 θ 角很小时,则 $\sin\theta \approx \theta$,切向力的大小为 $mg\theta$,按牛顿第二定律,质点的运动方程为

$$ma_切 = -mg\theta$$

$$ml\frac{d^2\theta}{dt^2} = -mg\theta$$

$$\frac{d^2\theta}{dt^2} = -\frac{g}{l}\theta \tag{2-4-1}$$

图 2-4-1

这是一简谐运动方程(参阅普通物理学中的简谐振动),可知该简谐振动角频率 ω 的平方等于 g/l,由此得出

$$\omega = \frac{2\pi}{T} = \sqrt{\frac{g}{l}}$$

$$T = 2\pi\sqrt{\frac{l}{g}} \tag{2-4-2}$$

$$g = 4\pi^2 \frac{l}{T^2} \tag{2-4-3}$$

实验时,测量一个周期的相对误差较大,一般是测量连续摆动 n 个周期的时间 t,则 $T=t/n$,因此

$$g = 4\pi^2 \frac{n^2 l}{t^2} \tag{2-4-4}$$

式(2-3-4)中 π 和 n 不考虑误差,因此 g 的不确定度传递公式为

$$u(g) = g\sqrt{\left(\frac{u(l)}{l}\right)^2 + \left(2\frac{u(t)}{t}\right)^2}$$

从上式可以看出,在 $u(l)$、$u(t)$ 大体一定的情况下,增大 l 和 t 对提高测量 g 准确度有利。

【实验内容】

1. 测重力加速度 g

(1) 用米尺测量摆线的长度 l'。

(2) 用游标卡尺沿着摆线的方向测量单摆小球的直径 d,算出小球的半径 $r = d/2$;则该单摆摆长为 $l = l' + r$。

(3) 测量其在 $\theta < 5°$ 的情况下连续摆动 $n = 30$ 次的时间 t,代入公式(2-4-4)中求出 g 值。要求重复测 4 次(或用周期测定仪测定周期)。

(4) 利用不确定度传递公式计算出 g 的不确定度。

(5) 适当选取 l 和 n 的值,争取使测得的 g 值的相对不确定度不大于 0.5%。

提示:

(1) 小球的振幅小于摆长的 $1/12$ 时,方能保证 $\theta < 5°$。

(2) 测量单摆周期时,握停表的手和单摆小球做同步运动,测量的不确定度可能小些。

(3) 当摆锤过平衡位置 O' 时,按表计时,测量不确定度可能小些。

(4) 为了防止数错 n 值,应在计时开始时数"0",以后每过一个周期,数 $1, 2, \cdots, n$。

2. 考察摆线质量对测 g 的影响

按单摆理论,单摆摆线的质量应很小,这是指摆线质量应远小于摆锤的质量。一般实验室的单摆摆线质量小于锤的质量的 0.3%,这对测 g 的影响很小,所以这种影响在此实验的条件下是感受不到的。为了能感受到摆线的质量对单摆周期的影响,要使用粗的摆线来进行测量,使每米长摆线的质量达到摆锤的质量的 $1/30$ 左右。实验中更换摆锤和摆线,使摆线的质量达到摆锤质量的 $1/30$,重复实验步骤 1 测量,并与第一次测量结果进行比较。

提示:用这样粗的摆线去测 g,摆线质量对测 g 的影响也不是很大的,实验中还要细心去测才能感受到粗线的影响。

3. 考察空气浮力对测 g 的影响

在单摆理论中未考虑空气浮力的影响。实际上单摆的锤是铁制的,它的密度远大于空气密度,因此在上述测量中显示不出浮力的效应。

为了显示浮力的影响,就要选用平均密度很小的摆锤。实验中用细线吊起一乒乓球作为

单摆去测 g,和上述"1"的结果相比。

提示:除去空气浮力的作用,还有空气阻力使乒乓球的摆动衰减较快,另外空气流动也可能有较大影响,因此测量时应很仔细。

实验表格参照测量举例由学生自行设计。

【测量举例】

用单摆测 g。

1. 用游标卡尺(No.5413)测球的直径 d(见表 2-4-1)

表 2-4-1

| d/cm | 2.695 | 2.690 | $\bar{d}=2.6925$ |

2. 用米尺测摆线长 l($l=x_2-x_1+d/2$)(见图 2-4-2、表 2-4-2)

表 2-4-2

x_1/cm	4.55	4.51	4.60	4.57	平均
x_2/cm	116.80	116.75	116.90	116.85	
l/cm	113.60	113.59	113.65	113.63	113.62

$s(\bar{l})=0.00014$

3. 用电子秒表(No.15)测 $n=50$ 的 t 值(见表 2-4-3)

表 2-4-3

次数	1	2	3	4	5	6	平均
t/s	106.84	106.87	106.95	106.85	106.82	106.93	106.88

$s(t)=0.021$ s

则 $g=4\pi^2 l \cdot n^2/t^2=4\pi \times 1.1362 \times 50^2/106.88$
$\qquad =9.8166 \text{ m/s}^2$

计算 g 的标准不确定度 $u(g)$:

(1) 求 l 的 $u(l)$。

从多次测量值计算得 $u_A(l)=0.00014$ m。

米尺 $\Delta=0.5$ mm,卡尺 $\Delta=0.02$ mm。

从米尺和游标卡尺单次不确定度得

$$u_B(l)=\sqrt{\left(\frac{0.5}{\sqrt{3}}\right)^2+\left(\frac{0.02}{2\times\sqrt{3}}\right)^2} \text{ mm}=0.29 \text{ mm}$$

合成不确定度 $u(l)=\sqrt{0.00014^2+0.00029^2}$ m$=0.0003$ m

(2) 求 t 的 $u(t)$。

从多次测量可得 $u_A(t)=0.021$ s

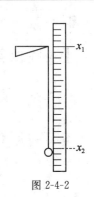

图 2-4-2

从停表得（根据 JJG107—83，3 级秒表）

$$\Delta = 0.5 \text{ s}, u_B(t) = 0.5 \text{ s}/\sqrt{3} = 0.29 \text{ s}$$

时间合成不确定度 $u(t) = \sqrt{0.021^2 + 0.29^2}$ s $= 0.29$ s

最后求出重力加速度不确定度：

$$u(g) = g\sqrt{\left(\frac{u(l)}{l}\right)^2 + \left(2\frac{u(t)}{t}\right)^2} = 9.8166 \times \sqrt{\left(\frac{0.0003}{1.1362}\right)^2 + \left(2 \times \frac{0.29}{106.88}\right)^2} = 0.054$$

测量结果为 $g = (9.82 \pm 0.05)$ m/s^2

【思考题】

1. 设单摆摆角 θ 接近 0° 时的周期为 T_0，任意幅角 θ 时周期为 T，两周期间的关系近似为 $T = T_0\left(1 + \frac{1}{4}\sin^2\frac{\theta}{2}\right)$，若在 $\theta = 10°$ 条件下测得 T 值，将给 g 值引入多大的相对不确定度？

2. 用停表测量单摆摆动一周的时间 T 和摆动 50 周的时间 t，试分析二者的测量不确定度相近否？相对不确定度相近否？从中有何启示？

3. 为什么测量周期 T 时需要测量连续多个周期？试从误差角度作具体的分析。

4. 如果要求测量重力 g 加速度的随机误差小于 0.5%，已知测量摆长 L 的误差为 0.2%，设周期 $T \approx 2$ s，现有秒表测量周期，问至少要测量多少个连续周期的时间？

实验 2.5　用比重瓶测小块固体和液体的密度

【实验目的】

学会用比重瓶测量物体的密度。

【实验仪器与器具】

物理天平，比重瓶，待测物体锌粒，蒸馏水，温度计，移液管，吸水纸，酒精等。

【实验原理】

1. 图 2-5-1 所示为常用比重瓶，它在一定的温度下有一定的容积，将被测液体注入瓶中，多余的液体可由瓶塞中的毛细管溢出。用比重瓶测小块固体的密度：根据密度的定义式

$$\rho = \frac{m}{v} \tag{2-5-1}$$

待测物体的质量 m 可由物理天平直接测得；对于体积 v，由于物体是不规则的，我们假若测得和物体同体积的水（物体 v_0）的质量 m_0，则

$$v = v_0 = \frac{m_0}{\rho_0} \quad (\rho_0 \text{ 为水的密度}) \tag{2-5-2}$$

为了测定 m_0，并保证 $v_0 = v$，我们用比重瓶。普通比重瓶是用玻璃制成的容积固定的容器，可以有多种不同形状，为了保证瓶中容积固定，比重瓶的瓶塞是一个中间有毛细管的磨口塞子做成的。使用时用移管液注入瓶口，用塞子塞紧多余的液体就会通过毛细管流出来，用吸水纸吸干，以保证比重瓶容积的固定。本实验中，待测物是小块固体，其质量是通过先测出空比重瓶质量 m_1，再测出加进一定量待测物后的质量 m_2，则待测物质量 $m = m_2 - m_1$，然后再将比重瓶内加满蒸馏水（不能与待测物体发生反应），擦干溢出的水，测出其质量 M，最后将比重瓶内水、待测物体都倒出后，再注满蒸馏水，测出其质量 M_0，则和待测物同体积的水的质量为：

$$m_0 = M_0 + m - M$$

即：

$$m_0 = M_0 + m_2 - m_1 - M \tag{2-5-3}$$

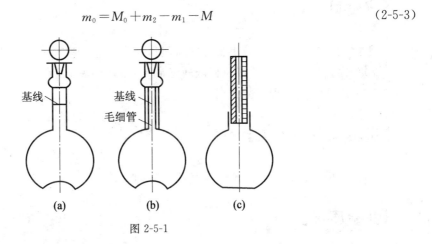

图 2-5-1

将式(2-5-3)、(2-5-2)代入式(2-5-1)得

$$\rho = \rho_0 \frac{m_2 - m_1}{M_0 + m_2 - m_1 - M}$$

即可测出待测物密度，在整个实验过程中，要保证温度不变。

2.用比重瓶测液体的密度。

设空比重瓶的质量为 m_1，然后将比重瓶内加满蒸馏水，测出其质量为 m_2，再把蒸馏水倒出，加满待测液体，测出其质量为 m_3，则待测液体的密度为

$$\rho = \rho_0 \frac{m_2 - m_1}{m_3 - m_1}$$

【实验内容】

1.测出小块锌粒的密度。
2.测出酒精的密度。

【注意事项】

1.实验过程中，保持温度不变。

2. 根据实际方法,同学们自己写出实验步骤,并记录下相应数据。

实验 2.6　用拉伸法测金属丝的杨氏弹性模量

弹性模量是衡量材料受力后发生形变大小的重要参数之一,弹性模量越大,越不易发生形变。本实验采用拉伸法测量杨氏弹性模量。实验中,涉及较多长度量的测量,根据不同测量对象,选用不同的测量仪器。

【实验目的】

1. 掌握用光杠杆法测量微小长度的原理和方法。
2. 用杨氏弹性模量仪,掌握拉伸法测定金属丝的杨氏弹性模量。
3. 学会用逐差法处理实验数据。

【实验仪器与器具】

杨氏弹性模量仪,钢卷尺,螺旋测微器,尺读望远镜等。

【实验原理】

一、拉伸法测定金属丝的杨氏弹性模量

设一粗细均匀的金属丝长为 L,截面积为 S,上端固定,下端悬挂砝码,金属丝在外力 F 的作用下发生形变,伸长 ΔL。根据胡克定律,在弹性限度内,金属丝的胁强 $\dfrac{F}{S}$ 和产生的胁变 $\dfrac{\Delta L}{L}$ 成正比。即

$$\frac{F}{S}=E\frac{\Delta L}{L} \tag{2-6-1}$$

或

$$E=\frac{FL}{S\Delta L} \tag{2-6-2}$$

式中比例系数 E 称为杨氏弹性模量。在国际单位制中,杨氏弹性模量的单位为牛每平方米,记为 $N \cdot m^{-2}$。

实验证明,杨氏弹性模量与外力 F、物体的长度 L 和截面积 S 的大小无关,它只决定于材料的性质。它是表征固体材料性质的一个物理量。在式(2-6-2)的右端,F、L 和 S 可用一般的仪器和方法测得,唯有 ΔL 是一个微小变化量,需用光杠杆法测量。

二、光杠杆法测微小长度

将一平面镜固定在 T 形横架上,在支架的下部安置三个尖脚就构成一个光杠杆,如

图 2-6-1 所示。

用光杠杆法测微小长度原理图如图 2-6-2 所示,假定开始时平面镜 M 的法线 O_{n_0} 在水平位置,则标尺 H 上的标度线 n_0 发出的光通过平面镜 M 反射后,进入望远镜,在望远镜中观察到 n_0 的像。当金属丝受外力而伸长后,光杠杆的主杆尖脚随金属丝下降 ΔL,平面镜转过一角度 α。根据光的反射定律,镜面旋转 α 角,反射线将旋转 2α 角,这时在望远镜中观察到 n_2 的像。从图 2-6-2 中可见

图 2-6-1

$$\tan \alpha = \frac{\Delta L}{b} \tag{2-6-3}$$

$$\tan 2\alpha = \frac{l}{D} = \frac{n_2 - n_0}{D} \tag{2-6-4}$$

式中,b 为光杠杆主杆尖脚到前面两脚连线的距离;D 为标尺平面到平面镜的距离;l 为从望远镜中观测到的两次标尺读数之差。

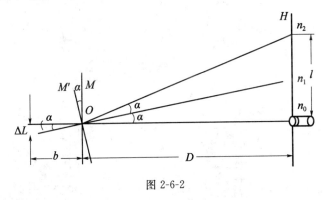

图 2-6-2

当 $\Delta L \ll b$ 时,α 很小,$\tan \alpha \approx \alpha$,式(2-6-3)、(2-6-4)可写成

$$\alpha = \frac{\Delta L}{b}, \quad 2\alpha = \frac{l}{D}$$

从上两式中消去 α,得

$$\Delta L = \frac{bl}{2D} \tag{2-6-5}$$

或

$$l = \frac{2D\Delta L}{b}$$

上式表明,光杠杆的作用就是将微小的变化量 ΔL 放大为标尺上的位移 l,即 ΔL 放大了 $\frac{2D}{b}$ 倍。通过测量 b、l 和 D 这些容易测量准确的量,间接地测量 ΔL。

设金属丝的直径为 d,金属丝的截面积为

$$S = \frac{1}{4}\pi d^2 \tag{2-6-6}$$

将式(2-6-5)和式(2-6-6)代入式(2-6-2),得

$$E = \frac{8FLD}{\pi d^2 bl} \tag{2-6-7}$$

由上式可见,只要测量 F、L、D、d、b 和 l,就可算出待测金属丝的杨氏弹性模量。

杨氏弹性模量仪如图 2-6-3 所示,双柱支架 B 上装有两根立柱和三只底脚螺钉,调节底脚螺钉,可以使立柱铅直。立柱的中部有一个可以沿立柱上下移动的平台 G。待测金属丝 L 的上端夹紧在横梁上的夹子 A 中,下端夹紧在圆柱夹具 D 中。圆柱夹具 D 穿过固定平台 G 中间的小孔可以上下自由移动,下端系有砝码及砝码托 E。光杠杆 M 的主尖脚放在圆柱夹具的上端面,两前尖脚放在固定平台 G 的凹槽内,望远镜 R 和标尺 H 是测量微小长度变化的装置。

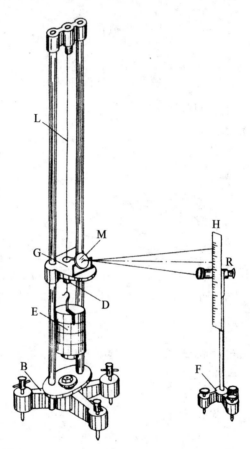

L—金属丝;D—圆柱夹具;E—砝码及砝码托盘;B—双柱支架;
G—平台;M—光杠杆;H—标尺;R—望远镜;F—三角支架
图 2-6-3

【实验内容】

一、杨氏弹性模量仪的调节

1. 将水准仪放在平台 G 上,调节杨氏弹性模量仪双柱支架上的底脚螺钉,使立柱铅直。
2. 将光杠杆放在平台 G 上,两前尖脚放在平台的凹槽中,主杆尖脚放在圆柱夹具的上端面上,但不可与金属丝相碰。调节平台的上下位置,使光杠杆三尖脚位于同一水平面上。

3. 在砝码托上加 1 kg 砝码(此砝码和砝码托不计入所加外力 F 之内),把金属丝拉直。并检查圆柱夹具 D 是否能在平台孔中自由移动。

4. 将望远镜和标尺安放在距离光杠杆约 1.5 m 处,使光杠杆镜面与平台面大致垂直。望远镜筒处于水平状态并与镜面等高,标尺处于铅直状态。

5. 从望远镜筒外上方沿镜筒轴线方向观察平面镜内是否有标尺的像。若无,则上下左右移动望远镜位置和微调平面镜角度,直至在平面镜中看到标尺的像为止。

6. 调节望远镜的目镜,使观察到的十字叉丝最清晰。再前后调节望远镜物镜,使能看到清晰的标尺像。微微上下移动眼睛观察十字叉与标尺的刻度线之间有没有相对移动,若无相对移动,说明无视差。记下此时十字叉丝横线对准标尺的刻度值 n_0(n_0 应选择在零刻度附近)。若有相对移动,说明存在视差,需仔细调节目镜(连同叉丝)与物镜之间的距离,并配合调节目镜,直到视差消除。

二、测金属丝的杨氏弹性模量

1. 轻轻将砝码加到砝码托上,每次增加 1 kg,加至 7 kg 为止。逐次记录每加一个砝码时望远镜中的标尺读数 $n_1, n_2, \cdots, n_7$。加砝码时注意勿使砝码托摆动,并将砝码缺口交叉放置,以防掉下。

2. 再将所加的 7 kg 砝码依次轻轻取下,并逐次记录每取下 1 kg 砝码时望远镜中的标尺读数 $n_6', n_5', \cdots, n_0'$。

3. 用钢卷尺测量光杠杆镜面至标尺的距离 D 和金属丝的长度 L 各三次,分别求出它们的平均值。

4. 将光杠杆取下放在纸上,压出三个尖脚的痕迹,用游标卡尺测量出主杆尖脚至前两尖脚连线的距离 b,测 3 次,取其平均值。

5. 用螺旋测微器在金属丝的上、中、下三处测量其直径 d,每处都要在互相垂直的方向上各测一次,共得六个数据,取其平均值。

将以上数据分别填入表 2-6-1、表 2-6-2 和表 2-6-3 中。

6. 用逐差法算出 l,再将有关数据化为国际单位代入式(2-6-7)中,求出金属丝的杨氏弹性模量的平均值 $\overline{E}$。将 $\overline{E}$ 与公认值比较,求出相对误差。

已知钢丝 $E_0(20.1 \sim 21.6/10^{10} \text{ N} \cdot \text{m}^{-2})$ 求误差。

【注意事项】

1. 光杠杆、望远镜与标尺所构成的光学系统一经调节好后,在实验过程中不可再移动,否则实验数据无效,实验应从头做起。

2. 调节光杠杆时要细心,以免损坏。

3. 用螺旋测微器测量金属丝直径时,应注意维护金属丝的平直状态,切勿将它扭折。

【实验数据及处理】

表 2-6-1 测量金属丝的直径

次数	上		中		下		平均
	1	2	1	2	1	2	
金属丝直径 d/mm							

表 2-6-2 测量金属丝长度、光杠杆长度和平面镜到标尺距离

次数	1	2	3	平均
金属丝长度 L/cm				
光杠杆长度 b/mm				
平面镜到标尺距离 D/cm				

表 2-6-3 测金属丝的杨氏弹性模量

砝码质量/kg	标尺读数/cm		
	加砝码时	减砝码时	平均
	n_0	n_0'	$\overline{n_0}$
	n_1	n_1'	$\overline{n_1}$
	n_2	n_2'	$\overline{n_2}$
	n_3	n_3'	$\overline{n_3}$
	n_4	n_4'	$\overline{n_4}$
	n_5	n_5'	$\overline{n_5}$
	n_6	n_6'	$\overline{n_6}$
	n_7	n_7'	$\overline{n_7}$

公认值： $E_0 = (2.01 \sim 2.16/10^{11} \text{ N} \cdot \text{m}^{-2})$

$E_r = \dfrac{|\overline{E} - E_0|}{E_0} \times 100\% = \underline{\qquad}\%$

【思考题】

1. 为什么金属丝的伸长量 ΔL 要用光杠杆测量,而 b、L、D 则用钢卷尺测量(用误差分析说明)？

2. 为什么用逐差法处理本实验有关数据能减小测量的相对误差？

实验 2.7 刚体转动的研究

转动惯量是刚体力学中的重要物理量,它是刚体在转动惯性的量度。刚体对某轴的转动惯量越大,则绕该轴转动时,角速度就越难改变。刚体的转动惯量与刚体的质量、形状大小和转轴的位置有关。对于质量分布均匀、形状比较简单的刚体,可以用数学方法计算出绕轴的转动惯量,而对于形状复杂和质量不均匀的刚体,需要通过实验在刚体的转动中进行测量。本次实验学习用转动惯量仪研究刚体转动规律。

【实验目的】

1. 用转动惯量仪研究刚体转动时合外力矩与刚体转动角加速度的关系。
2. 考察刚体的质量分布改变时对转动的影响。
3. 学习作图法处理实验数据。

【实验仪器与器具】

刚体转动实验仪,数字毫秒计(或秒表),游标卡尺,天平,砝码,开关。

图 2-7-1 为实验仪示意图,A 为装在支架 K 上的塔形轮,它具有 5 个不同的半径 R,从上至下分别为:1.50,2.50,3.00,2.00,1.00(单位:cm);B 和 B' 是固定在转动轴 OO' 上的两根对称伸出的均匀细棒,上面有等分刻度,其上各有一个可以移动的圆柱形重物 m_0 和 m'_0,称作重锤;A、B、B'、m_0 和 m'_0 组成了一个绕固定轴 OO' 转动的刚体系统。塔轮上缠绕一条细线,使细线通过滑轮 C 与砝码相连。当砝码下落时,就对刚体转动系统施以外力矩。D 是滑轮支架,可以升降,可使细线在应用塔轮的不同半径时能与转轴垂直。台架 E 上有一标记 F,用来判断

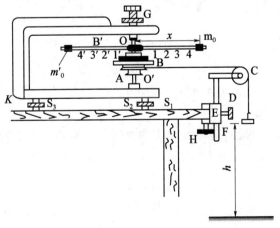

图 2-7-1 转动惯量仪

砝码下降时的起始位置；H 是固定台架的螺旋扳手。实验前，需要调节 OO′ 轴垂直：取下塔轮，换上铅直准钉，调节底脚螺钉 S_1、S_2 和 S_3 使 OO′ 轴铅直，调好后换上塔轮，塔轮转动自如后用螺钉 G 固定即可。

【实验原理】

1. 转动系统所受合外力矩 $M_合$ 与角加速度 β 的关系

根据刚体转动定律，刚体绕某一定轴转动的角加速度 β 与所受的合外力矩 $M_合$ 成正比，与刚体的定轴转动惯量 I 成反比，即

$$M_合 = I\beta \tag{2-7-1}$$

其中 I 为该系统对回转轴的转动惯量。合外力矩 $M_合$ 主要由引线的张力矩 M 和轴承的摩擦力力矩 $M_阻$ 构成，则

$$M - M_阻 = I\beta$$

摩擦力矩是未知的，但是它主要来源于接触摩擦，可以认为是恒定的，因而将上式改为

$$M = I\beta + M_阻 \tag{2-7-2}$$

在此实验中要研究引线的张力矩 M 与角加速度 β 之间是否满足式(2-7-2)的关系，即测量在不同力矩 M 作用下的 β 值。

(1) 关于引线张力矩 M。

设引线的张力为 T，绕线轴半径为 R，则 $M=TR$。又设滑轮半径为 r，质量为 m'，其转动惯量为 I'，塔轮转动时砝码下落的加速度为 a，参照图 2-7-2 可以得出

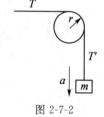

图 2-7-2

$$\begin{cases} mg - T' = ma \\ T'r - Tr = I'\dfrac{a}{r} \end{cases}$$

从上述二式中消去 T'，同时取 $I' = \dfrac{1}{2}m'r^2$，得出

$$T = m\left[g - \left(a + \dfrac{m'}{2m}a\right)\right]$$

在此实验中保持 $a + \dfrac{m'}{2m}a \leqslant 0.3\% g$，则 $T \approx mg$，此时：

$$M \approx mgR \tag{2-7-3}$$

可见在实验中是由塔轮 R 来改变 M 的值。

(2) 角加速度 β 的测量。

测出砝码从静止位置开始下落到地面上的时间为 t，路程为 s，则平均速度 $\bar{v} = S/t$，落到地板前瞬间的速度 $v = 2\bar{v}$，下落加速度 $a = v/t$，角加速度 $\beta = a/R$，即

$$\beta = \dfrac{2s}{Rt^2} \tag{2-7-4}$$

此方法一般是使用停表来测量砝码落地时间 t，由于 t 较小，故测量误差比较大。

(3) 转动惯量的测定。

使用不同半径的塔轮，改变外力矩 M，测量在不同力矩 M 作用下的角加速度 β 值，作出

M-β 图线,应为一条直线,它的纵轴截距就是摩擦力矩 $M_{阻}$,斜率就是刚体对转轴的转动惯量 I。

2. 考察刚体的质量分布对转动的影响

设二重物的位置为 x_1 和 x_2 时(见图 2-7-3)的转动惯量分别为 I_1 和 I_2,则有

$$\begin{cases} I_1 = I_0 + 2m_0 x_1^2 \\ I_2 = I_0 + 2m_0 x_2^2 \end{cases} \tag{2-7-5}$$

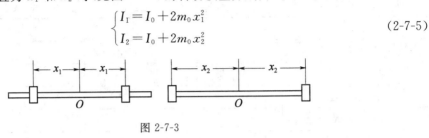

图 2-7-3

其中 m_0 为每一重物的质量,I_0 为 $x=0$ 时的转动惯量,同样当两次测量 $M_{合}$ 不变时,则根据上式(2-7-1),应有:

$$I_1 \beta_1 = I_2 \beta_2$$

综合上式和式(2-7-5)得出

$$\frac{\beta_1}{\beta_2} = 1 + \frac{2m_0(x_2^2 - x_1^2)}{I_1} \tag{2-7-6}$$

式(2-7-6)反映出重物位置 x 改变时对转动的影响,也是对平衡轴定理的检验。

【实验内容】

1. 考察张力矩 M 与角加速度 β 的关系

(1) 用水准器将回转台调成水平,即调节 OO' 轴铅直。

(2) 测出塔轮上各轮的直径,记录在表格中。

(3) 在引线下端加一质量为 m 砝码,横杆上重物移到最外侧。将引线分别绕在塔轮不同半径的各个轮上,以此改变力矩 M,分别测出角加速度 β。作 $M-\beta$ 直线,求出纵轴截距 a(即阻力力矩)和斜率 b(即转动惯量 I)。

2. 考察质量分布对转动的影响

用米尺测出横杆上重物在最外侧时,其中心轴到回转轴的距离,设为 x_2。将引线绕在指经最小的轮上,悬挂的砝码保持与步骤 1 相同值。

改变重物的位置(两侧对称),测出中心轴到回转轴的距离 x 及角加速度 β。改变 6 次 x 值进行测量。

根据式(2-7-6),应有

$$\frac{\beta}{\beta_2} = 1 + \frac{2m_0}{I}(x_2^2 - x^2)$$

作 $\frac{\beta}{\beta_2}$ 随 $(x_2^2 - x^2)$ 的变化曲线,并进行分析。

【实验数据及处理】

表 2-7-1 测定 M 与 β 的关系

砝码到地面的距离 $s=$ _____ cm；砝码质量 $m=$ _____ g

	1	2	3	4	5	6
塔轮直径 d/cm						
半径 $R(d/2)$						
砝码落地时间 t/s						
$M=mgR$						
$\beta=\dfrac{2s}{Rt^2}$						

表 2-7-2 质量分布对转动的影响

最小轮半径 $R_1=$ _____ ；$x_2=$ _____ m；$\beta_2=$ _____ ；

砝码到地面距离 $s=$ _____ m；$m_0=$ _____ kg。

x/m						
砝码落地时间 t/s						
$x_2^2-x^2$						
β						
β/β_2						

【思考题】

1. 如果重物对回转轴的分布不是对称的,对实验是否有影响？

2. 求在实验中保证 $a \ll g$ 的条件？由于作了这一近似估计,会对实验结果产生多大的影响？

实验2.8 弹簧振子的简谐振动

【实验目的】

1. 研究弹簧本身质量对振动的影响。
2. 研究不同形式的弹簧,其质量对振动的影响是否相同。

【实验仪器与器具】

弹簧(锥形的、柱形的),停表(或数字毫秒计及光电门),砝码,托盘。

【实验原理】

设弹簧的劲度系数为 k,悬挂负载质量为 m(见图 2-8-1)。一般给出弹簧振动周期 T 的公式为

$$T = 2\pi\sqrt{\frac{m}{k}} \qquad (2\text{-}8\text{-}1)$$

测量加各种不同负载 m 的周期 T 的值,作 $T-\sqrt{m}$ 图线,如图 2-8-2(a),可以看出 T 与 $\sqrt{m}$ 不是线性关系,但是作 T^2-m 图线,则显然是一直线(图 2-8-2(b)),不过此直线不通过零点,即 $m=0$ 时 $T^2\neq 0$。从上述实验结果可以看出在弹簧周期公式中的质量,除去负载 m 还应包括弹簧自身质量 m_0 的一部分,即

$$T = 2\pi\sqrt{\frac{m+Cm_0}{k}} \qquad (2\text{-}8\text{-}2)$$

式中 C 为未知系数。在此实验中就是研究 C 值。

图 2-8-1

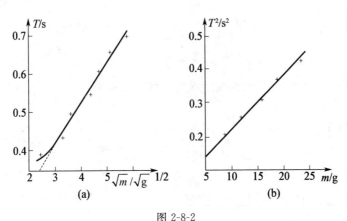

图 2-8-2

【实验内容】

1. 先测弹簧的质量 m_0。其次测量弹簧下端悬挂不同负载 m 时的周期 T(砝码托盘的质量应计入负载中),共测 n 次。用停表测量周期时,要测量连续振动 50 次的时间 t。握停表的手最好和负载同步振动。

为了显示 m_0 的影响,负载 m 的起始值应尽可能取小些(比如 m_0 的三分之一左右或更小),变化范围适当大些。n 也应大些。

2. 数据处理。

将式(2-8-2)改为

$$T^2 = \frac{4\pi^2}{k}cm_0 + \frac{4\pi^2}{k}m \tag{2-8-3}$$

令 $y = T^2, x = m, a = \frac{4\pi^2}{k}Cm_0, b = \frac{4\pi^2}{k}$，则得

$$y = a + bx$$

从 n 组 (x_i, y_i) 值，可以求得 a、b 值，从而求出 C 值，

$$C = \frac{a}{bm_0} \tag{2-8-4}$$

并且 C 的不确定度 $u(C)$ 为

$$u(C) = C\sqrt{\left(\frac{u(a)}{a}\right)^2 + \left(\frac{u(b)}{b}\right)^2 + \left(\frac{u(m_0)}{m_0}\right)^2} \tag{2-8-5}$$

3. 研究柱形弹簧的 C 值。

步骤同上。

4. 比较两 C 值是否一致。

注意：有的弹簧，当所加负载增到某值 m 附近时，在上下振动的同时有明显的左右摆动，这对测量周期很不方便，这时可在弹簧上端加一长些的吊线即可解决。

【思考题】

1. 你对如何测准周期有何体会？
2. 对此实验的结果你作些什么说明？设想再做什么探索？

【测量举例】

1. 锥形弹簧(No.15)(见下表)

$m_0 = 12.651$ g, m'(托盘) $= 1.8242$ g

n	m	$50T$/s		T/s
1	$m' + 2$ g	17.87	17.89	0.3576
2	+5 g	20.92	20.91	0.4183
3	+8 g	23.61	23.64	0.4723
4	+14 g	28.30	28.32	0.5662
5	+17 g	30.37	30.42	0.6079
6	+20 g	32.33	32.31	0.6464
7	+23 g	34.16	34.12	0.6828
8	+29 g	37.54	37.57	0.7511

取 $x = m, y = T^2$，按 $= a + bx$ 用最小二乘法求 a、b 值。

$$a = 0.064\ 90(s^2), s_a = 0.000\ 49(s^2)$$
$$b = 0.016\ 178(s^2/g), s_b = 0.000\ 026(s^2/g)$$
$$r = 0.999\ 992 \quad c = \frac{a}{bm_0} = 0.317\ 2$$

a、b 不确定度的 B 类不确定度均较小，m_0 是在分析天平上测出的，其不确定度也较小，均可略去不计。在此取 $u(a) = s_a, u(b) = s_b$ 则

$$u(c) = c\sqrt{\left(\frac{u(a)}{a}\right)^2 + \left(\frac{u(b)}{b}\right)^2 + \left(\frac{u(m_0)}{m_0}\right)^2}$$
$$= 0.317\ 2 \times \sqrt{\left(\frac{0.000\ 49}{0.064\ 90}\right)^2 + \left(\frac{0.000\ 026}{0.016\ 178}\right)^2} = 0.000\ 8$$

结果 $C = 0.317\ 2 \pm 0.000\ 8$。

2. 柱形弹簧（No.20）（见下表）

$m_0 = 45.394\ 6$ g, m'（托盘）$= 1.824\ 2$ g

n	m	$50T$/s		T/s
1	$m' + 5$ g	29.76	29.69	0.594 5
2	$+10$ g	32.32	32.35	0.646 7
3	$+15$ g	34.80	34.75	0.695 5
4	$+20$ g	37.10	37.15	0.724 5
5	$+25$ g	39.26	39.35	0.786 1
6	$+30$ g	41.38	41.49	0.828 7
7	$+35$ g	43.48	43.49	0.869 7
8	$+40$ g	45.42	45.35	0.907 7

计算得：

$$a = 0.258\ 7(s^2), s_a = 0.001\ 6(s^2)$$
$$b = 0.013\ 47(s^2/g), s_b = 0.000\ 06(s^2/g)$$
$$r = 0.999\ 992 \quad C = \frac{a}{bm_0} = 0.422\ 8$$
$$u(c) = C\sqrt{\left(\frac{u(a)}{a}\right)^2 + \left(\frac{u(b)}{b}\right)^2 + \left(\frac{u(m_0)}{m_0}\right)^2}$$
$$= 0.422\ 8 \times \sqrt{\left(\frac{0.001\ 6}{0.258\ 7}\right)^2 + \left(\frac{0.000\ 06}{0.013\ 47}\right)^2} = 0.003$$

结果 $C = 0.423 \pm 0.003$。

上述二实验结果的 C 值显著不同，说明修正系数 C 不是普遍使用的常数，它和弹簧的形状有关。

【附】 关于弹簧的制作

对此实验，如选取适当弹簧，在加较小负载时也会有较大的周期。测准加小负载时的周期

十分重要。

较好的弹簧是劲度系数不很大而质量较大的弹簧。在上述测量举例中的两弹簧,劲度系数 k 值应在 2.5—3.0 N/m 左右,后者质量远大于前者,所以测量就比较容易。要注意,在此实验中 m 较小时,周期小不好测,但对结果的影响又较大。如无合适的弹簧则可以自制,制作很简单,简述如下。

材料:钢丝(直径大约 0.6~1 mm),铁管(外径大于 2 cm),锥形铁棒(圆锥角为 3.5°)。

将钢丝尽量用力拉紧,一环挨一环绕在铁管上(拉紧、均匀很重要),钢丝两端固定在铁管上,将钢丝均匀烧红后自然冷却即可(自然冷却 k 值小,对实验有利)。以上是绕制柱形弹簧,对锥形的也一样。

实验 2.9　测量弦振动时波的传播速度

【实验目的】

1. 了解波在弦上的传播及弦波形成的条件。
2. 测量拉紧弦不同弦长的共振频率。
3. 测量弦线的线密度。
4. 测量弦振动时波的传播速度。

【实验仪器与器具】

1. XZD-Ⅰ型弦振动实验仪。
2. 双踪示波器。

实验仪器由测试架和信号源组成,测试架的结构如图 2-9-1 所示。

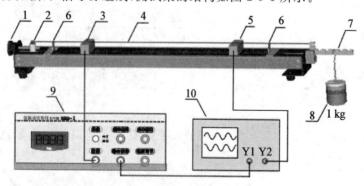

1—调节螺杆;2—圆柱螺母;3—驱动传感器;4—弦线;5—接收传感器;
6—支撑板;7—张力杆;8—砝码;9—信号源;10—示波器

图 2-9-1

【实验原理】

张紧的弦线在驱动器产生的交变磁场中受力。移动劈尖改变弦长或改变驱动频率,当弦长是驻波半波长的整倍数时,弦线上便会形成驻波。当弦线上最终形成稳定的驻波时,我们可以认为波动是从左端劈尖发出的,沿弦线朝右端劈尖方向传播,称为入射波;再由右端劈尖端反射沿弦线朝左端劈尖传播,称为反射波。入射波和反射波在同一条弦线上沿相反方向传播时将相互干涉,在适当条件下,弦线上就会形成驻波。这时,弦线上的波被分成几段形成波节和波腹。每相邻的两个波节或波腹间的距离都是等于半个波长,这可从波动方程推导出来。

在实验中,由于弦的两端是固定的,故两端点是波节,所以,只有当均匀弦线的两个固定端之间的距离(弦长)L 等于半波长的整数倍时,才能形成驻波,其数学表达式为:

$$L = n\frac{\lambda}{2} \quad (n=1,2,3,\cdots) \tag{2-9-1}$$

由此可得沿弦线传播的横波波长为:

$$\lambda = \frac{2L}{n} \tag{2-9-2}$$

根据波动理论,弦线横波的传播速度为:

$$v = \sqrt{\frac{T}{\rho}} \tag{2-9-3}$$

式中 T 为弦线中的张力,ρ 为弦线单位长度的质量,即线密度。

根据波速、频率和波长的普遍关系 $v = f\lambda$,和式(2-9-2)可得横波波速为:

$$v = \frac{2Lf}{n} \tag{2-9-4}$$

【实验内容】

一、实验前准备

1. 选择一条弦,将弦的带有铜圆柱的一端固定在张力杆的 U 型槽中,把带孔的一端套到调整螺杆上圆柱螺母上。

2. 把两块劈尖(支撑板)放在弦下相距为 L 的两点上(它们决定弦的长度),注意窄的一端朝标尺,弯脚朝外,如图 2-9-2 所示;放置好驱动线圈和接收线圈,按图 2-9-1 连接好导线。

3. 挂上质量可选砝码到张力杆上,然后旋动调节螺杆,使张力杆水平(这样才能从挂的物块质量精确地确定弦的张力),如图 2-9-3 所示。因为杠杆的原理,通过在不同位置悬挂质量已知的物块,从而获得成比例的、已知的张力,该比例是由杠杆的尺寸决定的。如图 2-9-2(a),挂质量为"M"的重物在张力杆的挂钩槽 3 处,弦的拉紧度等于 $3M$;如图 2-9-2(b),挂质量为"M"的重物在张力杆的挂钩槽 4 处,弦紧度为 $4M$,……

注意:由于张力不同,弦线的伸长也不同,故需重新调节张力杆的水平。

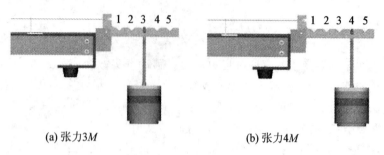

图 2-9-2 张力大小的示意

二、实验内容

1. 张力、线密度和弦长一定,改变驱动频率,观察驻波现象和驻波波形,测量共振频率。

(1)放置两个劈尖至合适的间距,例如,60 cm,装上一条弦。在张力杠杆上挂上一定质量的砝码(注意,总质量还应加上挂钩的质量),旋动调节螺杆,使张力杠杆处于水平状态,把驱动线圈放在离劈尖大约 5~10 cm 处,把接收线圈放在弦的中心位置。提示:为了避免接收传感器和驱动传感器之间的电磁干扰,在实验过程中要保证两者之间的距离至少有 10 cm。

(2)驱动信号的频率调至最小,合适调节信号幅度,同时调节示波器的通道增益为 10 mV/格。

(3)慢慢升高驱动信号的频率,观察示波器接收到的波形的改变。注意:频率调节过程不能太快,因为弦线形成驻波需要一定的能量积累时间,太快则来不及形成驻波。如果不能观察到波形,则调大信号源的输出幅度;如果弦线的振幅太大,造成弦线敲击传感器,则应减小信号源输出幅度;适当调节示波器的通道增益,以观察到合适的波形大小。一般一个波腹时,信号源输出为 2~3 V(峰-峰值),即可观察到明显的驻波波形,同时观察弦线,应当有明显的振幅。当弦的振动幅度最大时,示波器接收到的波形振幅最大,这时的频率就是共振频率。

(4)记下这个共振频率,以及线密度、弦长和张力,弦线的波腹波节的位置和个数等参数。如果弦线只有一个波腹,这时的共振频率为最低,波节就是弦线的两个固定端(两个劈尖处)。

(5)再增加输出频率,连续找出几个共振频率(3~5 个)并记录。注意,接收线圈如果位于波节处,则示波器上无法测量到波形,所以驱动线圈和接收线圈此时应适当移动位置,以观察到最大的波形幅度。当驻波的频率较高,弦线上形成几个波腹、波节时,弦线的振幅会较小,眼睛不易观察到。这时把接收线圈移向右边劈尖,再逐步向左移动,同时观察示波器(注意波形是如何变化的),找出并记下波腹和波节的个数,以及每个波腹和波节的位置。

2. 张力和线密度一定,改变弦长,测量共振频率。

(1)选择一根弦线和合适的张力,放置两个劈尖至一定的间距,例如,60 cm,调节驱动频率,使弦线产生稳定的驻波。

(2)记录相关的线密度,弦长,张力,波腹数等参数。

(3)移动劈尖至不同的位置改变弦长,调节驱动频率,使弦线产生稳定的驻波。记录相关的参数。

3. 弦长和线密度一定,改变张力,测量共振频率和横波在弦上的传播速度。

(1)放置两个劈尖至合适的间距,例如,60 cm,选择一定的张力,改变驱动频率,使弦线产生稳定的驻波。

(2) 记录相关的线密度、弦长、张力等参数。

(3) 改变砝码的质量和挂钩的位置,调节驱动频率,使弦线产生稳定的驻波。记录相关的参数。

4. 张力和弦长一定,改变线密度,测量共振频率和弦线的线密度。

(1) 放置两个劈尖至合适的间距,选择一定的张力,调节驱动频率,使弦线产生稳定的驻波。

(2) 记录相关的弦长、张力等参数。

(3) 换用不同的弦线,改变驱动频率,使弦线产生同样波腹数的稳定驻波。记录相关的参数。

5. 聆听音阶高低及与频率的关系。

(1) 对照表 2-9-1,选定一个频率,选择合适的张力,通过移动劈尖的位置,改变弦长,在弦线上形成驻波,聆听声音的音调和音色。

(2) 依次选择其他频率,聆听声音的变化。

(3) 换用不同的弦线,重复以上步骤。

6. 观察弦线的非线性振动。

(1) 设定一定的张力、线密度、弦长和驱动频率,在示波器上观察到驻波波形。

(2) 移动接收传感器的位置,注意驻波波形有何变化。

(3) 移动接收传感器的位置,注意驻波频率有何变化。

【注意事项】

1. 仪器应可靠放置,张力挂钩应置于实验桌外侧,并注意不要让仪器滑落。

2. 弦线应可靠挂放,砝码的悬挂和取放应动作轻小,以免使弦线崩断而发生事故。

【实验数据及处理】

根据公式将求得的共振频率计算值与实验得到的共振频率相比较,分析这两者存在差异的原因。

表 2-9-1 张力和弦长一定,测量弦线的共振频率和横波的传播速度

弦长 $L=$_____(cm)　张力 $T=$_____(N)　线密度 $\rho=$_____(kg/m)

波腹位置 /cm	波节位置 /cm	波腹数	波长 /cm	共振频率 /Hz	频率计算值 $f=\sqrt{\dfrac{T}{\rho}}\cdot\dfrac{n}{2L}$	传播速度 $V=2Lf/n$/(m/s)

表 2-9-2　张力和线密度一定,改变弦长,测量弦线共振频率和横波的传播速度

张力 $T=$ _____ (N)　线密度 $\rho=$ _____ (kg/m)

弦长 L/cm	波腹位置 /cm	波节位置 /cm	波腹数	波长 $\lambda=2L/n$/cm	共振频率 f/Hz	传播速度 $V=2Lf/n$/(m/s)

作弦长与共振频率的关系图。

表 2-9-3　弦长和线密度一定,改变张力,测量共振频率和横波在弦上的传播速度

弦长 $L=$ _____ cm,线密度 $\rho=$ _____ kg/m

张力 T/N	波腹位置 /cm	波节位置 /cm	波腹数	波长 $\lambda=2L/n$/cm	共振频率 f/Hz	传播速度 $v_{实}=2Lf/n$/(m/s)

作张力与共振频率的关系图。

根据 $v=\sqrt{\dfrac{T}{\rho}}$ 算出波速,这一波速与 $V=f\times\lambda=2Lf/n$(f 是共振频率,λ 是波长)作比较,分析存在差别的原因。

作张力与波速的关系图。

已知弦线的静态线密度(由天平秤称出单位长度的弦线的质量)为:弦线 1:0.562 g/m;弦线 2:1.030 g/m;弦线 3:1.515 g/m。

表 2-9-4　弦长和张力一定,改变线密度,测量弦线的共振频率和线密度

弦长 $L=$ _____ (cm)　张力 $T=$ _____ (N)

弦线	波腹位置 /cm	波节位置 /cm	波腹数	波长 /cm	共振频率 /Hz	线密度 $\rho=T(n/2Lf)^2$ /(kg/m)
弦线 1(Φ0.3)						
弦线 2(Φ0.4)						
弦线 3(Φ0.5)						

比较测量所得的线密度与上述静态线密度有何差别,试说明原因。

【思考题】

1.通过实验,说明弦线的共振频率和波速与哪些条件有关?
2.换用不同弦线后,共振频率有何变化?存在什么关系?

3. 如果弦线有弯曲或者不是均匀的,对共振频率和驻波有何影响?
4. 相同的驻波频率时,不同的弦线产生的声音是否相同?
5. 试用本实验的内容阐述吉他的工作原理。
6. 移动接收传感器至不同位置时,弦线的振动波形有何变化?是否依然为正弦波?试分析原因。

【附】 XZD-Ⅰ型弦振动实验仪信号源使用说明

一、概述

在研究弦振动实验时,需要功率信号源对弦线进行激励驱动,使其产生驻波。本信号源可配合 XZD-Ⅰ型弦振动研究实验仪进行弦振动实验。仪器的特点是输出阻抗低,激振信号不易失真,同时频率稳定性好,频率的调节细度和分辨率也足够小,能很好地找到弦线的共振频率。

二、主要技术指标

1. 环境条件:使用温度范围:5~35 ℃,相对湿度范围:25%~85%。
2. 电源:交流(220±10%)V,50 Hz。
3. 频率:频率信号为正弦波,失真度≤1%。
频率范围:频段Ⅰ为 15~100 Hz,频段Ⅱ为 100~1 000 Hz。
4. 频率显示:采用等精度测频,四位数字显示。
测量范围:0~99.99 Hz,分辨率 0.01 Hz,测频精度:±(0.2%+0.01)Hz;100.0~999.9 Hz,分辨率 0.1 Hz,测频精度:±(0.2%+0.1)Hz;1 000~9 999 Hz,分辨率 1 Hz,测频精度:±(0.2%+1)Hz。
5. 功率输出。
输出幅度:0~10 U_{P-P} 连续可调,输出电流:≥0.5 A。

三、仪器结构

仪器的信号输出及调节均在前面板上进行,图 2-9-3 为仪器的前面板图。

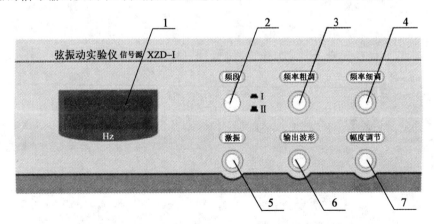

1—四位数显频率表;2—频段选择;3—频率粗调;4—频率细调;
5—激励信号输出;6—激励信号波形;7—激励信号幅度调节

图 2-9-3

四、仪器的使用

1. 打开信号源的电源开关,信号源通电。调节频率,频率表应有相应的频率指示。用示波器观察"波形"端,应有相应的正弦波;调节"幅度"旋钮,波形的幅度产生变化,当幅度调节至最大时,波形的峰-峰值应≥ 10 V,这时仪器已基本正常,再通电预热 10 min 左右,即可进行弦振动实验。

2. 按 XZD-Ⅰ型弦振动实验仪的讲义说明,将驱动传感器的引线接至本仪器的"激振"端,注意连线的可靠性。

3. 仪器的频率"粗调"用于较大范围地改变频率,"细调"用于准确地寻找共振频率。由于弦线的共振频率的范围很小,故应细心调节,不可过快,以免错过相应的共振频率。

4. 当弦线振动幅度过大时,应逆时针调节"幅度"旋钮,减小激振信号;振动幅度过小时,应加大激振信号的幅度。

五、注意事项

1. 仪器的"激振"输出为功率信号,应防止短路。
2. 仪器的频率稳定度和显示精度都较高,故使用前应预热。

第 3 章 热 学 实 验

实验 3.1 测定冰的熔解热

【实验目的】

1. 用混合法测定冰的熔解热。
2. 应用有物态变化时的热交换定律来计算冰的熔解热。
3. 了解一种粗略修正散热的方法。

【实验仪器与器具】

温度计,量热器,物理天平,量筒,烧杯,秒表,冰,干抹布等。

【实验原理】

一定压强下晶体开始熔解时的温度,称为该晶体在此压强下的熔点。单位质量的某种晶体熔解成为同温度的液体所吸收的热量,称为该晶体的熔解热。

本实验用混合量热法测定冰的熔解热。它的基本做法是:把待测的系统 A 和一个已知其热容的系统 B 混合起来,并设法使它们形成一个与外界没有热量交换的孤立系统 C,(C=A+B)。这样 A(或 B)所放出的热量,全部为 B(或 A)所吸收。因为已知热容的系统在实验过程中所传递的热量 Q,是可以由其温度的改变 ΔT 和热容 C_s 计算出来的,即 $Q=C_s\Delta T$,因此,待测系统在实验过程中所传递的热量也就知道了。由此可见,保持系统为一孤立系统,是混合量热法所要求的基本实验条件。本实验采用的量热器可以满足这个实验条件。

实验时,量热器放有热水,然后放入冰,冰将熔解,最后混合系统达到热平衡。在此过程中,原实验系统放热,设为 $Q_{放}$,冰吸热熔解成水,继续吸热使系统达到热平衡温度,设吸收的总热量为 $Q_{吸}$,因为是孤立系统,则有:

$$Q_{放}=Q_{吸} \tag{3-1-1}$$

可以利用这一关系求出冰的熔解热。

设混合前实验系统的温度为 $T_1 ℃$,热水质量为 m_1,其比热容为 c_1;内筒的质量为 m_2,其比热容为 c_2;搅拌器的质量为 m_3,其比热容为 c_3;冰的质量为 M,在实验条件下冰的熔点均为 $0 ℃$,用 T_0 表示。设混合后系统达到热平衡的温度为 $T_2 ℃$。温度计浸入水中的部分放出的热量可忽略不计。冰的熔解热由 L 表示,根据式(3-1-1)有:

$$(m_1c_1 + m_2c_2 + m_3c_3)(T_1 - T_2) = ML + Mc_1(T_2 - T_0) \quad (3\text{-}1\text{-}2)$$

因 $T_0 = 0 ℃$,所以冰的熔解热为:

$$L = \frac{1}{M}(m_1c_1 + m_2c_2 + m_3c_3)(T_1 - T_2) - T_2c_1 \quad (3\text{-}1\text{-}3)$$

式中各质量 m_1、m_2、m_3 和 M 均可由天平称出,c_1、c_2、c_3 由实验室给出,实验测得 T_2 和 T_1。由式(3-1-3)便可计算出冰的熔解热 L。

虽然本实验要求实验体系是一个孤立的系统,但完全绝热的要求是无法达到的。为了尽可能使系统与外界交换的热量达到最小,除了使用量热器以外,在实验的操作过程中也必须注意,例如不应当直接用手握量热器的任何部分;不应当在阳光的直接照射下或空气流动太快的地方进行实验;冬天要避免接近火炉或暖气做实验等。

除此以外,可选实验系统的初温和终温在室温的两侧,使一部分热交换抵消。尽可能使系统与外界温差小,并尽量使实验过程进行得很迅速。另外还可以采用一种根据牛顿冷却定律的粗略方法来修正散热减少误差。从实验实际情形分析,刚投入冰时,水温高,冰的有效面积大,熔化快,系统温度下降快,后来,冰块逐渐减小,水温渐低,熔化变慢,水温下降也慢,熔解全过程中,内筒内水温随时间变化曲线如图 3-1-1 所示。θ 表示实验室环境温度。

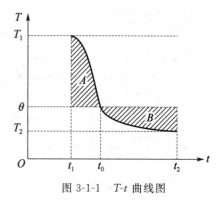

图 3-1-1 T-t 曲线图

系统从 T_1 变为 θ 这段时间(从 t_1 至 t_0),系统内向外界散失的热量 $q_散$ 为:

$$q_散 = k\int_{t_1}^{t_0}(T_1 - \theta)\mathrm{d}t \quad (3\text{-}1\text{-}4)$$

由于 $T_1 > \theta$,所以 $q_散 > 0$。(k 为散热常数)

同样系统从 θ 变为 T_2 这段时间(从 t_0 至 t_2),系统从环境吸收的热量 $q_吸$ 为

$$q_吸 = k\int_{t_0}^{t_2}(T_2 - \theta)\mathrm{d}t \quad (3\text{-}1\text{-}5)$$

由于 $T_2 < \theta$,所以 $q_吸 > 0$。(k 为散热常数)

从图 3-1-1 看出,$q_散$ 和 $q_吸$ 量值的大小与面积 $q_散 = k\int_{t_1}^{t_0}(T_1-\theta)\mathrm{d}t$ 及 $q_吸 = k\int_{t_0}^{t_2}(T_2-\theta)\mathrm{d}t$ 成正比。因此如果选择合适的 T_1 和 T_2 使 $q_散$ 等于 $q_吸$,则系统散热和吸热前后抵消。一般情况下常选择 $T_1 - \theta = 2(\theta - T_2)$。

【实验仪器介绍】

实验装置如图 3-1-2 所示。为了使实验系统(待测系统与已知其热容的系统二者合在一起)成为一个孤立的系统,我们采用量热器。本实验采用的量热器为一种带有绝热层的量热器,它由金属内套、不锈钢的外筒、内筒(钢)、搅拌器(铜)、数字温度计和绝热层等组成。它与外界环境热量交换很小,这样的量热器可以使实验系统近似于一个孤立的系统。

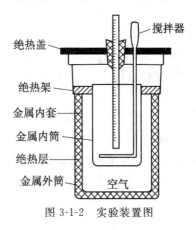

图 3-1-2　实验装置图

【实验内容】

1. 将内筒、搅拌器擦干净,用天平分别称出内筒的质量 m_2 和搅拌器的质量 m_3。

2. 内筒中装入适量的热水(比室温高约 10 ℃),用天平称得内筒和热水的质量(m_1+m_2),求得热水的质量 m_1。

3. 将内筒放入量热器中,盖好盖子,插好搅拌器和温度计,开始计时,观察并记录热水的温度随时间变化(比如每隔 20 s 记一次数据),记录 6~8 个点。

4. 取一些预先准备好的和水混合的碎冰块(0 ℃),冰块的用量要适当,应使系统平衡时的温度低于室温大约 5~7 ℃。用干布把冰上的水珠擦去,然后小心地把冰放入量热器中,不要使水溅出,盖好量热器的盖子,记录放入的时间 t_1。

5. 用搅拌器轻轻上下搅动量热器中的水,记录温度随时间的变化,待水里的冰块完全熔解并基本达到热平衡,继续记录温度随时间的变化,记录 6~8 个点。

6. 将内筒拿出,用天平称出内筒和水的质量(m_1+m_2+M),然后计算出冰的质量 M。

7. 用公式(3-1-3)计算出冰的熔解热。

8. 用坐标纸作系统温度随时间变化 T-t 图。考查面积 $S_{散}$ 和 $S_{吸}$,检查散热与吸热是否基本抵消。

9. 实验完后,将内筒内的水倒掉,用抹布擦干。

【实验数据及处理】

1. 实验数据记录。

表 3-1-1　各质量的测量

内筒质量 m_2/kg	搅拌器质量 m_3/kg	内筒和热水的质量 (m_1+m_2)/kg	内筒、热水和冰的质量 (m_1+m_2+M)/kg

表 3-1-2　温度随时间的变化

时间 t/s							
温度 T/℃							

2. 作出散热修正曲线,求出 T_1 和 T_2。
3. 根据式(3-1-3)计算冰的熔解热 L。
4. 将测量值与冰的熔解热的标准值进行比较,计算出相对误差,并分析产生误差的原因。

【注意事项】

投冰和搅拌时均要避免将水溅出,取温度计时,也要避免带出水滴。

【思考题】

1. 实验时为什么必须把冰擦干?
2. 实验投冰或搅拌时无意中将水溅出,对实验结果有何影响?

实验 3.2　用混合法测定金属的比热容

【实验目的】

1. 学习掌握利用混合法进行量热的方法。
2. 学习混合法测定金属的比热容。

【实验仪器与器具】

量热器,温度计,物理天平,待测金属块,加热电炉,烧杯等。

【实验原理】

在量热器内筒中注入一定量的水(半筒),将高温金属块放入量热器的内筒水中,假设量热器与外界无热量交换,由热平衡方程有:
$$(m_1c_1+m_2c_2+m_0c_0)(t-t_0)=mc(t_1-t) \tag{3-2-1}$$
式中 m_1 为量热筒内筒的质量,c_1 为其比热容;m_2 为搅拌器的质量,c_2 为其比热容;m_0、c_0 为水的质量和比热容;m、c 为待测物质的质量和比热容;t_0 为水的初始温度,t_1 为金属块的初始温度,t 为混合后达到的最高温度。

由式(3-2-1)可得：

$$c=(m_1c_1+m_2c_2+m_0c_0)\frac{t-t_0}{m(t_1-t)} \tag{3-2-2}$$

【实验仪器介绍】

量热器结构如图 3-2-1 所示。它由外筒及内筒(内、外筒之间为绝热层)，两只绝热胶木外筒盖(其中一只附有电热丝)，搅拌器等组成。

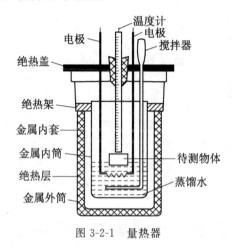

图 3-2-1 量热器

【实验内容】

1. 用天平分别测出量热器内筒的质量 m_1、搅拌器的质量 m_2 及被测物的质量 m。
2. 将量热器的内筒注入一定质量的水，要求保证金属块放入后能完全被水浸没，称量出量热器内筒及水的总质量，计算出水的质量 m_0。
3. 从温度计上读出量热器及水的初始温度 t_0。
4. 将金属块放入另一个较大的容器内用水煮沸，测量出金属块的温度 t_1(与水温相同)。
5. 将金属块迅速取出放入量热器的内筒中，盖好胶木盖，用搅拌器上下轻轻搅拌。在温度计的读数不再上升而即将下降时，读出温度值 t。
6. 测量数据记录在表 3-2-1 中。
7. 将测量数据代入式(3-2-2)中求出金属的比热容。

【实验数据及处理】

量热器内筒的比热容 $c_1=$ _____ J•/kg•℃；
搅拌器的比热容 $c_2=$ _____ J/kg•℃；
水的比热容 $c_0=4.173\times10^3$ J/kg•℃。

表 3-2-1　金属比热容的测定

	质量/($\times 10^{-3}$ kg)	初温/℃	末温/℃
内筒			
水			
搅拌器			
被测物			

【注意事项】

往量热器中倒水和用搅拌器搅拌时要仔细，防止水溅出筒外。

【思考题】

1. 用混合法测量比热容的理论根据是什么？
2. 为了符合热平衡原理，实验中应注意哪几点？

实验 3.3　用电热法测定热功当量

【实验目的】

用电热法测定热功当量。

【实验仪器与器具】

电流量热器，温度计，直流稳压电源，电压表，电流表，秒表，物理天平，导线等。

【实验原理】

在内筒中注入一定质量的水，换上附有电加热器的胶木外盖。连接电路，设加热器两端电压为 U，电流为 I，则在时间 τ 内放出的热量为 $UI\tau$。若其热量使量热器的整体温度由 t_1 上升至 t_2，假设量热器与外界无热量交换，那么有：

$$W = UI\tau \tag{3-3-1}$$

$$Q = (m_0 c_0 + m_1 c_1 + m_2 c_2)(t_2 - t_1) \tag{3-3-2}$$

式中 m_0 为水的质量，c_0 为水的比热容；m_1 为量热筒内筒的质量，c_1 为其比热容；m_2 为搅拌器的质量，c_2 为其比热容。

则热功当量 q 为：

$$q = \frac{W}{Q} = \frac{UI\tau}{(m_0 c_0 + m_1 c_1 + m_2 c_2)(t_2 - t_1)} \tag{3-3-3}$$

【实验内容】

1. 用天平测出量热器内筒的质量 m_1，搅拌器的质量 m_2。
2. 向内筒中注入一定的水（以达到内筒容积的一半为宜），称量出内筒及水的总质量，计算出水的质量 m_0。
3. 换用带电热丝的胶木盖，按图 3-3-1 连接好电路图，从温度计上读出初始状态时的温度 t_1。

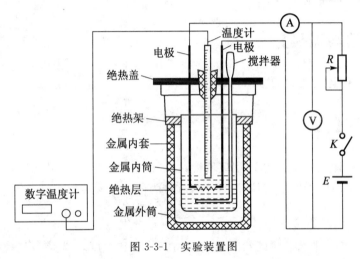

图 3-3-1 实验装置图

4. 接通电源，从电压表及电流表中分别读出电压及电流值，在通电的同时要开始计时。
5. 加热过程中要不停地用搅拌器搅拌，通电 5 min 时，读出并记录温度计指示的读数 t_2。
6. 测量数据记录在表 3-3-1 中。
7. 将测量数据代入式(3-3-3)中，求出热功当量 q。

【实验数据及处理】

表 3-3-1 热功当量的测定

电压 U/V	电流 I/A	时间 τ/s	水的质量 m_0/kg	内筒的质量 m_1/kg	搅拌器质量 m_2/kg	初温 $t_1/℃$	末温 $t_2/℃$

【注意事项】

1. 一定在量热器中倒入水之后再调节电流。

2.时间测量要准确,实验时要擦干量热器的筒壁。

实验 3.4　研究物态方程

【实验目的】

1.验证物态方程。
2.测定普适气体常量。

【实验仪器与器具】

小型水银气压计,温度计,烧杯,水,电炉等。

【实验原理】

小型水银气压计是一端封闭 U 型玻璃管,固定在一刻度盘上,管内装有一段水银,则管内封闭端有一段在里面的干燥空气柱,以该空气柱作为研究对象,则：

$$\frac{p_1 V_1}{T_1} = \frac{p_2 V_2}{T_2} = \cdots = \nu R \tag{3-4-1}$$

式中 p、V 和 T 为某一平衡态时的状态参量：压强、体积和温度,ν 为该空气柱的摩尔数,R 为空气的普适常量。气柱浸没在不同温度的水中,则从刻度尺上分别读到：

$$V = LS \tag{3-4-2}$$

$$p = p_0 + h \tag{3-4-3}$$

式中 L 为空气柱高,S 为 U 型玻璃管内截面积,p_0 为当地大气压,h 为管内两水银面高度差。

由此可测得一系列的 p、V、T 值,如各 pV/T 相等,则物态方程得以验证。

为求得 R 值,必须先求出 ν 值。在标准状态下,1 mol 的气体体积为 22.4×10^3 cm^3,那么 ν 摩尔的空气体积为：

$$V' = \nu \times 22.4 \times 10^3 \text{ cm}^3 \tag{3-4-4}$$

而在温度为 T_1 时,压强变为 p_1,则 ν 摩尔的空气体积 V_1 为：

$$\frac{p_1 V_1}{T_1} = \frac{p_0 V'}{T_0} \Rightarrow V_1 = \frac{T_1 p_0 V'}{p_1 T_0} = \frac{\nu \times 22.4 \times 10^3 T_1 p_0}{p_1 T_0} \tag{3-4-5}$$

得：

$$\nu = \frac{p_1 T_0 V_1}{22.4 \times 10^3 p_0 T_1} \tag{3-4-6}$$

则：

$$R = \frac{p_2 V_2}{\nu T_2} \tag{3-4-7}$$

【实验内容】

1. 用一大容器盛水放在电炉上加热待用。
2. 用烧杯盛适量水，将小型水银气压计放入水中，使管内封闭端的空气柱全部浸入水中，记下水的温度，即封闭端空气柱的温度，管内水银面的高度差 h，空气柱的长度 L。
3. 换用不同温度的水 4 次重复步骤 2，将数据记录在表 3-4-1 中。
4. 分别计算各 pV/T 值，验证物态方程。
5. 利用测量值算出普适气体常量，并与标准值比较计算相对误差。

【实验数据及处理】

表 3-4-1 研究物态方程

序号	1	2	3	4	5
空气柱的温度 $t/℃$					
空气柱的长度 L/cm					
水银面的高度差 h/cm					

【注意事项】

烧杯中不同温度的水必须淹没 U 型管封闭端。

实验 3.5　空气比热容比测定

比热容是物性的重要参量，在研究物质结构、确定相变，鉴定物质纯度等方面起着重要的作用。空气比热容比是指空气的定压比热容与定容比热容的比值。本实验将介绍一种较新颖的测量空气比热容比的方法。

【实验目的】

测定空气的定压比热容与定容比热容之比。

【实验仪器与器具】

NCD—ⅡA 型空气比热容比测定仪。

【实验原理】

气体的定压比热容与定容比热容之比：

$$\gamma = \frac{c_p}{c_V} \tag{3-5-1}$$

在热力学过程特别是绝热过程中是一个很重要的参数，测定的方法有很多种。这里介绍一种较新颖的方法，通过测定物体在特定容器中的振动周期来计算 γ 值。实验基本装置如图3-5-1 所示。振动物体小球的直径比玻璃管直径仅小 $0.01 \sim 0.02$ mm。它能在此精密的玻璃管中上下移动，在瓶子的壁上有一小口，并插入一根细管，通过它各种气体可以注入烧瓶中。

钢球 A 的质量为 m，半径为 r（直径为 d），当瓶子内压强 p 满足下面条件时钢球处于力平衡状态。这时：

$$p = p_0 + \frac{mg}{\pi r^2} \tag{3-5-2}$$

式中 p_0 为大气压。

为了补偿由于空气阻尼引起振动物体振幅的衰减，通过 C 管一直注入一个小气压的气流，在精密玻璃管 B 中央开设一个小孔。当振动物体 A 处于小孔下方的半个振动周期时，注入气体使容器的内压力增大，引起物体 A 向上移动，而当物体 A 处于小孔上方的半个振动周期时，容器内的气流将通过小孔流出，使物体下沉。以后重复上述过程，只要适当控制注入气体的流量，物体 A 能在玻璃管 B 的小孔上下作简谐振动，振动周期可利用光电计时装置来测得。

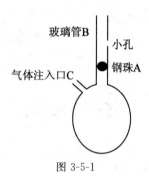

图 3-5-1

若物体偏离平衡位置一个较小距离 x，则容器内的压强变化 Δp，物体的运动方程为：

$$m \frac{d^2 x}{dt^2} = \pi r^2 \Delta p \tag{3-5-3}$$

因为物体振动过程相当快，所以可以看作绝热过程，绝热方程：

$$pV^\gamma = 常数 \tag{3-5-4}$$

将式（3-5-4）求导数，得出：

$$\Delta p = -\frac{p \gamma \Delta V}{V} \tag{3-5-5}$$

其中式（3-5-5）中 $\Delta V = \pi r^2 x$。将式（3-5-5）代入式（3-5-3）得：

$$\frac{d^2 x}{dt^2} + \frac{\pi^2 r^4 p \gamma}{mV} x = 0 \tag{3-5-6}$$

式（3-5-6）即为熟知的简谐振动方程，它的解为：

$$\omega = \sqrt{\frac{\pi^2 r^4 p \gamma}{mV}} = \frac{2\pi}{T} \tag{3-5-7}$$

由式（3-5-7）可得：

$$\gamma = \frac{4mV}{T^2 r^4 p} = \frac{64 mV}{T^2 d^4 p} \tag{3-5-8}$$

式中各量均可方便测得,因而可算出 γ 值。由气体动理论可以知道,γ 值与气体分子的自由度数有关,对单原子气体只有三个平均自由度,双原子气体除上述三个平均自由度外还有 2 个转动自由度。对多原子气体,则具有 3 个转动自由度,比热容比与自由度 f 的关系为 $\gamma = \dfrac{f+2}{f}$。

理论上得出:

单原子气体:$f=3$,$\gamma=1.67$;双原子气体:$f=5$,$\gamma=1.40$;多原子气体:$f=6$,$\gamma=1.33$,且与温度无关。

本实验装置主要是玻璃制成,且对玻璃管的要求特别高,振动物体的直径仅比玻璃管内径小 0.01 mm 左右,因此振动物体表面不允许擦伤,平时它停留在玻璃管的下方(用弹簧托住)。若要将其取出,只需在它振动时,用手指将玻璃管壁上的小孔堵住,稍稍加大气量物体便会上浮到管子上方开口处,就可以方便地取出,或将此管由瓶上取下,将球倒出来。

【实验内容】

1. 接通电源,调节气泵上气量调节旋钮,使小球在玻璃管中以小孔为中心上下振动。调节时需要用手挡住玻璃管上方,以免气流过大将小球冲出管外造成钢珠或瓶子破损。

2. 打开周期计时装置,次数设置为 50 次,按下执行按钮后即可自动记录振动 50 次周期所需的时间。

3. 若不计时或不停止计时,可能光电门位置放置不正确,造成钢珠上下振动时未挡光,或者是外界光线太强,此时须适当挡光。

4. 重复以上步骤 5 次。

本实验提供的玻璃瓶的有效体积为:$(1\,450 \pm 5)\,\text{cm}^3$;小球质量约为 4 g,小球半径约为 5 mm。

【实验仪器介绍】

1. 仪器在使用前应可靠固定,玻璃容器应垂直放置,以免小球振动时碰到管壁,造成测量误差。垂直度可以通过调节玻璃容器本身和底座上的三个螺钉来实现。

2. 气泵的输出通过输气软管接入玻璃容器,连接时注意不要漏气,否则小球不能上下振动。

3. 光电门的输出插头接到计时测试仪的后面板的专用插座上。

4. 气泵的电源插头接到计时测试仪的后面板的二芯插座上,通过接通计时测试仪的前面板的气泵电源开关,可以接通或关闭气泵的电源。

5. 接好仪器的电源,打开后面板上的电源开关,仪器接通电源。

6. 计时测试仪的程序预置周期为 $T=30$(默认值),即:小球来回经过光电门的次数为 $T=2n+1$ 次。据具体要求,若要设置 50 次,先按"置数"开锁,再按上调(或下调)改变周期 T,当达到 $T=50$ 时,再按"置数"锁定。

7. 此时按执行键开始计时,信号灯不停闪烁,即为计时状态,这时数显表显示周期的个数。当小球经过光电门的周期次数达到设定值,数显表头将显示具体时间,单位为"秒"。需要再执行"50"周期时,无须重新设置,只要按"返回"即可回到上次刚执行的周期数,再按"执行"键,便可以第二次计时。当按复位或断电再开机时,程序从头预置 30 次周期。

8. 本计时器的周期设定范围 0~99 次。计时范围为:0~99.99 s,分辨率为 0.01 s。

【实验数据】

表 3-5-1 周期的测量

	1	2	3	4	5	平均
50 个周期 t/s						

【思考题】

1. 注入气体量的多少对小球的运动情况有没有影响?
2. 在实际问题中,物体振动过程并不是理想的绝热过程,这时测得的值比实际值大还是小?为什么?

实验 3.6 用落球法测量液体的黏滞系数

【实验目的】

1. 根据斯托克斯公式用落球法测定液体的黏滞系数。
2. 了解斯托克斯公式的修正方法。

【实验仪器与器具】

液体黏滞系数仪,米尺,游标卡尺,螺旋测微器,秒表,温度计,小钢球,比重计,镊子,蓖麻油,天平。

【实验原理】

当半径为 r 的光滑圆球以速度 v 在液体中运动时,小球受到与运动方向相反的摩擦阻力的作用,这个阻力称为黏滞(阻)力。黏滞力并不是小球和液体之间的摩擦力,而是由于黏附在小球表面的液层与相邻液层之间的内摩擦而产生的。

若小球的半径很小,液体是无限广延且黏性较大;如速度不大,在液体中不产生涡流的情况下,根据斯托克斯定律,小球在液体中受到的黏性力 F 为:

$$F = 6\pi\eta rv \tag{3-6-1}$$

式子中 r 为小球的半径，v 为小球的运动速度，η 为液体的黏滞系数。

本实验采用落球法测液体的黏滞系数。一质量为 m 的小球落入液体后受到三个力的作用，即重力 mg、浮力 $\rho_0 gV$（ρ_0 为液体的密度，V 为小球的体积）和黏滞力 F。在小球刚进入液体时，由于重力大于黏滞力和浮力之和，所以小球作加速运动。随着小球运动速度的增加，黏滞力也增加，设当速度增加到 v_0 时，小球受到的合外力为零，此时有：

$$mg = 6\pi\eta rv_0 + \rho_0 gV \tag{3-6-2}$$

以后小球将以速度 v_0 匀速下降，此速度称为终极速度。将小球的体积 $V = \dfrac{4}{3}\pi\left(\dfrac{d}{2}\right)^3$ 代入式(3-6-2)可得：

$$\eta = \frac{(\rho - \rho_0)gd^2}{18v_0} \tag{3-6-3}$$

式(3-6-3)是奥西斯—果尔斯公式的零级近似，适用于小球在无限广延的液体中运动的情况。而在本实验中，小球是在半径为 R 的装有液体的圆筒内运动的，这时测得的速度 v 和理想条件下的速度 v_0 之间存在如下关系：

$$v_0 = v\left(1 + 2.4\frac{r}{R}\right)\left(1 + 3.3\frac{r}{h}\right) \tag{3-6-4}$$

式中，$r = d/2$，R 为盛液体圆筒的内半径，h 为液体的深度，将式(3-6-4)代入式(3-6-3)中，得出：

$$\eta' = \frac{(\rho - \rho_0)gd^2}{18\left(1 + 2.4\dfrac{r}{R}\right)\left(1 + 3.3\dfrac{r}{h}\right)} \tag{3-6-5}$$

实验时，先由式(3-6-3)求出近似值，再用式(3-6-5)求出经修正的值 η'。

【实验内容】

1. 如图 3-6-1 所示，调节黏滞系数仪底板上的水平调节螺钉，用水准泡指示仪观察，使底板水平。

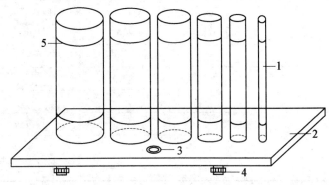

1—六只有机玻璃管；2—底板；3—水平调节螺钉（共三个）；4—水准炮指示仪；
5—刻度线（上下两条）

图 3-6-1 实验装置

2. 用游标卡尺测量液体黏滞系数仪各管直径 D，记入表格。

3. 将 6 个小钢球编号，用布擦干净，用螺旋测微器在 3 个不同的地方测量其直径，求出平均值后待用，数据记录在表格中。

4. 将液体黏滞系数仪各个管内盛装合适高度的待测液体。

5. 将编号待用的小球放在待测液体中浸润后，用镊子夹起已知直径的小钢球，细心地放在最细圆管液体中心上方，然后轻轻放落，使小钢球沿圆管中心轴线下落，用秒表量出小球匀速下落时通过路程 AB（标线 A、B 的位置由实验室确定）所需的时间 t，用米尺测量二标线间的距离 s，则小球的终极速度 $v = s/t$。

6. 依次测出各其他小球在其他各管液体中作落体运动通过 A、B 刻线间距的时间。

7. 用比重计测量待测液体的密度 ρ_0。

8. 根据每个小球所测量的数据，由式（3-6-3）计算出待测液体的黏滞系数 η，并算出其平均值 $\bar{\eta}$。最后用公式（3-6-5）求出 η'。

9. 用温度计测量待测液体的温度，与液体黏滞系数的标准值 η_0 比较算出相对误差。

【注意事项】

1. 实验时，待测液体中应无气泡，小钢球上应无痕迹。

2. 液体的黏滞系数随温度发生变化，在测量液体温度时，温度计的感温泡应置于圆筒上二标线 A 和 B 之间。

【实验数据及处理】

液体温度 $T = _____$ ℃，
液体密度 $\rho_0 = _____$ kg·m^{-3}，
小球密度 $\rho = _____$ kg·m^{-3}。

表 3-6-1 液体黏滞系数的测量

待测量 小球编号	小球直径 d/m	二标线距离 s/m	下落时间 t/s	圆筒内直径 D/m	液体深度 h/m
1					
2					
3					
4					
5					
6					

$\bar{\eta} = _____$ Pa·s，$\eta' = _____$ Pa·s，$\eta_0 = _____$ Pa·s，
$E_r = \dfrac{|\eta' - \eta_0|}{\eta_0} \times 100\% = _____$。

【思考题】

1. 试分析影响实验结果的主要原因是什么?
2. 为了减小误差,应对实验中哪些量的测量方法进行改进?

实验 3.7　拉脱法测液体的表面张力系数

表面张力是液体表面的重要特性,这种应力存在于极薄的表面层内,是液体表面层内分子力作用的结果。液体表面层的分子有从液面挤入液体内的趋势,从而使液体尽量缩小其表面的趋势,整个液面如同一张拉紧了的弹性薄膜。我们将这种沿着液体表面,使液体表面收缩的力称作液体表面张力。作用于液面单位长度上的表面张力称作表面张力系数。测量该系数的方法有:拉脱法、毛细管法和最大气泡压力法等。本书实验介绍用拉脱法测定液体表面张力系数。拉脱法属于直接测量方法。

【实验目的】

1. 学习焦利秤的使用方法。
2. 用拉脱法测量液体的表面张力系数,了解液体的表面特性。

【实验仪器与器具】

焦利秤,Ⅱ型金属丝框,砝码,烧杯,游标卡尺,温度计等。

【实验原理】

设想在液面上有一长为 l 的线段,那么表面张力的作用就表现在线段 l 两边的液面以力 f 相互作用,f 的方向垂直于线段 l,且与液面相切,大小与 l 的长度成正比,即
$$f = \alpha l \tag{3-7-1}$$
式中 α 为液体的表面张力系数,它在数值上等于作用在液体表面单位长度上的力。在国际单位制中,表面张力系数的单位为牛[顿]每米,记为 $N \cdot m^{-1}$。表面张力系数 α 的大小与液体的性质、温度和所含的杂质有关。

如图 3-7-1 所示,将金属丝框垂直浸入水中润湿后往上提起,此时金属丝框下面将带出一水膜。该膜有着两个表面,每一表面与水面相交的线段上都受到大小为 $f = \alpha l$,方向竖直向下的表面张力的作用。要把金属丝框从水中拉脱出来,就必须在金属丝框上加一定的力 F。当水膜刚要被拉断时,则有

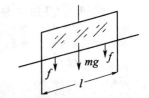

图 3-7-1　拉脱法测液体表面张力

$$F = mg + 2\alpha l \tag{3-7-2}$$

式中 mg 为金属丝框所受的重力。据式(3-7-2)有：

$$\alpha = \frac{F - mg}{2l} \tag{3-7-3}$$

由上式可见，只要测量金属丝框的宽度 l，用焦利秤测出 $F-mg$ 之值，就可用式(3-7-3)算出水的表面张力系数。

【实验仪器介绍】

焦利秤是一种精细的弹簧秤，常用于测量微小的力。如图 3-7-2 所示，带有米尺刻度的圆柱 B 套在中空立管 A 内，A 管上附有游标 V。调节旋钮 P 可使 B 在 A 管内上下移动。B 的横梁上悬挂一个锥型细弹簧 L，弹簧的下端挂着一面刻有水平线 C 的小镜，小镜悬空在刻有水平线 D 的玻璃管中间。小镜下端的小钩用来悬挂砝码盘 G 和金属丝框 H。调节螺旋 S 可让工作平台 E 作上下移动。

使用焦利秤时，通过调节旋钮 P 使圆柱 B 上下移动，从而调节弹簧 L 的升降，目的在于使小镜上的水平刻线 C、玻璃管上的水平刻线 D 以及 D 刻线在小镜中的像 D′ 三者重合（简称"三线对齐"），这样可以保持 C 线的位置不变。应当指出，普通弹簧秤是上端固定，加负荷后向下伸长。而焦利秤是保持弹簧的下端（C 线）的位置不变，则弹簧加负载后的伸长量 Δx 与弹簧上端点向上的移动量相等，它可用圆柱 B 上的主尺和套管 A 上的游标来测量。再根据胡克定律：

$$F = k\Delta x \tag{3-7-4}$$

在已知弹簧劲度系数 k 的条件下，求出力 F 的量值。

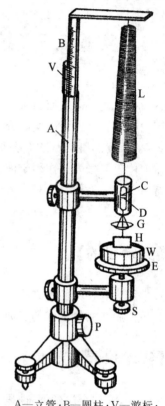

A—立管；B—圆柱；V—游标；
C—镜面标线；D—玻璃管刻线；
L—弹簧；P—升降螺旋；
E—平台；S—平台升降螺钉；
G—砝码盘；H—金属丝框；
W—玻璃皿

图 3-7-2 焦利秤

【实验内容】

一、测量弹簧的劲度系数

1. 挂好弹簧、小镜和砝码盘，使小镜穿过玻璃管并恰好在其中。
2. 调节三足底座上的底脚螺钉，使立管 A 处于铅直状态。
3. 调节升降旋钮 P，使小镜的刻线 C、玻璃管的刻线 D 及 D 在小镜中的像 D′ 三者重合。从游标上读出未加砝码时的位置坐标 x_0。
4. 在砝码盘内逐次添加相同的小砝码 Δm（如取 $\Delta m = 1$ g）。每增添一个砝码，都要调节升降旋钮 P，使焦利秤重新达到"三线对齐"，再分别读出其位置坐标 x_i。

5. 用逐差法处理所测数据，求出弹簧的劲度系数 $\overline{k}$。

二、测量水的表面张力系数

1. 把金属丝框、烧杯和镊子清洗干净，并用蒸馏水冲洗，用镊子将金属丝框挂在小镜下端的挂钩上，同时把装入适量蒸馏水的烧杯置于平台上。

2. 调节平台升降螺旋 S，使金属丝框浸入水中。再调节升降旋钮 P，使焦利秤达到"三线对齐"，记下游标所示的位置坐标 x_0。

3. 调节升降旋钮 P，使金属丝框缓缓上升，同时调节 S 使液面逐渐下降，并保持"三线对齐"。当水膜刚被拉断时，记下游标所示的位置坐标 x。

4. 重复上述步骤 3 次，求出弹簧的伸长量 $x-x_0$ 和平均伸长量 $\overline{(x-x_0)}$，于是有 $F-mg=\overline{k}\cdot\overline{(x-x_0)}$。

5. 记录室温，并用游标卡尺测量金属丝框的宽度 l，测量 3 次。

6. 根据式(3-7-3)算出液体的表面张力系数的平均值 $\overline{\alpha}$，并与标准值比较计算相对误差。

【实验数据及处理】

表 3-7-1　测量弹簧劲度系数　　　　　　　　$\Delta m=$ _____ g

i	m_i/g	x_i/cm	$(x_{i+2}-x_i)$/cm	$\overline{(x_{i+2}-x_i)}$/cm	$\overline{k}/(\text{N}\cdot\text{m}^{-1})$
0					
1			x_2-x_0		
2					
3			x_3-x_1		

表 3-7-2　测量水的表面张力系数　　　　　　　　$t=$ _____ ℃

次数	x_0/cm	x/cm	$(x-x_0)$/cm	$\overline{(x-x_0)}$/cm	L/cm	$\overline{L}$/cm
1						
2						
3						

$\overline{\alpha}=$ _____ N·m^{-1}

【注意事项】

1. 金属丝框，烧杯和烧杯中的蒸馏水必须保持清洁，请勿用手触摸。

2. 不要使锥型弹簧的负载超过规定值(由实验室给出)，以免弹簧变形损坏。

【思考题】

1. 测金属丝框的宽度 l 时，应测它的内宽还是外宽？为什么？

2. 若中空立管不垂直,对测量有何影响？试作定量分析。

实验 3.8　金属线膨胀系数的测定

在工程结构的设计以及材料的加工、仪表的制造过程中,都必须考虑物体的"热胀冷缩"现象,因为这些因素直接影响到结构的稳定性和仪表的精度。

金属的线膨胀是金属材料受热时在一维方向上伸长的现象。线膨胀系数是选材的重要指标。特别是新材料的研制,都得对材料的线膨胀系数作测定。本实验中所用的光杠杆测微小长度的方法,参看"用拉伸法测金属丝的杨氏弹性模量"实验。

【实验要求】

1. 掌握一种测线膨胀系数的方法。
2. 了解光杠杆法测定微小长度的原理和方法。
3. 掌握几种长度测量的方法及其误差分析。
4. 学习用作图法处理数据。

【实验目的】

测定金属的线膨胀系数。

【实验仪器与器具】

GXZ 型导热系数测定仪,尺读望远镜,最小刻度为 0.2 ℃ 的温度计,钢卷尺,游标卡尺,待测金属棒。

【预习思考题】

1. 望远镜的调节分哪几步？
2. 被测金属棒各点温度不一,应如何测量被测金属棒的温度？

【实验原理】

当固体温度升高时,分子间的平均距离增大,其长度增加,这种现象称为线膨胀。长度的变化大小取决于温度的改变、材料的种类和材料原来的长度。实验表明,在一定的温度范围内,原长为 L 的物体,受热后其伸长量 ΔL 与其温度的增加量 Δt 近似成正比,与原长 L 亦成正比,即：

$$\Delta L = \alpha L \Delta t \tag{3-8-1}$$

式中,α 是固体的线膨胀系数。不同的材料,线膨胀系数不同。对同一材料,α 本身与温度稍有关。但从实用的观点来说,对于绝大多数的固体在不太大的温度变化范围内可以把它看作常数。表 3-8-1 是几种常见材料的线膨胀系数。

表 3-8-1 几种材料的线膨胀系数

材料	铜、铁、铝	普通玻璃、陶瓷	殷钢	熔凝石英	蜡
α(数量级)/℃$^{-1}$	$\sim 10^{-5}$	$\sim 10^{-6}$	2×10^{-6}	$\sim 10^{-7}$	$\sim 10^{-6}$

假设温度 t_1 时杆长 L,受热后温度升到 t_2 时杆伸长量为 ΔL,则该材料的线胀系数为:

$$\alpha = \frac{\Delta L}{L(t_2 - t_1)} \tag{3-8-2}$$

可理解为当温度升高 1 ℃时,固体增加的长度和原长度的比,单位为℃$^{-1}$。

式(3-8-2)中 ΔL 是杆的微小伸长量,也是我们主要测量的量。其测量方法类同于实验 2.6 金属丝伸长量的测量方法,采用的是光杠杆放大法。光杠杆放大原理可参看实验 2.6。因此有:

$$\Delta L = \frac{b}{2D}(x_2 - x_1) \tag{3-8-3}$$

式中 x_2、x_1 为 t_2 与 t_1 温度时标尺上对应的读数,D 为镜面到直尺的距离,b 为光杠杆前足尖连线与后足尖之间的垂直距离。

$$A = \frac{2D}{b} \tag{3-8-4}$$

称为光杠杆的放大倍数。本实验中 $D=(1\sim2)$m,$b=(7\sim8)$cm,则放大倍数为 30～50 倍。适当增大 D,减小 b,可增大光杠杆的放大倍数(或称为提高光杠杆的灵敏度)。将式(3-8-3)代入式(3-8-2),可得出光杠杆法测线膨胀系数的公式为:

$$\alpha = \frac{b(x_2 - x_1)}{2LD(t_2 - t_1)} \tag{3-8-5}$$

【实验内容】

1. 实验装置如图 3-8-1 所示。实验前先用卷尺测量金属棒在室温的长度 L,再把被测棒慢慢放入导热系数测定仪的孔中,棒的下端要和基座紧密接触,上端露出筒外。记录实验开始前温度 t_1,温度计放入被测棒内,调节温度计,使其下端长度为 15～20 cm,不要掉入加热管孔内。

2. 光杠杆的两前足放于平台槽内,后足立于被测金属棒顶端,并使三足尖尽可能在一水平面上。

3. 在光杠杆前 2.0 m 左右处放置尺读望远镜,同样保持直尺在铅直方向。调节望远镜看

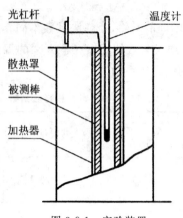

图 3-8-1　实验装置

到直尺的像,要仔细调节以消除叉丝与直尺像之间的视差。读出望远镜叉丝横线或交点在直尺上的位置 x_1。

4. 接通电源加热被测金属棒。每升高一定温度记录一次标尺的读数。

5. 测量直尺到光杠杆镜面的距离 D、将光杠杆在白纸上轻轻压出三个足尖痕迹,用游标卡尺测出后足尖到二前足尖连线的垂直距离 b。

【实验数据及处理】

导热系数测定仪编号＿＿＿＿,光杠杆编号码＿＿＿＿,待测材料:＿＿＿＿。

表 3-8-2　金属线胀系数的测量

温度 t_i/℃						
读数 x_i/cm						
$D=$　　cm		$L=$　　cm			$b=$　　cm	

在实验 2.6 中,已学过用逐差法处理数据,同学们可自行模仿,本实验不作要求。

本实验用作图法处理数据。以 x 为纵轴,温度 t 为横轴,作 x-t 曲线。注意图上的有效数字位数一定要与实验数据的有效数字位数相同,坐标原点的选取要使曲线与纵轴交点落在横轴上方,便于处理数据。

由 $\Delta L = \alpha L \Delta t$ 与 $\Delta L = \dfrac{b}{2D} \Delta x$,可得:

$$\alpha = \frac{b \Delta x}{2LD \Delta t} \tag{3-8-6}$$

式中 $\dfrac{\Delta x}{\Delta t}$ 即为 x-t 曲线的斜率,可在图上求出。

【思考题】

1. 本实验中,式(3-8-5)中哪一个量的测量误差对结果影响最大?在操作时应注意什么?

2. 本实验在温度连续变化的条件下进行时,读标尺应注意什么?
3. 本实验能否任选若干组测量数据?

实验 3.9　液体比热容的测定

【实验目的】

1. 学会用电流量热器法测定液体的比热容。
2. 熟练掌握物理天平和量热器的使用方法。
3. 学习温度计和电流表的使用。

【实验仪器与器具】

电流量热器,温度计,直流稳压电源,电压表,电流表,滑线变阻器,单刀开关,秒表,物理天平,导线等。

【实验原理】

设在量热器中,装有质量为 m、比热容为 c 的液体,液体中安置着阻值为 R_0 的电阻。如果按照实验电路图 3-9-1 连接好电路,然后闭合开关 K,则有电流通过电阻 R_0($=15\ \Omega$),根据焦耳—楞次定律,电阻产生的热量为:

$$Q_{放} = I^2 R_0 t \tag{3-9-1}$$

其中 I 为电流强度,单位用安培;t 为通电时间,单位为 s,则热量 Q 的单位为 J。液体、量热器内筒和铜电极等吸收电阻 R_0 释放的热量 $Q_{放}$ 后,温度升高。若量热器中液体的质量为 m、其比热容为 c;量热器内筒的质量为 m_1,其比热容为 c_1;搅拌器的质量为 m_2,其比热容为 c_2;铜电极的质量为 m_3,其比热容为 c_3。初始温度(包括量热器及其附件)为 T_1,加热终了的温度为 T_2,则有:

$$Q_{吸} = (cm + c_1 m_1 + c_2 m_2 + c_3 m_3)(T_2 - T_1) \tag{3-9-2}$$

因为

$$Q_{放} = Q_{吸} \tag{3-9-3}$$

所以

$$I^2 R_0 t = (cm + c_1 m_1 + c_2 m_2 + c_3 m_3)(T_2 - T_1) \tag{3-9-4}$$

由式(3-9-4)得液体比热容为:

$$c = \frac{1}{m}\left(\frac{I^2 R_0 t}{T_2 - T_1} - m_1 c_1 - m_2 c_2 - m_3 c_3\right) \tag{3-9-5}$$

如果计算出 $Q_{放}=I^2R_0t$，再称出待测液体、量热器内筒和搅拌器的质量 m、m_1 和 m_2，铜电极的质量 m_3 给出，并测出温度 T_1、T_2，就由式(3-9-5)可得到待测液体的比热容 c。(c_1、c_2、c_3 的比热容值及 m_3 由实验室给出）

【实验仪器介绍】

图 3-9-1 为实验装置图。中间为电流量热器。该量热器为一种有绝热层的量热器，量热器的内筒、外筒、内套都是用热的良导体做成的，内筒置于量热器的绝热层内，所以，向外界传递的热量损失可以降到很小。这样，在做实验时，把量热器及待测液体组成的系统，看成一个孤立的系统。

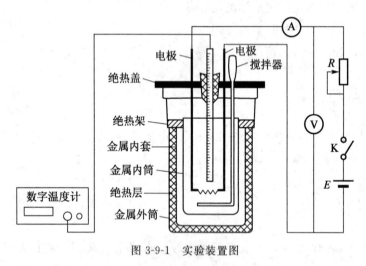

图 3-9-1 实验装置图

【实验内容】

1. 按照图 3-9-1 连接电路。
2. 用物理天平称出量热器内筒、搅拌器的质量。
3. 给量热器内筒加入约为内筒容积 2/3 的待测液体，再用物理天平称出质量，从而计算出待测液体的质量。
4. 将量热器内筒放入量热器中，注意不要将液体溅出，插好温度计，盖好盖子。
5. 打开电源开关，调节电源电压在 15 V 左右，观察电流表电流(约 1 A)，然后断开开关 K，轻轻搅动搅拌器，读取温度计的读数 T_1。
6. 按下开关 K，开始加热的同时，按下秒表开始计时。
7. 不断用搅拌器搅动，使整个量热器内各处的温度均匀。待温度升高 5 ℃左右时，切断电源，同时记下温度 T_2，并停止计时。
8. 记录数据代入公式计算。

【实验数据及处理】

表 3-9-1　液体比热容的测定

$R_0 =$　　$c_1 =$　　$c_2 =$　　$c_3 =$

物理量	m/g	m_1/g	m_2/g	m_3/g	T_1/℃	T_2/℃	t/s	I/A
测量值								

【注意事项】

1. 温度计插到水面以下即可,不要插得很深。
2. 实验完毕立即将内筒中的液体倒掉,以免腐蚀电极。
3. 实验中物理天平称量时,既要准确又要注意安全。

【思考题】

分析实验中产生误差的原因?采取哪些措施减小误差?

第 4 章 电磁学实验

实验 4.1 电阻的伏安特性研究

伏安法测电阻,方法简单,使用方便。但由于电表内阻的影响,测量精度不很高,存在明显的系统误差。本实验根据电阻值不同的精度要求,采用不同的测量方法。从伏安特性曲线所遵循的规律,可以得出该元件的导电特性,以便确定它在电路中的作用。

【实验要求】

1. 练习使用电压表、电流表,掌握各元件伏安特性的测量方法,了解其系统误差,正确选择电路。
2. 掌握作图法处理实验数据。

【实验目的】

测绘线性电阻和晶体二极管的伏安特性曲线。

【实验仪器与器具】

直流电源,滑线变阻器,微安表,毫安表,电压表,待测电阻和晶体二极管,开关及导线。

【预习思考题】

(1) 伏安法测电阻时,系统误差主要有哪些来源?
① 电压表或电流表的读数不准;
② 电压表和电流表不配套;
③ 电压表和电流表的内阻对测量的影响不可忽略;
④ 电源电压不稳定。
(2) 用伏安法测电阻时,当待测电阻为几千欧、几欧时,分别应用哪种电路?

①电流表与待测电阻先串联后再一起与电压表并联；
②待测电阻与电压表并联后再与电流表串联；
③电流表与电压表并联后再与待测电阻串联。

【实验原理】

当直流电流通过待测电阻 R_x 时，用电压表测出 R_x 两端电压 U，同时用电流表测出通过 R_x 的电流 I，根据欧姆定律 $R=U/I$ 算出待测电阻 R_x 的数值，这种方法称为伏安法。以测得电压值为横坐标，相对应的电流值为纵坐标作图，所得流过电阻元件的电流强度随元件两端电压变化的关系曲线，称为电阻的伏安特性曲线。若所得结果是一直线，这类元件称为线性电阻（如金属膜电阻）；若不是直线，而是一条曲线，则这类元件称为非线性电阻（如二极管），如图 4-1-1(a)、(b)所示。

要测得一个元件的伏安特性曲线，就应该同时测量流过元件的电流及元件两端的电压。其电路连接有两种可能，分别如图 4-1-2 和图 4-1-3 所示。前者称为电流表内接，后者称为电流表外接。由于电表的影响，无论哪种接法，都会产生接入误差，下面对它们进行分析。

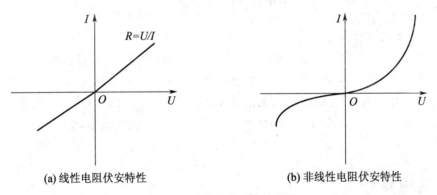

(a) 线性电阻伏安特性   (b) 非线性电阻伏安特性

图 4-1-1 电阻的伏安特性曲线

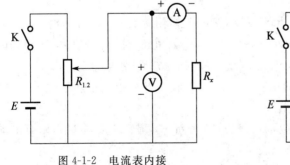

图 4-1-2 电流表内接

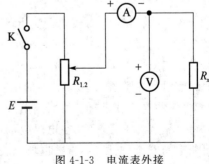

图 4-1-3 电流表外接

1. 电流表内接

如图 4-1-2 所示，所测电流是流过 R_x 的电流，但所测电压是 R_x 和电流表上电压之和。设电流表内阻为 R_A，由欧姆定律，电阻的测量值：

$$R_{测} = \frac{U}{I} = \frac{U_x + U_A}{I_x} = R_x + R_A$$

其相对误差：

$$E_1 = \frac{\Delta R_x}{R_x} = \frac{R_{测} - R_x}{R_x} = \frac{R_A}{R_x}$$

此误差是由于电流表有内阻 R_A 引起的。可见用图 4-1-2 电流表内接时，测得的结果值 $R_{测}$ 比实际值 R_x 偏大。只有当 $R_x \gg R_A$ 时，用 $R_x \doteq U/I$ 近似，才能保证有足够的准确度。R_A 的值一般比较小，约为几欧或更小。此法测比较大的电阻（$R_x/R_A > 100$），产生的误差就不大。

2. 电流表外接

如图 4-1-3 所示，所测电压是 R_x 两端电压，但所测电流是电压表上电流和 R_x 上电流之和。设电压表的电阻为 R_V，则电阻的测量值为：

$$R_{测} = \frac{U}{I} = \frac{U}{U\left(\frac{1}{R_V} + \frac{1}{R_x}\right)} = \frac{R_V R_x}{R_V + R_x}$$

其相对误差为：

$$E_2 = \frac{|\Delta R_x|}{R_x} = \frac{|R_{测} - R_x|}{R_x} = \frac{R_x}{R_x + R_V}$$

此误差是由于电压表有内阻引起的，可见用图 4-1-3 电流表外接时，测得的电阻 $R_{测}$ 比实际值 R_x 偏小。只有当 $R_V \gg R_x$ 时，这种接法用 $R_x \doteq U/I$ 近似，才能保证足够的准确度。R_V 的值一般比较大，在几千欧以上，因此测比较小的电阻比如几十欧以下，产生的误差就不大。

综上所述，由于电表的内阻存在，使得测量总存在一定的系统误差，究竟采用哪种接法，必须事先对 R_x、R_A、R_V 三者的相对大小有个粗略的估计，从而使所选取的电路测得的结果有足够的准确度。

【实验内容】

1. 测量线性电阻的伏安特性

(1) 选择电路：已知电压表内阻为几十千欧，毫安表内阻为几十欧，待测电阻 R_x 为几十欧，选择合适电路，使测得的 R_x 误差较小。按图 4-1-3 连好电路，注意选择好电压表和电流表的量程，滑动变阻器触头处在电压表电压最小处。经教师检查后，接通电源。

(2) 调节滑动变阻器，改变 R_x 上的电流、电压，注意勿使电表指针偏转超过电表量程，分别读出相对应的电流、电压值，将数据填入表 4-1-1 中。

(3) 将电压调为零，改变加在电阻上的电压方向（可将 R_x 调转 180°连接），调节滑动变阻器，读出相应的电流、电压值，将数据填入表 4-1-1 中。

(4) 以电压为横坐标，电流为纵坐标，绘出电阻的伏安特性曲线。

2. 测量半导体二极管的伏安特性

(1) 测二极管的正向伏安特性：当二极管加正向电压时，管子呈低阻状态，采用电流表外接法，按图 4-1-4 连接电路，电压表量程取 1 V 左右。经教师检查后，接通电源从 0 V 开始缓慢地增加电压（如取 0.1 V，0.2 V，…），在电流变化大的地方，电压间隔应取小一些，读出相应的电流值,直到流过二极管的电流为其允许最大电流 I_{max} 为止,将数据填入表4-1-2中,最后断开电源。

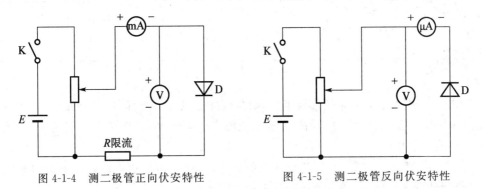

图 4-1-4　测二极管正向伏安特性　　　　图 4-1-5　测二极管反向伏安特性

(2)测二极管的反向伏安特性:当二极管加反向电压时,管子呈高阻状态,采用电流表内接法,按图 4-1-5 连接电路。将毫安表换成微安表,电压表量程为 50 V。经教师检查后,接通电源,调节变阻器逐步改变电压(如取 2.00 V,4.00 V,…)读出相应的电流值,并填入表 4-1-2 中。

(3)以电压为横轴,电流为纵轴,绘出二极管的伏安特性曲线。因正向电流数值为毫安,反向电流数值为微安,在纵轴上半段和下半段坐标纸上每小格代表的电流值可以不同,分别标注清楚。

【注意事项】

1.电流表一定要串联在电路上,经教师检查后,方可进行实验。
2.测二极管正向伏安特性时,毫安表读数不得超过二极管最大允许电流。
3.测二极管反向伏安特性时,加在管上的反向电压不得超过反向击穿电压。

【实验数据及处理】

1.线性电阻的伏安特性

表 4-1-1

次数	1	2	3	4	5	6	7	8
正电压/V								
电流/mA								
负电压/V								
电流/mA								

2.测二极管的伏安特性

表 4-1-2

次数	1	2	3	4	5	6	7	8
正电压/V								

续表

次数	1	2	3	4	5	6	7	8
电流/mA								
负电压/V								
电流/mA								

数据处理：

(1) 电流 I 为纵坐标，电压 U 为横坐标，绘制线性电阻、二极管的伏安特性曲线，注意坐标比例的选取。由于正、反电压的变化幅度和电流的变化幅度不同，应选取不同的比例，便于曲线能反映出测量的精度。

(2) 测量二极管正向电压时，因为电压表的接入，需注意电压表内阻值。如会引起实验误差，则应通过计算进行修正，并在上述图纸上画上修正曲线。

(3) 从二极管曲线上取若干电压（如 0.500 V，0.750 V）时的电阻值。

【思考题】

1. 伏安法测电阻的接入误差是由什么因素引起的？电阻的伏安特性曲线的斜率表示什么？

2. 实验时，用电流表、电压表测 30 Ω、2 kΩ、1 MΩ 电阻时，应采用哪种线路？

实验 4.2　电表的改装和多用表的使用

实验 4.2.1　电表的改装与校准

电流计（表头）一般只能测量很小的电流和电压，若要用它来测量较大的电流和电压，就必须进行改装来扩大量程。各种多量程、多功能的电表（如万用表等）都是用表头改装、校准制作而成的。

【实验目的】

将给定的表头改装成某量程的电流表和电压表。

【实验仪器与器具】

表头，标准微安表，标准毫安表，标准电压表，电阻箱，滑线变阻器，直流电源，开关，导线等。

【预习思考题】

1. 如何测表头的内阻 R_g？
2. 能否把表头改装成任意量程的表？为什么？
3. 在校准量程时，如改装表读数偏高或偏低，应怎样调节分流电阻或分压电阻？

【实验原理】

1. 表头内阻的测定

要改装电表，必须要知道电表的内阻。测电表内阻的方法很多，下面仅介绍半值法和替代法。

(1) 半值法。

测量线路如图 4-2-1 所示。图中 G 为待测表头，G_0 为微安表，r 为滑线式变阻器作分压器用，R 为电阻箱，E 为直流稳压电源。断开 K_2，合上开关 K_1，将滑动变阻器的滑动头 C 从最下的 B 端向 A 端移动，使 G 满偏，记下 G 和 G_0 的读数。再合上 K_2，改变电阻箱 R 的阻值和滑动变阻器 r 的滑动头 C 的位置，使 G_0 的读数保持不变，G 的读数为原值的一半，这时流过电阻箱 R 上的电流与流过表头 G 的电流相等，则电阻箱 R 上的指示数与表头内阻相等 $R=R_g$。

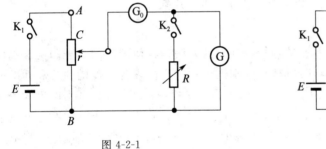
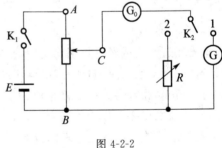

图 4-2-1　　　　　　　　　图 4-2-2

(2) 替代法。

测量线路如图 4-2-2 所示。将开关 K_2 扳向 1 端，合上开关 K_1，调节滑线变阻器滑动头 C，改变输出电压，使 G 满度（或某适当值），记下 G_0 的读数。断开 K_1，将 K_2 倒向 2 端，把电阻箱先调到 4 000 Ω 左右，合上 K，调节电阻箱 R 的值，使 G_0 保持原值不变，这时电阻箱 R 上的指示数等于表头内阻 $R=R_g$。

2. 用表头改装成电流表

表头只用来测量小于其量程的电流，如欲测量超过其量程的电流，就必须扩大其量程，扩大量程的方法是在表头的两端并联一个分流电阻 R_s，如图 4-2-3 所示。图中虚线框内的表头和 R_s 组成一个新的电流表。

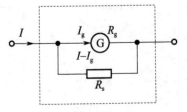

图 4-2-3

设新电表量程为 I，则当流入电流为 I 时，由于流入表头的电流为 I_g，所以流入分流电阻 R_s 上电流为 $I-I_g$，因电表与 R_s 并联，则有：

$$I_g R_g = (I - I_g) R_s$$

R_g 是表头的内阻。由上式可算出应并联的分流电阻为：

$$R_s = \frac{I_g}{I - I_g} R_g \quad (4\text{-}2\text{-}1)$$

令 $\frac{I}{I_g} = n$，n 称量程的扩大倍数，则分流电阻为：

$$R_s = \frac{1}{n-1} R_g$$

当表头规格 I_g、R_g 已知，根据所要扩大的倍数 n，就可算出 R_s。同一电表，并联不同的分流的电阻，可得到不同量程的电流表。

3. 用表头改装成电压表

表头的满度电压也较小，仅为 $U_g = I_g R_g$，一般在 $10^{-2} \sim 10^{-1}$ V 量级，若要用它测量较大的电压，要在表头上串联分压电阻 R_p 来实现，如图 4-2-4 所示。虚线框中的电表和 R_p 组成一量程为 U 的电压表。

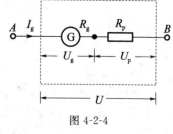

图 4-2-4

因为 $U = U_g + U_p$，$U_g = I_g R_g$，$U_p = I_g R_p$，所以

$$R_p = \frac{U}{I_g} - R_g \quad (4\text{-}2\text{-}2)$$

当表头的 I_g、R_g 已知时，根据需要的伏特计量程，由式(4-2-2)可以计算出应串联的电阻。同一电表串联不同的分压电阻 R_p，就可以得到不同量程的电压表。

4. 改装表的校准

电表经过改装或经过长期使用后，必须进行校准。其方法是将待校准的电表和一准确度等级较高的标准表同时测量一定的电流或电压，分别读出被校准的表各刻度的值 I 和标准表所对应的值 I_s，得到各刻度的修正值：$\delta I = I_s - I$，以 I 为横坐标，δI 为纵坐标画出电表的校正曲线，两个校准点之间用直线连接，整个图形是折线状如图 4-2-5 所示。以后使用这个电表时，根据校准曲线可以修正电表的读数，得到较准确的结果。由校准曲线找出最大误差 δI_m，可计算出待校准电表的准确度等级 K。

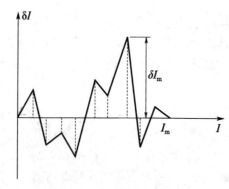

图 4-2-5

电表等级标志着电表结构的好坏，低等级的电表其稳定性、重复性等性能都要差些。所以，校准也不可能大幅度地减小误差，一般只能减小半个数量级，而且如果电表使用的环境和

校准的环境不同或校准日期过久,校准的数据也会失效。

【实验内容】

1. 表头内阻 R_g 的测定

用半值法或替代法测表头内阻,实验内容及方法见前面实验原理 1。

2. 将给定表头改装成 1 mA 的电流表,并校准

(1)按图 4-2-6 连接线路,根据式(4-2-1)计算出分流电阻的阻值 R_s,并在电阻箱上调出 R_s 的值,同时调节滑线变阻器 r 至阻值较小的位置(靠近 B)。

(2)校准标准表和改装表 G 的机械零点。

(3)闭合电源开关 K,调节 r,使标准表的示数为 1 mA,观察被改装表 G 是否刚好满标度,若不是,调节 R_s 使标准表为 1 mA 时表头正好满标度,记下此时电阻箱的读数 R'_s,R'_s 为分流电阻的实际读数。

(4)电流表的校准。调节 r,使表头示数(取整格数)逐次变小,记下对应的标准电流表的读数 I_s。然后,再使表头示数逐次增大,记下对应标准电流表的读数 I'_s。分别取其平均值 $\left(\overline{I}_s=\dfrac{I_s+I'_s}{2}\right)$。根据改装表和标准表的对应值,算出各点的修正值 $\delta I=\overline{I}_s-I$,在坐标纸上画出以 δI 为纵坐标,I 为横坐标的 δI-I 校正曲线,并计算改装后电流表的准确度等级 K。

3. 将给定表头改装成 3 V 的电压表,并校准

(1)按图 4-2-7 连接线路,根据式(4-2-2)计算出串联电阻 R_p,并在电阻箱上调出 R_p 的值,同时调节 r 使 BC 两端电压在较小的位置。

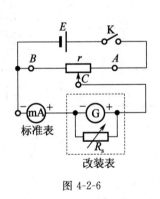

图 4-2-6

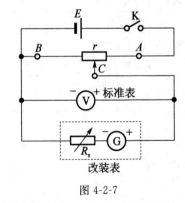

图 4-2-7

(2)标准表、表头机械调零。

(3)闭合电源开关,调节 r,同时适当调节 R_p,使标准电压表读数为 3 V,使表头指针偏转满标度。记下此时的 R'_p。

(4)校准电压表。调节 r,使表头示数逐次变小(取整数格数),记下对应标准伏特表的读数 U_s,然后,再使电表示数逐次增加,记下对应标准伏特表读数 U'_s。分别取其平均值 $\overline{U}_s=\dfrac{1}{2}(U_s+U'_s)$。根据改装表和标准表的对应值,算出各点的修正值 $\delta U=\overline{U}_s-U$,在坐标纸上

面上以 δU 为纵坐标，U 为横坐标的校正曲线。并计算改装后电压表的准确度等级 K。

【实验数据及处理】

1. 改装量程 1 mA 的电流表

数据表格如表 4-2-1 所示。

表 4-2-1

表头示数（格）	50.0	40.0	30.0	20.0	10.0	0.0
标准表读数 $I_{s\to}$/mA（电流减小）						
标准表读数 $I'_{s\to}$/mA（电流增大）						
标准表读数平均值 $\bar{I}_s$/mA						
修正值 $\delta I = \bar{I}_s - I$/mA						
改装表读数 I/mA	1.00	0.80	0.60	0.40	0.20	0.00
改装表等级 $K = \dfrac{\|\delta I\|_{\max}}{量程} \times 100$						

2. 改装量程为 1 V 的电压表

数据表格如表 4-2-2 所示。

表 4-2-2

表头示数（格）	50.0	40.0	30.0	20.0	10.0	0.0
标准表读数 $U_{s\to}$/V（电压增大）						
标准表读数 $U'_{s\to}$/V（电压减小）						
标准表读数平均值 $\bar{U}_s$/V						
修正值 $\delta U = \bar{U}_s - U$/V						
改装表准确度读数 U/V	1.00	0.80	0.60	0.40	0.20	0.00
改装表准确度等级 $K = \dfrac{\|\delta U\|_{\max}}{量程} \times 100$						

3. 参数设计

数据表格如表 4-2-3 所示。

表 4-2-3

表头参数		分流电阻/Ω		分压电阻/Ω	
满刻度电流 $I_g/\mu A$	内阻 R_g/Ω	计算值 R_s	实际值 R'_s	计算值 R_p	实际值 R'_p

4. 作 δI-I 校正曲线与 δU-U 校正曲线

校正曲线应是各点逐次连接的折线。

【思考题】

1. 为什么校准电表时需要把电流(或电压)从大到小做一遍又从小到大做一遍？如果两者完全一致说明什么？两者不一致又说明什么？
2. 在 20 ℃时校准的电表拿到 30 ℃的环境中使用，校准是否仍然有效？这说明校准和测量之间有什么应注意的问题？
3. 要测量 0.5 A 的电流，用下列哪个安培表测量误差最小？从结果的比较中得出什么结论？
   ① 量程 $I_m=3$ A，等级 $K=1.0$ 级。
   ② 量程 $I_m=1.5$ A，等级 $K=1.5$ 级。
   ③ 量程 $I_m=1$ A，等级 $K=2.5$ 级。
4. 使用各种电表应注意哪些事项？
5. 电表改装前后，表头允许流过的最大电流和允许加在两端的最大电压是否发生变化？

实验 4.2.2 多用表的使用

多用表亦称万用表，它是把多量程的交、直流电流、电压以及欧姆表组合在一起的电工仪表。多用表种类繁多，基本上可分为两大类：指针式和数字显示式。

【实验要求】

1. 初步了解多用表的结构和原理。
2. 掌握多用表的使用方法，特别是欧姆挡的使用方法。

【实验目的】

1. 练习使用万用表。
2. 用万用表测电压和电阻。

【实验仪器与器具】

500 型指针式万用表，直流电源，滑线变阻器，变压器，电阻和导线若干。

本实验中所采用的 500 型指针式万用表，是一种高灵敏度、多量程携带式整流系仪表，它共有 24 个测量量限，能分别测量交、直流电压，直流电流，直流电阻及音频电平，适宜于无线电、电信及电工中的测量、维修之用。它主要由表头、转换开关、测量电路三部分组成。外形如图 4-2-8 所示。

使用方法介绍：

(1) 零位的调整：使用之前应注意指针是否指在零位，若不指在零位时，应调整零位调节器

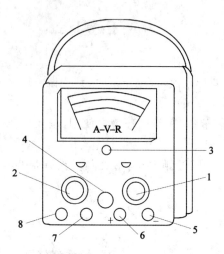

1、2—电流、电压、电阻测量挡选择旋钮;3—仪表指针零位调整器;
4—电阻挡零位调整器;5、6—测量表棒插孔;5、7—音频电平
专用表棒插孔;5、8—交、直流 2 500 V 高电压专用插孔

图 4-2-8 500 型万用电表面板图

使指针指零。

(2)直流电压测量:将测量杆红色短杆插在正插口,黑色短杆插在负插口,将选择旋钮旋至对应的位置上,即功能选择置于"$\underline{V}$",量程选择到"$\underline{V}$",并选择合适的量程。如果不能确定被测电压的大概值,应先将量程选旋至最大量限上,根据电表指针的偏转情况,再选择合适的"$\underline{V}$"挡。

(3)交流电压测量:将功能选择置于"$\underline{V}$",量程选择拨到"$\underline{V}$",其余同(2)。除 10 V 挡用专用刻度 10 V 读数外,其余均用 ≃ 标记的刻度线读数。

(4)电阻测量:将功能选择置于"Ω",量程选择拨到适当位置。先将测量杆两端短路,调节电位器(即电阻挡零位调整器)使指针在 0 Ω 位置上,再将测量杆分开,测量未知电阻值,用 Ω 标记的刻度线读数,被测值为读数乘以所选量程的数量级。为了提高测量的准确度,指针最好指在中间一段刻度位置,即全刻度的 20%～80% 弧度。每次改变量程时,都要重新"校零"。

本仪表适合在室温 0～40 ℃,相对湿度为 85% 以下的环境中工作。主要性能如表 4-2-4 所示。

表 4-2-4

量程	测量范围	灵敏度	精度等级	基本误差
直流电压	0 V～2.5 V～10 V～50 V～250 V～500 V	20 kΩ/V	2.5	±2.5%
	2 500 V	4 kΩ/V	4.0	±4%
交流电压	0 V～10 V～50 V～250 V～500 V	4 kΩ/V	4.0	±4%
	2 500 V	4 kΩ/V	5.0	±5%
直流电流	0 mA～50 μA～1 mA～10 mA～100 mA～500 mA	—	2.5	±2.5%
电阻	0 Ω～2 kΩ～20 kΩ～200 kΩ～2 MΩ～20 MΩ	—	2.5	±2.5%
音频电平	－10 dB～+22 dB	—	—	—

【实验原理】

1. 直流电流挡

如图 4-2-9 所示，系采用闭路抽头转换式分流电路来改变电流的量程。测量电流从"＋"、"－"两端进出，分流电阻与表头组成一闭合电流。改变转换开关的位置，就改变了分流器的电阻，从而也就改变了电流量程。

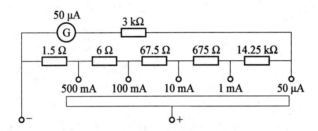

图 4-2-9　直流电流的测量

2. 直流电压挡

如图 4-2-10 所示，被测电压加在"＋"、"－"两端，各分压电阻采用串接抽头方式，量程越大，分压器电阻也越大。

电压表的内阻愈高，从被测电路取用的电流愈小，对被测电路的影响也就愈小。电表的灵敏度就是用电表的总内阻除以电压量程来表明这一特征的。如 500 型万用表在直流电压 50 V 挡上，电表的总内阻为 1 000 kΩ，则该挡的灵敏度为 $\dfrac{1\ 000\ \text{kΩ}}{50\ \text{V}} = 200\ \text{kΩ/V}$。

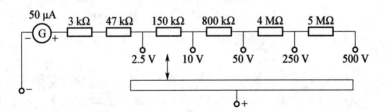

图 4-2-10　直流电压的测量

3. 交流电压挡

如图 4-2-11 所示，由于磁电式仪表只能测量直流，测量交流时，则必须附有整流元件，即图中的半导体二极管 D_1 和 D_2。二极管只允许一个方向的电流通过，反方向的电流不能通过。被测交流电压也是加在"＋"、"－"两端。在正半周时，设电流从"＋"端流进，经二极管 D_1 部分电经表头流出；在负半周时，电流直接经 D_2 从"＋"端流出。可见，通过表头的是半波电流，读数应为该电流的平均值。为此表中有一交流调整电位器（图 4-2-11 的 2.2 kΩ 电阻），用来改变表盘刻度。这样，指示读数便被折换为正弦电压的有效值。至于量程的改变，则和测量直流电压时相同。$R_1,R_2,\cdots$ 是分压器电阻。

万用表交流电压挡的灵敏度一般比直流电压挡的低。500 型万用表交流电压挡的灵敏度

为 $4 \text{ k}\Omega/\text{V}$。

普通万用表只适于测量频率为 $45\sim1\,000 \text{ Hz}$ 的交流电压。

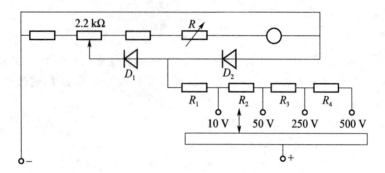

图 4-2-11　交流电压的测量

4. 直流电阻挡

当转换开关置于 Ω 挡时,多用表可用来测量电阻,它共有 $\times 1$、$\times 10$、$\times 100$、$\times 1\text{k}$、$\times 10\text{k}$ 五挡量程,测量结果用指针读数乘以所用倍率,即为被测电阻。

欧姆计的原理线路如图 4-2-12 所示。根据全电路欧姆定律,有：

$$I_x = \frac{\varepsilon}{R_g + R + R_x} \quad (4\text{-}2\text{-}3)$$

由于 ε, R_g, R 为定值,故：

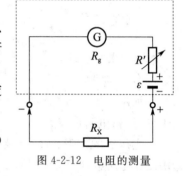

图 4-2-12　电阻的测量

$$I_x = f(R_x) \quad (4\text{-}2\text{-}4)$$

这样,只要将表头刻度盘电流读数改标成相应的电阻 R_x 的数值,就可用来测量电阻了。当 $R_x = 0$ 时,通过电流为最大;当 $R_x = \infty$ 时,电流为零。因此欧姆表的刻度同直流电流刻度方向是相反的。又由于工作电流 I 与被测电阻 R_x 不成比例关系,所以就造成了欧姆表的刻度是不均匀的特点。

从图 4-2-12 中分析,$R_g + R'$ 实际上是从测量端子看进去的电表的等效内阻。将表棒短路调 R' 作"Ω 校正",即指针指满度,简称"校零"。如果被测电阻刚好等于这个电路的等效内阻时,电路的总电阻就比"校零"时增加 1 倍,所以通过表头的电流刚好是"校零"时的一半,即指针指在表面的正中,这就是表面的中心阻值,亦称为欧姆中心。因此,欧姆计的某挡总内阻即为该挡的欧姆刻度中心值。在设计和制作欧姆计时,它是一个关键数值。

【实验内容】

1. 测量直流电压

按图 4-2-13 接好线路,将多用表功能选择置于"$\underline{V}$",量程选择拨到"$\underline{V}$",分别用 10 V 和 2.5 V 量程挡测量 U_{ab}、U_{bd}、U_{cd}、U_{bc} 及 U_{ad} 5 个电压并与理论值比较,将数据记入表 4-2-5 中。

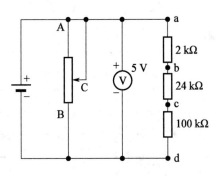

图 4-2-13　测量直流电压线路图

2．测量电阻

如图 4-2-14 所示，将图 4-2-13 所示线路电源断开并取下电阻元件接线板（注意不能在不断电不拆线的情况下测量电阻），将多用表功能选择置于"Ω"，量程选择用×100、×1k 和×10k 挡分别测量标称值为 2 kΩ、24 kΩ 和 100 kΩ 的 3 个电阻，结果记入表 4-2-6 中。

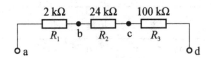

图 4-2-14　被测电阻图

3．校准欧姆计

多用表的功能选择同步骤 2，量程选择用×100 挡，将多用表的两测量棒分别与电阻箱上标有"0"和"99 999.9Ω"字样的两接线柱连接，按表 4-2-7 中所列数据进行校准，并对该挡位的中值电阻校准之。

4．测量交流电压

将小型变压器初级接在 220 V 交流电源上，多用表功能选择置于"$\underline{V}$"，量程选择拨到"$\underline{V}$"，并用 10 V 挡，将多用表两测量棒插入小型变压器次级输出的两插孔内，测出次级线圈的输出电压，记入表 4-2-8 中。

【注意事项】

1．多用表正在测量时，不能转动量程、功能转换旋钮，以免产生电弧烧坏开关触头。

2．500 型万用表系采用左、右（即图 4-2-8 中 1，2）两只选择旋钮交替选择功能和量程，容易弄错，故使用时要小心、谨慎。若测量交流电压时将选择旋钮选在"Ω"挡，就会立即烧坏仪表。

3．电压、电流刻度在某些挡位需要折算，使用时要弄清其最小分度值表示的读数。

4．测量电阻时，必须将被测电路中的电源切断，切勿带电测量电阻。

5．使用交、直流 2 500 $\underline{V}$ 量程进行测量时，应采用单手操作的方式进行，严防触电、电击事故发生。

6．仪表用完后，应将选择旋钮 1，2 转到"·"位置上，使仪表测量偏转线圈短路，形成阻尼。

【实验数据及处理】

表 4-2-5 直流电压的测量

测量对象	U_{ad}/V	U_{bd}/V	U_{cd}/V	U_{bc}/V	U_{ab}/V
多用表量程					
理论值					
测量值					

表 4-2-6 电阻的测量

测量对象	R_1/Ω	R_2/Ω	R_3/Ω
欧姆计量程			
标称值			
测量值			

表 4-2-7 校准欧姆计

欧姆计刻度	500	600	700	800	900	1k	2k	3k	4k
电阻箱的标称值/Ω									

中值电阻标称值 1 kΩ,电阻箱校准中值电阻值＝　　kΩ。

表 4-2-8 交流电压的测量

变压器次级电压标称值/V	
测量值/V	

实验 4.3 电桥原理与使用

【实验目的】

1. 了解单双臂电桥的测量原理及特点。
2. 学会使用电桥测量电阻的方法。

【实验仪器与器具】

稳压电源,检流计,直流单双臂电桥。

【实验原理】

1. 单臂电桥的线路原理

单臂电桥的电路原理图如 4-3-1 所示,4 个电阻 R_1、R_2、R_x 和 R_0 连成一个四边形,每一条边称作电桥的一个臂。对角 A 和 C 上加电源 E,对角线 B 和 D 之间连接检流计 G,所谓"桥"就是指 BD 这条对角线而言,它的作用是将"桥"的两个端点的电位直接进行比较,当 B、D 两点的电位相等时,检流计中无电流通过($I_g=0$),这时称电桥达到了平衡。

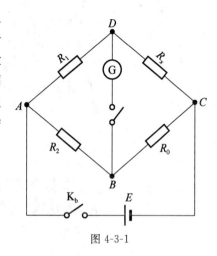

图 4-3-1

当电桥平衡时,因 $I_g=0$,所以

$$I_1 = I_x, I_2 = I_0 \qquad (4\text{-}3\text{-}1)$$

又因 D、B 两点电位相等,根据欧姆定律有:

$$I_1 R_1 = I_2 R_2, \quad I_x R_x = I_0 R_0 \qquad (4\text{-}3\text{-}2)$$

因此可得:

$$R_x = \frac{R_1}{R_2} R_0 \qquad (4\text{-}3\text{-}3)$$

此时,当电桥平衡时,电桥相邻臂电阻之比值相等,或对臂电阻之乘积相等,若 R_1、R_2、R_0 为已知,R_x 即可由式(4-3-3)求出。式中 $R_1/R_2=N$ 称为比率臂倍率,则:

$$R_x = NR_0 \qquad (4\text{-}3\text{-}4)$$

通常比率臂倍率 N 为 10 的整数次方,如 0.001、0.01、0.1、1、10、100、1 000,可方便地求 R_x。N 的选择:由 $R_x = NR_0$ 可知,R_x 的有效位数由 N、R_0 的有效位数来决定,如果 R_1/R_2 的精度足够高,使比值 N 具有足够的有效位,视为常数,则 R_x 由 R_0 来决定,因此 $N=R_x/R_0$。

电桥的实质是把未知电阻和标准的已知电阻相比较。标准电阻的误差很小,因此用电桥测量电阻可以达到很高的精确度。所以要注意的是利用式(4-3-3)时,电桥是平衡的。

2. 双臂电桥线路原理

由于导线电阻和接触电阻(数量级为 $10^{-2}\sim10^{-5}$ Ω)的存在,用惠斯通电桥测量 1 Ω 以下的低电阻时误差很大,为了减少误差,改进为双臂电桥。双臂电桥原理如图 4-3-2 所示,R_1、R_2、R_3 及 R_4 多个电阻组成,R_x 为待测电阻,R_0 为标准电阻,r 为一短路跨线,现考虑电桥平衡时的情形,当电桥平衡时,检流计中无电流通过,因此流过电阻 R_1 与 R_2 的电流相等为 I_1,流过电阻 R_x 和 R_0 的电流相等为 I_x,流过电阻 R_3 和 R_4 的电流相等为 I_3。电桥平衡时,检流计两端电位相等,故有:

$$R_1 I_1 = R_x I_x + R_3 I_3 \qquad (4\text{-}3\text{-}5)$$

$$R_2 I_1 = R_0 I_x + R_4 I_3 \qquad (4\text{-}3\text{-}6)$$

$$(R_3 + R_4) I_3 = r(I_x - I_3) \qquad (4\text{-}3\text{-}7)$$

将(4-3-5),(4-3-6)两式相除得:

$$\frac{R_1}{R_2}=\frac{R_x I_x+R_3 I_3}{R_0 I_x+R_4 I_3}$$

因为 $R_3+R_4\gg r$，所以 $I_3\ll I_x$，$R_1/R_2=R_x/R_0$，则

$$R_x=\frac{R_1}{R_2}R_0 \quad (4\text{-}3\text{-}8)$$

可见，当电桥平衡时，式(4-3-8)成立的前提是 $R_1/R_2=R_3/R_4$。为了保证等式 $R_1/R_2=R_3/R_4$ 在电桥使用过程中始终成立，通常将电桥做成一种特殊的结构，即将两对比率臂 R_1/R_2 和 R_3/R_4 采用所谓双十进制电阻箱。在这种电阻箱里，两个相同十进电阻的转臂安装在同一转轴上，因此在转臂的任一位置上都保持 R_1 和 R_3 相等，R_2 和 R_4 相等。

如果 $R_1/R_2=R_3/R_4$，则

$$R_x=\frac{R_3}{R_4}R_0 \quad (4\text{-}3\text{-}9)$$

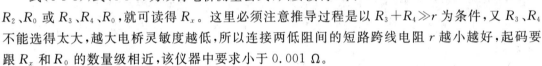

图 4-3-2

式(4-3-8)，式(4-3-9)为双臂电桥测量公式，只要读得 R_1、R_2、R_0 或 R_3、R_4、R_0，就可读得 R_x。这里必须注意推导过程是以 $R_3+R_4\gg r$ 为条件，又 R_3、R_4 不能选得太大，越大电桥灵敏度越低，所以连接两低阻间的短路跨线电阻 r 越小越好，起码要跟 R_x 和 R_0 的数量级相近，该仪器中要求小于 $0.001\ \Omega$。

【实验内容】

1. 单臂电桥测量

(1)在未接线前，将 R_1、R_2 旋到 10 位置。$R_0(\times 100,\times 10,\times 0.1,\times 0.01)$ 旋到 0 的位置，按钮"通"和"短路"松开。

(2)按电桥板面接好线路。

(3)检流计用法：先将盒盖打开，然后将开关旋到白点位置，再调节"零位调节"旋钮，使检流计指针指向 0 位置，即可使用。实验完后再将开关旋到红点位置。

(4)先估计被测电阻大小而确定电源电压的大小以及比例臂 R_1、R_2 的比值，其方法可根据表 4-3-1 选择。

表 4-3-1

被测电阻 R_x/Ω	比例臂电阻		电源电压/V
	R_1/Ω	R_2/Ω	
$10^2\sim 10^3$	10^3	10^3	<6
$10^3\sim 10^4$	10^3	10^2	<8
$10^4\sim 10^5$	10^4	10^2	<10
$10^5\sim 10^6$	10^4	10	<20

2. 双臂电桥操作测量

与单臂电桥同。在标准(双)端接入标准电阻,在未知双与标准端接入一电阻值小于 0.001 欧的短路跨线。估计出待测电阻值,根据表(4-3-2)选择挡位及标准电阻值,然后由式(4-3-8)或式(4-3-9)计算出 R_x。

表 4-3-2

被测电阻 R_x/Ω	标准电阻 R_N/Ω	比例臂电阻 $R_1=R_2/\Omega$	电源电压/V
$10\sim10^2$	100	10^3	$2\sim6$
$1\sim10$	10		
$0.1\sim1$	1		
$10^{-2}\sim10^{-1}$	10^{-1}		
$10^{-3}\sim10^{-2}$	10^{-2}		
调换 R_x 和 R_N 位置时			
$10^{-4}\sim10^{-3}$	$10\sim3$	10^2	$4\sim8$
$10^{-5}\sim10^{-4}$		10	

【实验数据及处理】

1. 列出用自组桥测量未知电阻的数据表格和计算结果。
2. 列出用箱式桥测量未知电阻的数据表格和计算结果。

【思考题】

1. 为了提高电桥测量的灵敏度,应采取哪些措施?为什么?
2. 用电桥测电阻时,线路接通后,检流计指针总是偏向一边,无论怎样调节,电桥达不到平衡,试分析是什么原因。

实验 4.4 电位差计测电动势

电位差计是将被测电压与仪器的标准电压相比较而实现测量的电学仪器。基本原理是"补偿法"。电路在补偿状态时,被测电压回路无电流,测量结果精度仅依赖于组成电位差计的标准电池、标准电阻和高灵敏度检流计,故它的测量精度可达 0.01% 或更高。这些优点使它成为精密电磁测量中应用相当广泛的仪器。可用于精确测量电动势、电压、电流、电阻等;可用于标准精密电表和直流电桥等直读仪器;在非电量的测量中也占重要位置。

在实验教学中常使用的电位差计有线式和箱式两种,它们的结构虽不同,但基本原理相同。

实验 4.4.1 线式电位差计测电动势

【实验要求】

1. 掌握电位差计的工作原理。
2. 学会用电位差计测电动势。

【实验目的】

用线式电位差计测量干电池的电动势。

【实验仪器与器具】

线式电位差计板,滑线变阻器,检流计,标准电池,待测电池,电源(甲电池),单刀开关,双刀双向开关,导线若干。

【预习思考题】

1. 何谓补偿原理?
2. 标准电池使用时应注意什么?

【实验原理】

1. 补偿原理

在直流电路中,电池电动势在数值上等于电池开路时两电极的端电压。因此,在测量时,要求没有电流通过电池,测量电池的端电压即为电池的电动势。但是,如果直接用伏特表去测量电池的端电压,由于电压表总要有电流通过,而电池具有内阻,因而不能得到准确的电动势数值。

要准确地测量未知电动势 E_x,可将一个电动势能任意调节的电源 E_0 和待测电池 E_x 按图 4-4-1 所示线路连接。调节 E_0 使检流计 G 指零,此时有 $E_x=E_0$,E_x 两端的电位差与 E_0 两端的电位差相互补偿,电路达到补偿状态。在补偿条件下,若已知 E_0 数值,就可求出 E_x。这种测量电动势的方法称为补偿法,该电路称为补偿回路。

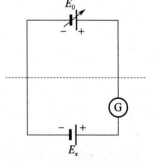

图 4-4-1 补偿法原理图

2. 线式电位差计

由补偿原理可知,为了测量 E_x,关键在于如何获得可调节的电源 E_0,并要求这电源便于调节,稳定性好,能迅速准确读出其数值。图 4-4-2 所示电路就可实现可调节电源 E_0。

如图 4-4-2,回路 AK_1ER_1DA 为辅助工作回路,BE_xGC 为补偿回路。AD 为 11 m 长粗细均匀的电阻丝,它的电阻 R 与长度 l 成正比,即 $R=r \cdot l$,r 为单位长度的电阻值。B 与 C 为活动接头,K_1 为开关,E 为工作电源电动势。E_x 为待测电动势,G 为检流计,R_1 为滑动变阻器。当 K_1 闭合时,辅助工作回路中的电流为 I_0,根据欧姆定律可知,电阻丝 AD 上任意两点间的电压 U 与两点间的距离成正比。因此,在电压 $U_{AD}>E_x$ 的条件下,可改变 BC 的间距,使检流计 G 指零,此时,B、C 两点间的电压 U_{BC} 就等于待测电动势 E_x(对比图 4-4-1 和图 4-4-2 中虚线上方,可见 U_{BC} 就相当于可调节电源的电动势 E_0),即

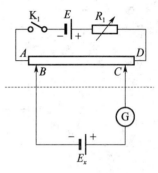

图 4-4-2 线式电位差计原理图

$$E_x = U_{BC} \tag{4-4-1}$$

因
$$U_{BC} = I_0 R_{BC} = I_0 r l_{BC} \tag{4-4-2}$$

在工作过程中,工作电流 I_0 保持不变,因此,式(4-4-2)可写成:$U_{BC}=Kl_{BC}$,式中 $K=I_0 r$ 称为工作电流标准化系数,单位 V/m(伏/米)。

由式(4-4-1),有

$$E_x = Kl_{BC} = Kl_x \tag{4-4-3}$$

可见,K 代表电阻丝 AD 上单位长度两端的电位差。当 K 维持不变时(即工作电流 I_0 不变),可以用电阻丝 BC 两点间的长度 l_{BC}(力学量)来反映待测电动势(电学量)的大小。

由于 $K=I_0 r$,其中 r 已经确定,所以只有调节工作电流 I_0 的大小,才能得到所需的 K 值(通常 K 取 0.100 0 V/m 或 0.200 0 V/m,…,1.000 V/m 等数值),这一过程称为"工作电流标准化"。工作电流标准化的过程与测量未知电动势的过程正好相反。在图 4-4-2 电路中,用标准电池 E_s 来代替 E_x。若选用的工作电流标准化系数为 $K=x$,则调节 BC 间距为 $l'_{BC}=E_s/K$,然后调节 R_1,使流过检流计 G 的电流为零,这样 l'_{BC} 两端的电压就等于标准电池电动势 E_s,此时辅助工作回路的工作电流 I_0 正好满足 K 的要求。

例如,实验中选用的标准电池电动势 $E_s=1.018\ 6$ V,选取 $K=0.200\ 0$ V/m,则调整 BC 的间距 $l'_2=K_s/K=1.018\ 6/0.200\ 0=5.093\ 0$ m。然后调节 R_1,使检流计指零。此时,5.093 0 m 长的电阻丝上电压为 1.018 6 V,所以,每米电阻上的电压为 0.200 0 V,完成了 $K=0.200\ 0$ V/m 的工作电流标准化。

图 4-4-3 所示为完整的线式电位差计电路原理图,设置了两个补偿回路。双刀双向开关 K_2 首先应接通 E_s 进行工作电流标准化;然后 K_2 接通 E_x,对未知电动势 E_x 进行测量。

如图 4-4-3 所示,电阻丝 AD 长 11 m,往复绕在木板的 11 个带插孔的金属圆柱上。各插孔分别标上 0,1,2,3,4,5,…,10 的标号。相邻两插孔间电阻丝长度都是 1 m。插头 B 可选插在孔 0,1,2,…,10 中任一位置。电阻丝 0D 下边附有带毫米刻度的米尺,电键 C 可在它上面滑动。CB 之间的电阻丝长度可在 0~11 m 连续变化。R 是滑线变阻器,用来调节工作电流。

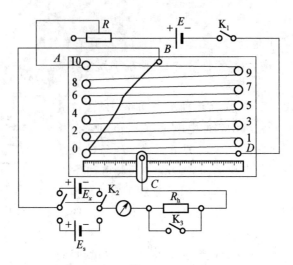

图 4-4-3

K_1 作电源开关,K_2 用来选择接通标准电池 E_s 或待测电池 E_x。高值电阻 R_h 用作保护检流计和标准电池。在电位差计处于补偿状态读数时,须关闭 K_3 以提高测量的灵敏度。

3. 标准电池

实验室一般用镉-汞标准电池,它是用化学溶液(硫酸镉和硫酸亚汞的混合物)及镉、汞电极构成。其电动势很稳定,在室温+20 ℃时为 $E_{s,20}=1.0186$ V。在室温 t ℃时,其电动势可按下式计算:

$$E_{s,t}=E_{s,20}-4\times10^{-5}(t-20)-9\times10^{-7}(t-20)^2 (V)$$

使用标准电池应注意以下几点:

(1)标准电池不能作为供电电源使用,不允许通过大于 10 μA 的电流,否则将使电动势下降,与标准值不符。严禁正负极接错,严禁用伏特表或万用表直接测量标准电池。

(2)标准电池不能倾斜或振动,否则会使电池内部结构受到破坏。

(3)存放地点的温度波动要小,远离热源并避免强光照射到标准电池上。

【实验内容】

1. 连接

按图 4-4-3 连接电源。接线时断开所有开关,电池 E、E_s 和 E_x 要同极性相连接,否则无法达到补偿状态。

2. 校准

选定电阻丝单位长度上的电位差为 K(V/m),根据标准电池电动势 E_s,调节 C、B 两接头,使 C、B 间电阻丝长度为 l'_{BC},这里记为 l_s:

$$l_s=\frac{E_s}{K}$$

(例如,若 $E_s=1.0186$ V,选定 $K=0.2000$ V/m,则 $l_s=5.0930$ m)接通 K_1,将 K_2 倒向 E_s,

调节 R，同时断续按下滑动键 C，直到检流计的指针不偏转。去掉保护电阻 R_h（按下 K_3），再次微调 R 使检流计指针无偏转，此时电阻丝上每米的电位差为 K。

3. 测量

固定 R，保持工作电流不变。断开 K_3，将 K_2 倒向 E_x，活动触头移至米尺左端，按下触头 C，同时移动插头 B，找出使检流计指针偏转方向改变的两相邻插孔，将插头 B 插在数字小的插孔上。然后向右移动触头 C，当检流计指针不偏转时记下 C、B 间电阻丝的长度 l_x（注意接通 K_3）。

重复校准与测量两个步骤，共进行 6 次。求出 $\overline{E_x}$。

【注意事项】

1. 不操作时，应断开 K_1、K_2；接通时，先合 K_1，后合 K_2；断开时，先断 K_2，后断 K_1。
2. 每次测量前应重新校准。
3. 触头采用跃接法接通，严禁在电阻丝上用力按下滑动，以免磨损电阻丝。开关 K_3 只有在粗调到补偿回路平稳时才能合上（为什么）。

【实验数据及处理】

数据表格如表 4-4-1 所示。

工作电源 $E=$ _____ V，标准电池 $E_s=$ _____ V。

表 4-4-1

次 数	l_s/m	l_x/m	$E_x=\dfrac{E_s}{l_s}l_x=Kl_x$/V
1			
2			
3			
4			
5			
6			

【思考题】

1. 下列情况，将怎样影响电位差计的测量。
①工作电源电压不稳定。
②保护电阻选得过大或过小。
③待测电压与工作回路的极性相反。
④工作回路电源电动势小于待测电压。
⑤在接线中遇到断线。
2. 要使电位差计能达到电位补偿的必要条件是什么？

实验 4.4.2　箱式电位差计测电动势

【实验要求】

1. 掌握电位差计工作原理和结构特点。
2. 学会用箱式电位差计测量电动势。

【实验目的】

用箱式电位差计测电动势。

【实验仪器与器具】

线式和箱式电位差计,灵敏电流计,标准电池,电阻箱,滑线变阻器,稳压电源,待测电池,待测电阻,毫安表,单刀及双刀开关。

【实验原理】

1. 补偿原理

如果要测量未知电动势 E_x,可按图 4-4-4 电路图进行测量,其中 E_0 是可调电压的电源。调节 E_0 的大小使回路中的电流为零(灵敏电流计 G 指零),则有:
$$E_x = E_0$$
这时,常称电路达到补偿。在补偿条件下,如果 E_0 数值已知,则 E_x 即可求出。据此原理构成的仪器称为电位差计。

2. 箱式电位差计工作原理

为了便于测量,常把电位差计做成箱式的,它可直接读出待测电动势或电压数值。

箱式电位差计工作原理图如图 4-4-5 所示。它包括以下三个部分:

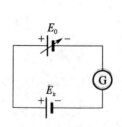

图 4-4-4　补偿原理图

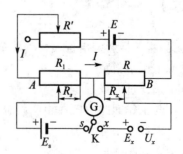

图 4-4-5　箱式电位差计工作原理图

(1) 工作电流调节回路。
$$E \to R' \to R_1 \to R \to E(辅助回路).$$
(2) 校正工作电流回路。
$$E_s \to R_s \to G \to K \to E_s$$

先将开关 K 扳向 S 端，然后调节 R' 使灵敏电流计指针指零。回路($E_s \to R_s \to G \to K \to E_s$)达到补偿，这时有：
$$E_s = IR_s \tag{4-4-4}$$
即辅助回路中电流达到标准化，其值为：
$$I = \frac{E_s}{R_s} \tag{4-4-5}$$

(3) 待测回路。
$$E_x \to x \to G \to R_x \to E_x$$

先将开关 K 扳向 x 端，然后调节 R 使灵敏电流计指针指零。待测回路达到补偿时有：
$$E_x = IR_x \tag{4-4-6}$$
将式(4-4-5)代入式(4-4-6)得：
$$E_x = \frac{R_x}{R_s} E_s \tag{4-4-7}$$

从式(4-4-7)可知，如果 E_s、R_s、R_x 为已知，则被测电动势 E_x 即可求出。

【实验仪器介绍】

箱式电位差计类型较多，现以 UJ36 型为例加以说明。它是一种测量低电位的电位差计，测量范围是：×1 挡 0～120 mV，×0.2 挡 0～24 mV。测量准确度为 ±0.1%U_{max}，其中 U_{max} 为测量上限。

现将其面板图 4-4-6 和工作原理图 4-4-5 相应部分对照说明。

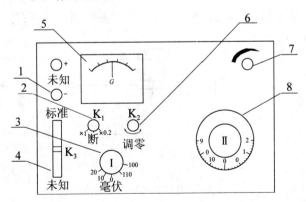

1—未知测量接线柱；2—倍率开关；3—步进读数盘；4—电键开关；5—灵敏电流计；
6—灵敏电流计调零旋钮；7—标准工作电流调节变阻器；8—滑线读数盘
图 4-4-6 UJ36 型电位差计面板图

"未知"接线柱：将被测"未知"电压（或电动势）接在此两个接线柱上（注意极性）。

R_p：将 K_3 扳向标准位置，调节 R_p 使 G 指零，此时标准电池的电动势由 R_p 的压降补偿。

R_x：R_x 分成 I、II 两个转盘。I 为步进读数盘，II 为滑线读数盘。当电位差计处于补偿时，未知电压(或电动势)按下式读出：

$$U_x = (步进盘读数+滑线盘读数) \times 倍率$$

K_1：为倍率开关，旋至所需倍率位置上时，同时接通电位差计工作电源和灵敏电流计放大器电源。

K_2：用以调节灵敏电流计指零。

K_3：为"标准"、"未知"换向开关。

【实验内容】

1. 测量电压

(1) 按图 4-4-7 连接电路，电源电压取 4 V 左右。

(2) 将待测电压两端接在"U_x"正、负接线柱上。

(3) 把倍率开关 K_1 旋至×1 或×0.2 挡上，并调节 K_2 使灵敏电流计指针指零(第一次指零)。

(4) 将 K_3 扳向"标准"，调节 R_p 使灵敏电流计指零(第二次指零)。

(5) 再将 K_3 扳向"未知"，转动步进读数盘和滑线读数盘，使灵敏电流计再次指零(第三次指零)。

(6) 两读数盘读数之和乘上所取倍率，就等于被测电压值。

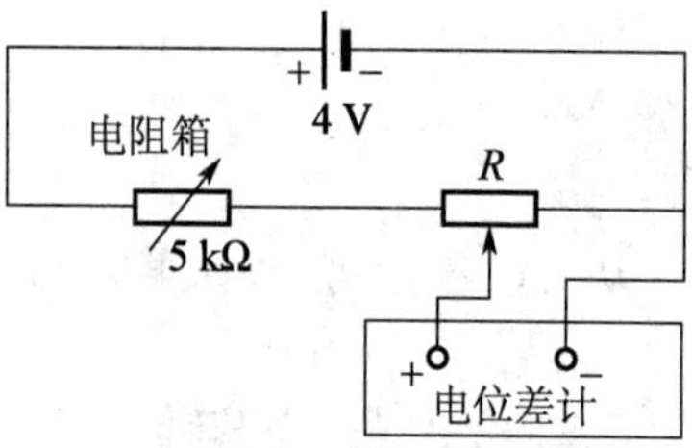

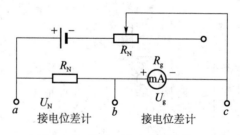

图 4-4-7 电位差计测电压线路图

(7) 用×1 挡测 3 个电压值，再用×0.2 挡测 3 个电压值。

2. 测量 mA 表内阻(50 mA 挡)

(1) 按图 4-4-8 连接电路，电源电压取≤1 V，R_N 用电阻箱代替，接在 0 和 9.9 Ω 两接线柱上，电位差计用×0.2 挡。

图 4-4-8 测量 mA 表内阻线路图

(2) 取 $R_N=1.0$ Ω，调变阻器 R 使毫安表电流为 10.0 mA，用电位差计分别测出 a、b 间电压 U_N 和 b、c 间电压 U_g。

(3) 改变 $R_N=1.2$ Ω、1.4 Ω，重复步骤(2)分别测出 U_N 和 U_g，代入公式 $R_g=(U_g/U_N) \cdot R_N$ 算出 R_g。

(4) 将所测数据填入表 4-4-2 中。

【注意事项】

1. 接线时要特别注意被测电压(或电动势)的正、负极性。
2. 将 K_3 扳向"未知"时,应尽量采用跃接法(作短暂接通),以保护灵敏电流计。
3. 仪器使用完毕,应将"倍率"开关 K_1 旋向"断"位置,以避免浪费电源;电键开关 K_3 应放在中间位置;仪器长期搁置不用应将电池取出(标准电池除外)。
4. 如发现调节 R_p 时不能使灵敏电流计指零,则应更换 1.5 V 干电池(4 节并联);如灵敏电流计灵敏度变低时,应更换 9 V 电池($6F_{22}$,2 节并联)。

【实验数据及处理】

表 4-4-2

次数 \ 项目	R_N/Ω	U_N/mV	U_g/mV	R_g/Ω	$\Delta R/\Omega$
1					
2					
3					

$\overline{R_g} =$; $\Delta \overline{R_g} =$;

$E = \dfrac{\Delta \overline{R_g}}{\overline{R_g}} =$; $R_g = \overline{R_g} \pm \Delta \overline{R_g} =$ 。

【思考题】

1. 实验中如果发现灵敏电流计总是偏向一边无法指零,试分析是何原因。
2. 试设计一个简单电路,用电位差计测量干电池的内阻。

实验 4.5 静电场的描绘

【实验目的】

1. 学习用模拟法研究静电场。
2. 描绘两点电荷的场及同轴柱面的场的等位线。

【实验仪器与器具】

静电场描绘仪电源,电压表,滑线变阻器,游标尺,米尺,开关,导线,电极,水槽,记录装置。

【实验原理】

带电物体周围存在着电场,带电物体间通过场相互作用。带电体周围的场强分布与带电体的形状、大小、所在点的位置和带电体所带的电量有关。知道了场强的分布就可以计算出相互作用力的大小,但是场强是矢量,不但有大小而且有方向。故在一些电子器件中,有时需知道其中的电场分布,一般都用实验的方法来确定。直接测量电场有很大的难度,所以实验时常用一种物理实验的方法——模拟法,即仿造一个电场(模拟场)与原电场完全一样。当用探针去测模拟场时,也不受干扰,因此可间接地测出模拟场中各点的电位,连接各等电位点作出等位线。根据电力线与等位线的垂直关系,描绘出电力线,即可形象地了解电场情况,加深对电场强度、电位和电位差等概念的理解。

由于真正的静电场中没有运动的电荷,不能使电表的指针偏转。如果将带电体放在各向同性的导电介质里,维持带电体间电势差不变,介质便会有恒定不变的电流,这样就可用电压表测量介质中各点的电势值;再根据电势变化的最大方向可计算出电场强度。理论和实验都能证明,导电介质里由恒定电流建立的电场(恒定电流场)与静电场的规律完全相似,因此在恒定电流场中测量到的电势分布可应用到静电场中去,这种比拟方法叫作模拟法。

1. 两点电荷的电场分布

如图 4-15-1 示,两点电荷带等量异号电荷,由于对称性,其等势面是对称分布的。做实验时,是用导电率很好的自来水填充在水槽电极的两极之间。若在两极上加一定的电压,可以测出自来水中两电极产生的场结构的等位线分布形状,从而得出两电极产生的场强分布情况,即为两异号点电荷的场强分布。电路接线图如 4-5-2 图所示。

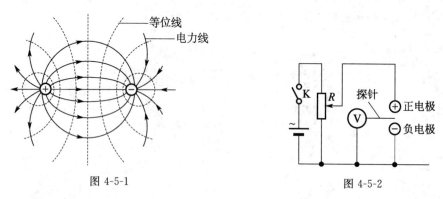

图 4-5-1　　　　　图 4-5-2

2. 同轴柱面的电场分布

如图 4-5-3 所示,圆环 B 的中心放一点荷 A,分别加 $-V$ 和 $+V$,由于对称性,场强和电位都与轴向坐标 z 无关,等位面都是同心圆,电场分布也就为图中有向线段。也可定量计算电位的关系式。

设小圆的电位为 V_a,半径为 a,大圆的电位为 V_b,半径为 b,则电场中距中心为 r 处的电位 V_r 可表示为:

$$V_r = V_a - \int_a^r -\boldsymbol{E} \cdot d\boldsymbol{r} \tag{4-5-1}$$

又由高斯定理,则圆柱内 r 点的场强:

$$E = \frac{\eta}{2\pi\varepsilon_0 r} = k/r \quad (a<r<b) \tag{4-5-2}$$

式中,k 由圆柱的线电荷密度决定。

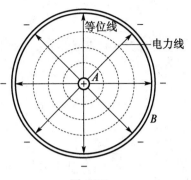

图 4-5-3

将式(4-5-2)代入式(4-5-1)有:

$$V_r = V_a - \int_a^r \frac{k}{r} dr = V_a - k\ln\frac{r}{a} \tag{4-5-3}$$

$r=b$ 处

$$V_b = V_a - k\ln\frac{b}{a}$$

所以

$$K = \frac{V_a - V_b}{\ln b/a} \tag{4-5-4}$$

若取 $V_a = V_0$,$V_b = 0$,将式(4-5-4)代入式(4-5-3)得:

$$V_r = V_0 \frac{\ln b/r}{\ln b/a} \tag{4-5-5}$$

其实验装置如图 4-5-4。

根据上面的实验装置,由欧姆定律可知,从极板 A 经过导电自来水流到 B 的电流强度:

$$I = \frac{U_A}{R} \tag{4-5-6}$$

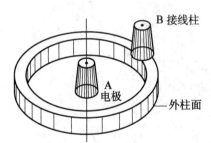

图 4-5-4

式中 U_A 是稳定电源的输出电压;R 是 A、B 间等效电阻。

考虑到水分布的均匀性和柱形电极的对称性,总电流可写成:

$$I = \iint_S \boldsymbol{j} \cdot d\boldsymbol{S} = j2\pi rh \tag{4-5-7}$$

r 为离开中心的距离,h 为水的深度,j 为 r 处的电流密度。又由欧姆定律的微分形式:

$$j = \sigma E \tag{4-5-8}$$

式(4-5-8)代入式(4-5-7),得到的 I 代入式(4-5-6)有:

$$E = \frac{U_A}{2\pi h\sigma R}\left(\frac{1}{r}\right) = C\frac{1}{r} \tag{4-5-9}$$

由此可见,恒定电流场的场强分布表示式(4-5-9)与圆柱面中静电场强分布表示(4-5-2)式完全相同,所以图 4-5-4 装置可模拟真正的圆柱面的静电场。当场强分布确定后有:

$$U_r = \int \boldsymbol{E} \cdot d\boldsymbol{r} + C \tag{4-5-10}$$

把式(4-5-9)代入式(4-5-10)再由 $U(R_A) = U_A$,$U(R_B) = 0$ 推知:

$$U_r = U_A \frac{\ln(r/R_B)}{\ln(R_A/R_B)}$$

若要计算某种电势的 r 值,可求上式的反函数:

$$r = R_B \left(\frac{R_A}{R_B}\right)^{U_r/U_A} \quad (R_A、R_B \text{ 分别为 } A、B \text{ 的半径}) \tag{4-5-11}$$

为了数据处理的方便,化简(4-5-11)可得:

$$\ln r = \ln R_B + \frac{U_r}{U_A}\ln(R_A/R_B) \tag{4-5-12}$$

如果取 $\ln r$ 为纵坐标,U_r/U_A 为横坐标,则式(4-5-12)表示的是一条截距为 $\ln R_B$,斜率为 $\ln(R_A/R_B)$ 的直线。

实验记录装置如图 4-5-5,当下压探棒时,探棒即与水面接触可测量电势。当找到电势点后,按下记录棒进行记录。

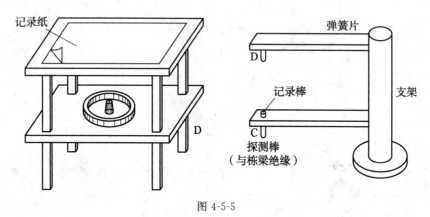

图 4-5-5

【实验内容】

(1)两点电荷场中等势线分布的模拟测绘。

参照连接电路原理图,用实验室准备的等臂记录装置记录等电势(1 V,2 V,…)点。

要求描绘五条不同的电势的等势线,每条线应有 7 个以上的等电势点连接而成,连成的等势线不要忘记标明它的电势值。

(2)圆柱面的等势线分布的模拟测绘。

更换内容中的电极为 MJ-I 型电场描绘仪的同轴柱面水槽电极,按内容(1)的要求,定性地描绘出圆柱面的场结构等势线。

(3)在理想情况下,内容(2)中的等势线应是以轴线为中心的同心圆,但实验误差使得圆心和半径都偏离真实值。

只能找到实验得到的圆心和半径。方法如下:首先根据描绘的等势线测定一个"最佳"的圆心位置。将该圆的测量点与目测圆心连起来,测量长度求 r_i。

【实验数据及处理】

表 4-5-1　$U_A=$

等势线	1	2	3	4	5
U_r					
U_r/U_A					
r					
$\ln r$					

以 $x(=U_r/U_A)$ 为横坐标，$y(=\ln r)$ 为纵坐标作图，根据式(4-5-2)，理论上应是一条直线，并由直线的截距和斜率，可分别算出 R_A、R_B，与测量结果相比较。

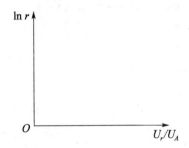

实验 4.6　霍耳效应

霍耳效应于 1879 年发现，对于一般的材料这种效应不十分明显，因此最初的近百年时间没有受到充分的重视。20 世纪 60 年代以来，半导体技术得到了迅速发展，而半导体材料的霍耳效应十分显著。用半导体材料，利用霍耳效应制成的电子器件（霍耳器件），由于结构简单、频率响应宽（高达 10 kHz）、寿命长、可靠性高等优点，已广泛用于非电量测量、自动化控制和信息处理等方面。

实验 4.6.1　利用霍耳效应测磁场

用半导体霍耳元件制成的磁场测量装置可测 $10^{-7} \sim 10$ T 的磁场，测量精度可以从 1‰到 0.01‰，既可测直流磁场，也可测脉冲磁场。本实验就是利用 N 型锗片来测量螺线管内部的磁场。

【实验要求】

1. 了解用霍耳元件测磁场的原理。
2. 学习使用箱式电位差计。

【实验目的】

测量通电螺线管内轴向磁场分布。

【实验仪器与器具】

(1) 霍耳元件测螺线管装置 1 台,参数为:
霍耳元件尺寸:8 mm×4 mm×0.2 mm(N 型锗片);
灵敏度 K_H(各仪器一般不相同);
螺线管长度 260 mm,匝数 3 000±20;
通 1A 电流时螺线管中部 $B=(1.4\pm0.1)$mT;
螺线管中的均匀区>80 mm;
螺线管内 B 方向:当"6"接负、"5"接正时,左边为 N 极,右边为 S 极。
(2) UJ33a 直流电位差计 1 台,各主要指标见表 4-6-1(使用方法见本实验附录)。

表 4-6-1

倍率	测量范围	最小分度值	$\Delta_仪$	热电势	检流计灵敏度
×5	0~1.055 5 V	50 μV	≤0.05%U_x+50 μV	≤2 μV	≥格/50 μV
×1	0~211.1 mV	10 μV	≤0.05%U_x+10 μV	≤1 μV	≥格/10 μV
×0.1	0~21.11 mV	1 μV	≤0.05%U_x+1 μV	≤0.2 μV	≥格/3 μV

(3) 直流稳压电源 1 台,最大输出电流大于 1 A。
(4) 安培表(量程为 1 A)、毫安表(量程为 20 mA)各 1 块。
(5) 滑线变阻器(500~1 000 Ω)1 个。
(6) 双刀双掷开关 3 只,甲电池(1.5 V)1 节,导线若干。

【预习思考题】

1. 产生霍耳电动势的非静电性力是何种非静电性力?
2. 与霍耳效应一起产生的几种伴随效应的影响如何从测量结果中去掉?
3. UJ33a 型电位差计读数的估读位对应电压值为多少?

【实验原理】

如图 4-6-1,将一块导体通上电流置于磁场中,磁场方向与电流方向垂直,在导体两侧方向上将出现一电势差,用电压表进行测量即可得到一个电压 U_H。这个现象是德国物理学家霍耳在 1879 年发现的。后来人们发现用半导体片代替导体片,效果要好得多。

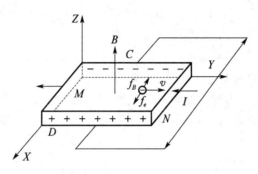

图 4-6-1

1. 霍耳效应测磁场原理

运动电荷在磁场中将受到洛伦兹力。图 4-6-1 中,设通过霍耳元件的电流是由于电子导电形成的,电流沿图中 Y 轴负向,电子运动速度 v 沿 Y 轴正向,洛伦兹力 f_B 沿 X 轴正向,

$$f_B = evB$$

f_B 使负电荷积累到与 Y 轴平行的一个侧面上,在另一个侧面上便积累了正电荷。这样在图 4-6-1 中形成了一个沿 X 轴方向的电场,该电场对负电荷的作用力 f_e 与洛伦兹力相反

$$f_e = eE$$

当 $f_B = f_e$ 即 $evB = eE$ 时达到动态平衡。经过简单的计算可知,达到平衡时在霍耳元件的 X 方向测得的霍耳电压为:

$$U_H = K_H IB \tag{4-6-1}$$

式中 K_H 叫霍耳元件灵敏度,它与元件的材料和尺寸有关。实际上它还随温度变化,在实验中作为常数对待,单位为 mV/(mA·kGS)(1 kGS=0.1 T)。这样,给出 K_H 值后(由教师给定)即可由:

$$B = \frac{U_H}{I \cdot K_H} \tag{4-6-2}$$

算出磁感应强度 B 值。式(4-6-2)中 U_H 值一般为毫伏数量级,可由电位差计测出,I 为毫安量级,可在实验中由毫安表读出来。分析图 4-6-1 还可知,当霍耳片电流改变方向或磁场改变方向时,都可使 U_H 值改变;当霍耳片电流方向和磁场方向均已知时,可由 U_H 的极性判断霍耳元件载流子类型。

2. 伴随效应及其消除

式(4-6-1)、式(4-6-2)是从简化的理想模型导出的,实际情况却要复杂得多。除霍耳效应外,还有其他一些伴随效应一起发生,如果不设法消除,将使所测得的 B 值有较大的误差。

(1) 不等势电压降 U_0。

由横向电极位置不对称而产生的电压 U_0，由于制作上的困难，两个横向引出测量 U_H 的电极接头不在一个等势面上，即使不加磁场，只要霍耳元件通过电流，两引线间就有一个电势差 U_0。在各种伴随效应中 U_0 占首位。

(2)厄廷豪森(Etinghausen)效应 U_E。

由于载流子以不同的速率平行于 Y 轴运动，载流子受的洛伦兹力也不相等，作圆周运动的轨道半径不同。于是霍耳片一面出现快载流子多、温度高，另一面慢载流子多、温度低。结果在 C、D 两面上分别积累了速度大小不同的载流子，载流子动能在积累平面上转化为热能，使 C、D 两面的温升不同，因而造成 C、D 两面的温度差；又霍耳元件上 C、D 两电极和元件的材料不同，结果在 C、D 间产生温差电动势 U_E，U_E 的正负及大小与 I、B 有关。

(3)能斯特(Nernst)效应 U_N。

由于霍耳元件的电流引出线焊点的接触电阻不同，从而引起温度差。在 Y 轴方向引起热扩散电流，加入磁场后会出现电势梯度，从而产生 U_N，U_N 与 B 的方向有关，与电流 I 的方向无关。

(4)里吉——勒迪克效应 U_R。

热扩散电流的载流子速度也不相同，在磁场作用下也会产生温差电势 U_R，U_R 只与 B 方向有关，与电流 I 方向无关。

为了消除这些伴随效应的影响，在实验中可以利用改变 B、I 的方向进行多次测量来尽量消除。例如，先确定某一方向的 I、B 为正，用 I_+、B_+ 表示，当改变方向时分别记为 I_-、B_-。

当 I_+、B_+ 时：$U_1 = U_H + U_0 + U_E + U_N + U_R$；

当 I_-、B_+ 时：$U_2 = -U_H - U_0 - U_E + U_N + U_R$；

当 I_-、B_- 时：$U_3 = -U_H + U_0 - U_E - U_N - U_R$；

当 I_+、B_- 时：$U_4 = U_H - U_0 + U_E - U_N - U_R$。

一般 $U_E \ll U_H$，故略去，所以霍耳电压为

$$U_H = \frac{1}{4}(U_1 - U_2 + U_3 - U_4) \tag{4-6-3}$$

这种消除伴随效应的方法，是消除系统误差的一种方法，采取这种措施后可以使测量准确度提高一个数量级。

【实验内容】

1. 实验步骤

(1)对照接线图 4-6-2，熟悉图中标号 1、2、3、4、5、6 接点的位置，将限流用滑线变阻器 R 调至最大，将电流表选择好挡位，按霍耳元件电流 10 mA、励磁电流 0.5 A 选择挡位。

(2)对照图 4-6-2 接好线路，无误后合上各双刀双掷开关，调节稳压电源使励磁电流为 0.5 A，调节变阻器 R 使霍耳片控制电流为 10 mA，注意 3、4 两线与电位差计相连时，双刀双掷开关合上的方向应使 3、4 极性及信号极性一致。

(3)按本实验"附录"中方法或电位差计面板上的说明调整电位差计，按表 4-6-2 给出的数据，调节霍耳元件在螺线管中位置，测出每种情况下各个位置的 U 值。表 4-6-2 中位置刻度可在实验装置与调节霍耳片位置的旋钮相连的软尺上读出，表 4-6-2 中 U_H 按式(4-6-3)计算，

B 按式(4-6-2)计算。

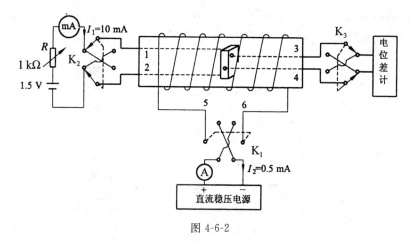

图 4-6-2

2. 注意事项

(1) 霍耳元件最大允许电流为 40 mA(参考厂家给定的参数),使用时绝不允许超过,否则会损坏元件。

(2) 接入螺线管的励磁电流不大于 1 A,实际上大于 0.5 A 时螺线管便开始发热。测量数据时一般先合上 K_1,让螺线管通电 5~10 min 以使温度达到平衡。

(3) 图 4-6-2 中的 K_1、K_2、K_3 为双刀双掷开关,用它们改变电流或电压的方向很方便。K_1 或 K_2 中之一改变闭合方向时,与电位差计"未知"接线柱相连的 K_3 也要随之改变闭合方向以保证电位差计输入极性正确。由于伴随效应的影响,有时在测量过程中信号极性会自己反向,这时也要变换电位差计的输入极性,否则各倍率旋钮全部为零还无法使指针指零。

【实验数据及处理】

表 4-6-2

数据\位置刻度	0	0.5	1	1.5	2	2.5	3	3.5	4	5	7	9	11	12	13	14
U_1(+10 mA+0.5 A)																
U_2(−10 mA+0.5 A)																
U_3(−10 mA−0.5 A)																
U_4(+10 mA−0.5 A)																
U_H/V																
B/mT																

【思考题】

1. 将数据表格重画,填入实测数据和经计算后的 U_H 及 B 值,以霍耳片位置为横坐标、磁感应强度为纵坐标,作出螺线管磁场分布图。

2. 试由测量结果计算不等位电动势 U_0 的大小。

3. 用本实验装置能否测量霍耳元件灵敏度 K_H？如何进行测量？

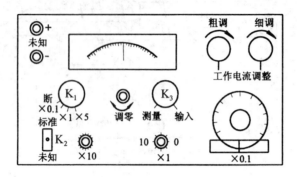

图 4-6-3　UJ33a 电位差计面板图

【附】　UJ33a 直流电位差计使用方法

(1) 校准:将仪器面板上倍率开关 K_1 由断开位置旋到所需位置,K_3 旋向测量,2 min 后旋动调零旋钮,使检流计指针指零。

将电键 K_2 扳向标准;旋动工作电流调节旋钮,使指针指零。

(2) 测量:将被测电压按极性接在未知接线柱上,将电键扳向未知,调整读数盘Ⅰ、Ⅱ、Ⅲ,使指针返回零处,被测值即为读数示值之和与倍率之乘积。

(3) 本实验所测电压在毫伏范围,所以倍率选×0.1,各接线要尽量旋紧,以免由于接触电阻引起读数不准。如果被测信号在"未知"接线柱上接反,则在测量时指针无法调到零,这时应将信号极性反过来。

(4) 测量过程中,随着电池消耗,工作电流也会变化,所以连续使用时应经常核对校准,使测量精确。

(5) 测量完毕,将倍率开关旋至"断"位置,使电池不致无谓放电。

实验 4.6.2　利用霍耳效应测量霍耳元件的基本参数

【实验要求】

1. 了解霍耳效应实验原理、霍耳元件基本参数以及有关霍耳器件对材料要求的知识。

2. 学习用对称测量法消除副效应的影响。

【实验目的】

1. 测绘试样的 U_H-I_s 和 U_H-I_M 曲线,计算材料的霍耳系数 R_H 和霍耳器件的灵敏度 K_H。
2. 根据 R_H 判断样品的导电类型,求载流子浓度 n,测量电导率 σ,求载流子的迁移率 μ。

【实验原理】

1. 霍耳效应

霍耳效应的本质是由于运动的带电粒子 q 在磁场 B 中受到洛伦兹力 $\boldsymbol{F}_B = q\boldsymbol{v} \times \boldsymbol{B}$ 的作用而引起的偏转。当带电粒子(电子 $-e$ 或空穴 e)被约束在固体材料中,这种偏转就导致在垂直电流和磁场的方向上产生正负电荷的聚集,从而形成附加的横向电场。

如图 4-6-4 所示,半导体试样的宽度为 b,厚度为 d,在 x 方向通以电流 I_s,在 z 方向加磁场 B,则在 y 方向即试样两侧 A、A' 就开始聚集异号电荷而产生相应的附加电场——霍耳电场 E_H,电场的指向取决于试样的导电类型。对 N 型试样,霍耳电场逆 y 方向,P 型试样则沿 y 方向。显然,该电场是阻止载流子继续向侧面偏转的,当载流子所受的横向电场力 $F_E = eE_H$ 与洛伦兹力 $F_B = evB$ 相等时,样品两侧电荷的积累就达到平衡,形成稳定的电场,此时所产生的横向电场的大小为:

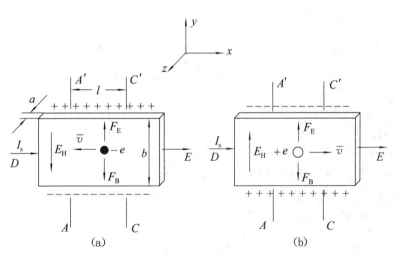

图 4-6-4 霍耳效应

$$E_H = vB$$

其中 E_H 是霍耳电场,v 是载流子在电流方向上定向漂移的平均速度。

由于横向电场 E_H 的出现,在试样的横向两侧会出现电势差——霍耳电压,其大小为:

$$U_H = E_H \cdot b = bvB \tag{4-6-4}$$

2. 材料和器件的参数

(1) 霍耳系数 R_H。

设试样的宽为 b,厚度为 d,载流子浓度为 n,则载流子平均速度 v 与电流强度 I_s 的关系为:

$$I_s = nevbd \tag{4-6-5}$$

由(4-6-4)、(4-6-5)两式可得：

$$U_H = E_H b = bvB = \frac{1}{ne} \cdot \frac{I_s B}{d} = R_H \cdot \frac{I_s B}{d} \tag{4-6-6}$$

即霍耳电压 U_H 与磁感应强度 B 成正比，与通过的电流 I_s 成正比，与试样的厚度 d 成反比。比例系数 $R_H = \frac{1}{ne}$ 称为霍耳系数，它是反映材料霍耳效应强弱的重要参数。

根据式(4-6-5)，只要测出 U_H(V)以及知道 I_s(A)、B(T)和 d(m)，即可得到霍耳系数 R_H（Ωm/T）。

(2)根据 R_H 的符号（或霍耳电压的正负）判断样品的导电类型。

按图 4-6-4 所示的 I_s 和 B 的方向，若测得的 $U_H = U_{AA'} < 0$（即点 A 的电位低于点 A' 的电位）则 R_H 的符号为负，样品为 N 型，反之则为 P 型。

(3)霍耳器件的灵敏度 K_H。

由式(4-6-6)可见，霍耳电压的大小与材料的厚度成反比，因此薄膜型霍耳器件的输出电压比片状的要高得多。成品霍耳器件的厚度是一定的，所以实际上采用 $K_H = \frac{1}{ned}$ 来表示器件的灵敏度，K_H 称为器件的霍耳灵敏度。由 $K_H = \frac{R_H}{d}$ 可得到霍耳灵敏度 K_H(Ω/T)。

(4)载流子浓度 n。

由 $R_H = \frac{1}{ne}$ 可知，霍耳系数与载流子的浓度 n 有关，因此通过测量霍耳系数，可以算出导体内载流子的浓度 n，单位是 m^{-3}：

$$n = \frac{1}{|R_H| \cdot e} \tag{4-6-7}$$

应该指出，这个关系式是假定所有载流子定向漂移的速度都相同而得到的。严格一点应考虑载流子漂移速度的统计分布，需要引入修正因子 $3\pi/8$。[①]

(5)测量电导率 σ 可以求载流子的迁移率 μ。

迁移率 μ 的定义：在单位强度的电场作用下，试样中载流子所获得的平均速度，其单位是 $m^2/(V \cdot s)$。

电导率 σ（电阻率 ρ 的倒数）：

$$\sigma = \frac{1}{\rho} = \frac{I_s}{U_\sigma} \cdot \frac{l}{S} = \frac{I_s}{U_\sigma} \cdot \frac{l}{bd} = \frac{ne\bar{v}bd}{U_\sigma} \cdot \frac{l}{bd} = ne\bar{v}\frac{l}{U_\sigma} = ne\mu \tag{4-6-8}$$

所以，迁移率 μ 与载流子 n 之间接关系为：

$$\mu = |R_H|\sigma \tag{4-6-9}$$

根据上述可知，要得到大的霍耳电压，关键是要选择霍耳系数大（即迁移率 μ 高，电阻率 ρ 也较高）的材料。因 $|R_H| = \mu\rho$，金属导体的 μ 和 ρ 均很低，而不是导体 ρ 虽高，但 μ 极小，所以这两种材料的霍耳系数都很小，不能用来制造霍耳器件。半导体 μ 高，ρ 适中，是制造霍耳器件较理想的材料。

[①] 黄昆,谢希德.半导体物理学.

3. 装置介绍

TH-H 型霍耳效应组合实验仪由实验仪和测试仪两大部分组成。

(1) 实验仪(见图 4-6-5)。

①电磁铁：规格为>3.00 kGS/A，磁铁线包的引线有星标者为头(见实验仪图 4-6-5)，线包绕向为顺时针(操作者面对实验仪)。根据线包绕向及励磁电流 I_M 的流向，可确定磁感应强度 B 的方向，而 B 的大小与 I_M 的关系由厂家给定并标明在线包上。

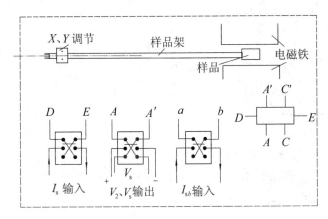

图 4-6-5　霍耳效应实验仪示意图

②样品和样品架：样品材料为 N 型半导体硅单晶片，根据空脚的位置不同，样品为两种形式，如图 4-6-6(a)、(b)，样品的几何尺寸为：厚度 $d=0.5$ mm，宽度 $b=4.0$ mm，A、C 电极间距 $l=3.0$ mm。

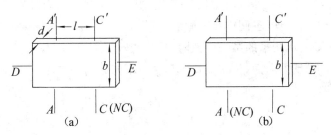

图 4-6-6　样品示意图

样品共有三对电极，其中 A、A 或 C、C 用于测量霍耳电压 U_H，A、C 或 A'、C' 用于测量电导率，D、E 为样品输入工作电流的电极。各电极与双刀换向开关的接线见实验仪上的图示说明。样品架具有 X、Y 调节功能及读数装置，样品放置的方位(操作者面对实验仪)如图 4-6-6 所示。

③I_s 和 I_M 的换向开关及 U_H 和 U_σ 测量的切换开关：I_s 及 I_M 换向开关投向上方，则 I_s 及 I_M 均为正值，反之为负值；U_H、U_σ 切换开关投向上方测 U_H，投向下方测 U_σ。

(2) 测试仪(见图 4-6-7)。

①两组恒流源：第一组"I_s 输出"为 0~10 mA 样品工作电流源，第二组"I_M 输出"为 0~1 A 励磁电流源，两组电流源彼此独立，两组输出电流大小通过 I_s 调节旋钮及 I_M 调节旋钮

进行调节,两者均连续可调。其值可通过"测量选择"按键由同一只数字电流表进行测量,按键显示 I_M,放键显示 I_s。

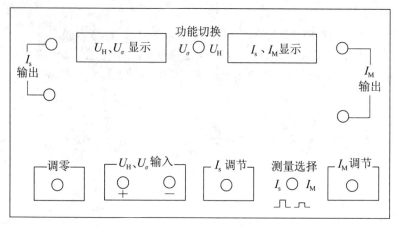

图 4-6-7　测试仪面板面

②直流数字电压表:霍耳电压 U_H 和 A、C 之间的电压降 U_σ 的、通过切换开关由同一只数字电压表进行测量。电压表零位可通过调零电位器进行调整。显示器的数字前出现"-"号时,表示被测电压极性为负值。

4. 实验方法

用对称测量法消除副效应引起的附加电压。

在产生霍耳效应的同时,因伴随着各种副效应,以致实验测得的 A、A' 两电极之间的电压并不等于真实的霍耳电压 U_H 值,而是包含着各种副效应引起的附加电压,因此必须设法消除。根据副效应产生的机理(参阅本小节附录)可知,采用电流和磁场换向的对称测量法基本上能够把副效应的影响从测量的结果中消除,具体的做法是:I_s 和 B(即 I_M)的大小不变,并在设定电流和磁场的正、反方向后,依次测量下列 4 组不同方向的电流 I_s 和 B 组合的 A、A' 两点之间的电压 $U_{AA'}$,即

$$+B, \quad +I_s \quad U_{AA'}=+U_1$$
$$-B, \quad +I_s \quad U_{AA'}=-U_2$$
$$-B, \quad -I_s \quad U_{AA'}=+U_3$$
$$+B, \quad -I_s \quad U_{AA'}=-U_4$$

然后,求上述四组数据 $+U_1$、$-U_2$、$+U_3$、$-U_4$ 的代数平均值,可得:

$$U_H=\frac{+U_1-U_2+U_3-U_4}{4}$$

通过上述的对称测量法求得的 U_H,虽然还不能消除所有的副效应,但所余的误差不大,可以忽略不计。

【实验内容】

(1)按图 4-6-8 连接测试仪和实验仪之间的 I_s、U_H 和 I_M 各组连接,I_s 及 I_M 换向开关投向

上方,表明 I_s 及 I_M 均为正值(即 I_s 沿 X 方向,B 沿 Z 方向),反之为负值。U_H、U_σ 切换开关投向上方测 U_H,投向下方测 U_σ。

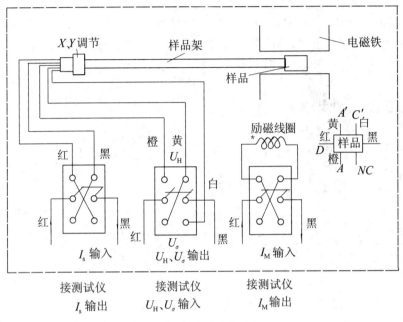

图 4-6-8 实验仪接线图

(2)测绘 U_H-I_s 曲线。将实验仪的"U_H、U_σ"切换开关投向 U_H 侧,测试仪的"功能切换"置 U_H。

保持 I_M 不变(取 I_M=0.600 A),改变 I_s 的值,I_s 依次取 1.00 mA、1.50 mA、2.00 mA、2.50 mA、3.00 mA 和 4.00 mA,测量并计算相应的 U_H,填入表 4-6-3 中,在坐标纸上作 U_H-I_s 曲线并求斜率,计算霍耳系数 R_{H1}。

(3)测绘 U_H-I_M 曲线。

保持 I_s 不变(取 I_s=3.00 mA),改变 I_M 的值,I_M 依次取 0.300 A、0.400 A、0.500 A、0.600 A、0.700 A 和 0.800 A,测量并计算相应的 U_H,填入表 4-6-4 中,在坐标纸上作 U_H-I_M 曲线并求斜率,计算霍耳系数 R_{H2}。

比较上两次绘出的曲线和算出的霍耳系数 R_{H1} 和 R_{H2},求出霍耳系数 $R_H = \dfrac{R_{H1}+R_{H2}}{2}$。

(4)确定霍耳元件样品的导电类型,计算霍耳灵敏度 K_H 及载流子浓度 n。

(5)测量电导率 σ,计算迁移率 μ。

σ 可通过图 4-6-4 所示的 A、C(或 A'、C')电极进行测量。

将"U_H,U_σ"切换开关投向 U_σ 侧,"功能切换"置 U_σ。在零磁场下,取 I_s=2.00 mA,测量 A、C 之间的电位 U_{AC}(即 U_σ);I_s 换向,再测一次 U_{AC},填入表 4-6-5 中,两次测得的 U_{AC} 的绝对值平均,即得 U_σ 代入公式 $\sigma = \dfrac{I_s}{U_\sigma} \cdot \dfrac{l}{bd}$ 即可求得电导率 σ。用公式 $\mu = |R_H| \cdot \sigma$ 即可求得迁移率 μ,单位为 $m^2/(V \cdot s)$。

【注意事项】

1. 绝不允许将"I_M 输出"接到"I_s 输入"和"U_H、U_σ 输出"处,否则一旦通电,霍耳样品即遭破坏。

2. 霍耳片性脆易碎,电极极细易断,严防撞击或用手触摸,否则霍耳片即遭破坏。测量时需将霍耳片置于电磁铁中心,调节时须谨慎、轻柔、缓慢。

【实验数据及处理】

$$\frac{B}{I_M} = \quad \text{kGS/A}, \quad l=3.0 \text{ mm}, \quad d=0.5 \text{ mm}$$

1. 测绘 U_H-I_s 曲线,并求霍耳系数 R_{H1}

表 4-6-3　　　　　　$I_M = 0.600$ A　　单位:mV

I_s/mA	U_1 $+I_s$、$+B$	U_2 $+I_s$、$-B$	U_3 $-I_s$、$-B$	U_4 $-I_s$、$+B$	$U_H = \dfrac{+U_1-U_2+U_3-U_4}{4}$
1.00					
1.50					
2.00					
2.50					
3.00					
4.00					

在坐标纸上作 U_H-I_s 曲线;

从图中直线求出斜率 $R_{H1} \cdot \dfrac{B}{d} = \quad$, $R_{H1} = \quad$ 。

2. 测绘 U_H-I_M 曲线,并求霍耳系数 R_{H2}

表 4-6-4　　　　　　$I_s = 3.00$ mA　　单位:mV

I_M/A	U_1 $+I_s$、$+B$	U_2 $+I_s$、$-B$	U_3 $-I_s$、$-B$	U_4 $-I_s$、$+B$	$U_H = \dfrac{+U_1-U_2+U_3-U_4}{4}$
0.300					
0.400					
0.500					
0.600					
0.700					
0.800					

在坐标纸上作 U_H-I_M 曲线。

从图中求出斜率　　　$R_{H2} \cdot \dfrac{I_s}{d} = \quad$, $R_{H2} = \quad$

$$R_H = \frac{1}{2}(R_{H1} + R_{H2}) =$$

导电类型：

霍耳元件的灵敏度 $K_H = \dfrac{R_H}{d} = $ ；

载流子的浓度 $n = \dfrac{1}{|R_H|e} = $ 。

3. 测量电导率 σ，求迁移率 μ

表 4-6-5 $I_s = 2.00$ mA

I_s	$|U_\sigma|/\mathrm{mV}$
换向前	
换向后	
平均	

$$\sigma = \dfrac{I_s}{U_\sigma} \cdot \dfrac{l}{bd} = $$

$$\mu = |R_H|\sigma = $$

【附】

霍耳器件中的副效应及其消除方法：

(1) 不等势电压 U_0。

这是由于器件的 A、A' 两电极的位置不在一个等势面上，因此，即使不加磁场，只要有电流 I_s 通过，就有电压 $U_0 = I_s R$ 产生，R 为 A、A' 所在的两个等势面之间的电阻，结果在测量 U_H 时，就叠加了 U_0，使得 U_H 值偏大（当 U_0 与 U_H 同号）或偏小（当 U_0 与 U_H 异号）。显然，U_H 的符号取决于 I_s 和 B 两者的方向，而 U_0 只与 I_s 的方向有关，因此可以通过 I_s 的方向予以消除。

(2) 温差电效应引起的附加电压 U_E。

如图 4-6-9 所示，由于构成电流的载流子速度不同，若速度为 v 的载流子所受的洛伦兹力与霍耳电场的作用力刚好抵消，则速度大于或小于 v 的载流子在电场和磁场作用下，将各自向对立面偏转，从而在 Y 方向引起温差 $T_A - T_{A'}$。由此产生的温差电效应在 A、A' 电极上引入附加电压 U_E，且 $U_E \propto I_s B$，其符号与 I_s 和 B 的方向的关系跟 U_H 是相同的，因此不能用改变 I_s 和 B 方向的方法予以消除，但其引入的误差很小，可以忽略。

(3) 热磁效应直接引起的附加电压 U_N。

如图 4-6-10 所示，因器件两端电流引线的接触电阻不等，通电后在接点两处将产生不同的焦耳热，导致在 X 方向有温度梯度，引起载流子沿梯度方向扩散而产生热扩散电流。热流 Q 在 Z 方向磁场作用下，类似于霍耳效应在 Y 方向上产生一附加电场 E_N，相应的电压 $U_N \propto QB$，而 U_N 的符号只与 B 的方向有关，与 I_s 的方向无关，因此可通过改变 B 的方向予以消除。

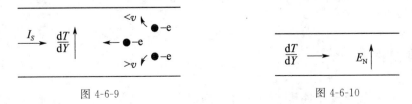

图 4-6-9   图 4-6-10

(4)热磁效应产生的温差引起的附加电压 U_{RL}。

如(3)所述的 X 方向热扩散电流,因载流子的速度统计分布,在 Z 的方向的磁场 B 作用下,和(2)中所述的同一道理,将在 Y 方向产生温度梯度 $T_A-T_{A'}$,由此引入的附加电压 $U_{RL} \propto QB$,U_{RL} 的符号只与 B 的方向有关,亦能消除。(图 4-6-11)

综上所述,实验中测得的 A、A' 之间的电压除 U_H 外还包含 U_0、U_N、U_{RL} 和 U_E 各电压的代数和,其中 U_0、U_N 和 U_{RH} 均通过 I_s 和 B 换向对称测量法予以消除。

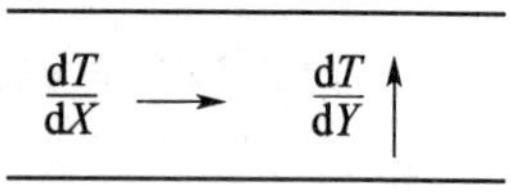

图 4-6-11

设 I_s 和 B 的方向均为正向时,则 A、A' 之间电压记为 U_1,即

当 $+I_s$、$+B$ 时, $U_1 = U_H + U_0 + U_N + U_{RL} + U_E$

将 B 换向,而 I_s 的方向不变,测得的电压记为 U_2,此时 U_H、U_N、U_{RL}、U_E 均改号而 U_0 符号不变,即:

当 $+I_s$、$-B$ 时, $U_2 = -U_H + U_0 - U_N - U_{RL} - U_E$

同理,按照上述分析,当 $-I_s$、$-B$ 时,$U_3 = U_H - U_0 - U_N - U_{RL} + U_E$;当 $-I_s$、$+B$ 时,$U_4 = -U_H - U_0 + U_N + U_{RL} - U_E$。求以上四组数据 U_1、U_2、U_3 和 U_4 的代数平均值,可得:

$$U_H + U_E = \frac{U_1 - U_2 + U_3 - U_4}{4}$$

由于 U_E 符号与 I_s 和 B 两者方向关系和 U_H 是相同的,故无法消除,但在非大电流、非强磁场下,$U_H \gg U_E$,因此 U_E 可略而不计,所以霍耳电压为:

$$U_H = \frac{U_1 - U_2 + U_3 - U_4}{4}$$

实验 4.7 示波器的调整与使用

阴极射线示波器,简称示波器,是常用的电子仪器之一。它可以将电压随时间变化的规律显示在荧光屏上,以便研究它。因此,一切可以转化为电压的电学量(如电流、电功率、阻抗等)、非电学量(如温度、位移、速度、压力、光强、磁场、频率等)以及它们随时间的变化过程,都可用示波器观察。由于电子射线惯性小,又能在荧光屏上显示出可见的图像,所以特别适用于观察测量瞬时变化过程。示波器是一种用途广泛的测量工具。

【实验要求】

1. 掌握示波器显示波形的原理,并了解示波器的构造。
2. 学习使用示波器和信号发生器。

【实验目的】

观察信号电压波形及测量其电压、频率和周期。

【实验仪器与器具】

1. 实验仪器

(1) SS-5702 示波器;

(2) 探头;

(3) XJ1630 型函数信号发生器。

2. SS-5702 示波器面板介绍

序号①~㉔在前面板上;㉕~㉘在后面板上。如图 4-7-1(a)、(b)所示。

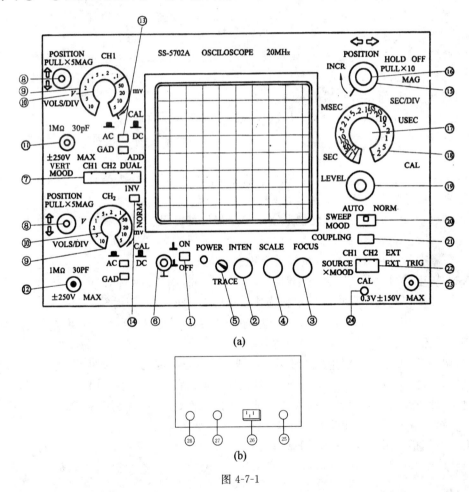

图 4-7-1

①电源(POWER):电源线路开关。接通仪器时,指示灯亮。

②辉度(INTEN):控制显示亮度。

③聚焦(FOCUS):供调出最佳清晰度。

④刻度照明(SCALE):控制刻度照明的亮度。

⑤扫迹旋转(TRACE ROTATION):机械地控制扫迹与水平刻度线平行。

⑥接地:输入信号源与本仪器连接的接地端。

⑦垂直方式（Y 方式）：选择垂直工作方式和 X-Y 工作方式。

以下方式可供选择：

通道1　CH1：仅显示通道1。在 X-Y 显示时，通道1的作用由触发源开关决定。

通道2　CH2：仅显示通道2。在 X-Y 显示时，通道2的作用也由触发源开关决定。

双踪（DUAL）：两个通道的信号双踪显示。在这一方式下，将扫描速度置于每格0.5 ms 范围时为断续显示，置于每格0.2 ms 以上范围时为交替显示。

相加（ADD）：加入通道1和通道2输入端的信号代数相加并在示波管屏幕上显示其和。通道2"极性"开关可使显示为 CH1+CH2 或 CH1-CH2。

⑧位移（拉出增益×5）（PULL×5MAG）：控制所显示波形的垂直位移。此旋钮也是用作控制灵敏度扩展5倍的推拉开关。

⑨伏特/格（VOLTS/DIV）：按 1~2~5 序列分11挡选择垂直偏转因数。要获得校正的偏转因数，微调旋钮必须置于校正（CAL）位置。

⑩微调（VARIABLE）：提供在"伏特/格"开关各校正挡位之间连续可调的偏转因数。

⑪、⑫通道1、通道2输入端（CH1、CH2 INPUT）：通道1、通道2偏转信号或 X-Y 显示方式下的 Y 轴、X 轴偏转信号的输入端。

⑬交流-地-直流（AC-GND-DC）：用以选择以下耦合方式的开关。

AC：信号经电容耦合到垂直放大器，信号的直流成分被阻断。低频极限（低端-3dB 点）约为 4 Hz。

GND：输入信号从垂直放大器的输入端断开且输入端接地，输入信号不接地。

DC：输入信号的所有成分都送入垂直放大器。

⑭极性（POLARITY）：用以转换通道2显示极性的开关。当按钮处于按入位置时，极性反向。

⑮⇔位移（⇔ POSITION）：控制显示的水平位移。

⑯扫描长度（拉出扩展10倍）（SWEEP LENGTH(PULL×10MAG)）：控制显示扫描长度的旋钮。此旋钮也是用作控制显示扫描速度扩展10倍的推拉开关。

⑰时间/格（TIME/DIV）：以 1~2~5 顺序分18级选择扫描速度。要得到校正的扫描速度，"微调"旋钮必须置于校正（CAL）位置。

⑱微调（VARIABLE）：提供在"时间/格"开关各校正挡位之间连续可调的扫描速度。

⑲电平/触发极性（LEVEL/SLOPE）：控制触发电平的旋钮，这一旋钮也是用于控制选择触发极性的推拉开关。旋钮处于推入状态时为正向触发，拉出时为负向触发。

⑳扫描方式（SWEEP MODE）：用以选择以下几种方式。

AUTO：扫描可由重复频率50 Hz 以上和在由"耦合方式"开关确定的频率范围内的信号触发。当"电平"旋钮旋至触发范围以外或无触发信号加至触发电路时，由自激扫描产生一个基准扫迹。

NORM：扫描可由在"耦合方式"开关所确定的频率范围以内的信号所触发。当"电平"旋钮旋至触发范围以外或无触发信号加至触发电路时，扫描停止。

㉑耦合方式（COUPLING）：选择以下触发信号耦合方式。

AC(EXT DC)：选择内触发时为交流耦合，选择外触发时为直流耦合。交流耦合截止到直流和衰减低于约 20 Hz 的信号，高于约 20 Hz 的信号可以通过。直流耦合允许从直流至 20 MHz 的各种触发信号通过。

TV-V:这种耦合方式适用于全电视信号的测试。

㉒触发源(SOURCE):选择触发信号源。

CH1/CH2:置于这两个位置时为内触发。当"垂直工作方式"开关置于"双踪"时,下列信号被用于触发:当触发源开关处于 CH1 位置时,连接到 CH1 INPUT 端的信号用于触发;处于 CH2 位置时连接到 CH2 INPUT 的信号用作触发;当"垂直工作方式"开关置于 CH1 或 CH2 时,触发信号源开关的位置也应相应置于 CH1 或 CH2。

EXT:触发信号从连接到触发信号输入端的信号中取得。

㉓输入端(INPUT):外触发信号或外水平信号输入端。

㉔校正输出(CAL OUT):0.3 V 校正电压输出端。

㉕Z 轴输入端(Z AXIS INPUT):外辉度调制信号输入端。

㉖交流电源输入端(AC LINE INPUT):连接电源线的插口。

㉗保险(FUSE):容纳 0.3 A 慢熔断保险管的保险座。

㉘连接大地的接地端。

3. XJ1630 型函数信号发生器面板介绍

前面板和后面板的布局图如图 4-7-2 所示。

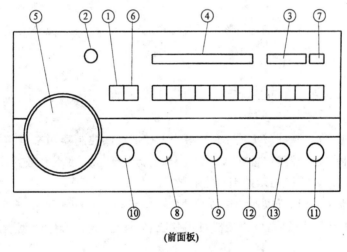

(前面板)

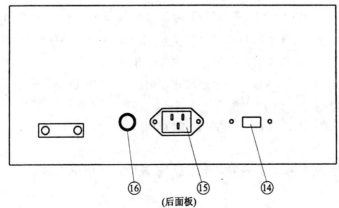

(后面板)

图 4-7-2　XJ1630 型函数信号发生器面板分布图

前面板上各控制机件的名称和作用：

①电源开关（POWER）：仪器的电源开关，揿入（ON）为电源接通。

②指示灯：电源通指示灯亮。

③函数开关（FUNCTION）：由3个互锁的按键开关组成，用来选择输出波形：方波、三角波、正弦波。每按一次仅可对3种波形中的一种进行选择。

④频率挡级（RANGE）：由7个按键组成的一组互锁开关，用来选择信号的频率挡级。每按一次仅可对7挡频率中的一挡进行选择。该7挡频率挡级为：1、10、100、1k、10k、100k、1M（Hz）。

⑤度盘读数调节器：为一个带有度盘指针的可调电位器，可以调节信号的输出频率。其最大读数为2.0×频率挡级，最小读数为0.1×频率挡级。

注：该电位器可以360°旋转，但仪器选择的有效调节范围为300°。面板上没有刻度指示的扇形区为无效区域，度盘指针位于该区域时，仪器不能正确工作，但不是故障。

⑥反向控制器（INVERT）：当按键弹出时，输出脉冲信号不反向；当揿入时，输出脉冲信号反向。

⑦衰减器（ATTENUATOR）：当按键弹出时，输出信号不衰减；当揿入时，输出信号衰减30 dB。

⑧直流偏置（DC OFF SET）：当该旋钮被拉出时，可有一个直流偏置电压被加到输出信号上，该直流偏置电压可在$-10\sim+10$ V变化。当该旋钮被推入时，输出信号没有加上直流偏置电压。

⑨信号幅度（AMPLITUDE）：可控制输出信号幅度的大小。顺时针方向旋转到底输出信号幅度为最大。

⑩占空系数锯齿波/脉冲（DUTY RAMP/PULSE）：该控制器用来调整方波或三角波的占空系数，当控制器置于校准位置"CAL"时（反时针旋转到底），占空系数约50%，输出的为方波。正弦波、三角波，其度盘指示的频率为有效。

当置于非校准位置时，可以连续调节脉冲的占空系数，其变化为10%~90%。

⑪信号输出（OUT PUT）：该连接器对正弦波、方波、三角波、脉冲、锯齿波各种波形可输出信号。

⑫同步输出信号[SYNC OUT（TTL）]：该连接器提供了一个与TTL电平兼容的同步输出信号。该信号不受函数开关（FUNCTION）③与幅度控制器（AMPLITUDE）⑨的影响。

同步输出信号的频率与该仪器输出信号的频率相同。

⑬压控振荡输入（VCF IN）：当一个外部直流电压0~5 V DC由VCF IN输入时，函数发生器的信号频率变化为100∶1。

⑭电源转换开关（LINE VOLTAGE SELECTOR）可选择220 V或110 V的供电电源。

⑮电源插座。

⑯保险丝座：供电电源220 V时，用0.25 A保险丝。供电电源110 V时，用0.5 A保险丝。

【预习思考题】

1. 荧光屏上所观察到的波形实际上是哪两个波形的合成?
2. 示波器显示完整稳定波形的充要条件是什么?

【实验原理】

1. 示波器的结构

尽管示波器有各种不同的型号,但其基本结构都相同,都是由示波管、锯齿波发生器、X、Y轴电压放大器(包括衰减器)组成,如图 4-7-3 所示。示波管的结构和工作原理在电子的荷质比实验中详细介绍,这里不再赘述。

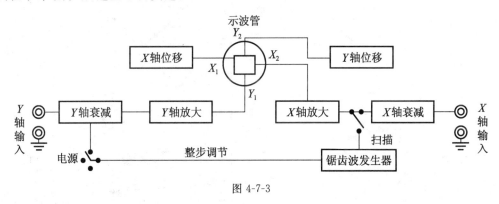

图 4-7-3

(1) 电压放大器和衰减器。

由于示波管本身的 X 及 Y 轴偏转板的灵敏度不高,当加于偏转板的信号电压较小时,电子束不能发生足够的偏转,以至屏上光点位移过小,不便观测,这就要求我们预先把小的信号电压加以放大再加到偏转板上。为此,设置 X 轴和 Y 轴电压放大器。

从 "Y 轴输入" 与 "地" 两端接入的输入电压,经 Y 轴衰减器衰减后,作用于 "Y 轴放大器"(也称增幅器)。经放大后与 "Y 轴位移" 一起作用于 Y_1-Y_2 两偏转板,能使示波管屏上光点位移增大。

"衰减器" 的作用是使过大的输入电压变小,以适应 Y 轴放大器的要求。衰减率通常分为 3 挡:1、1/10、1/100。但习惯上仪器面板上用其倒数:1、10、100。值得注意的是,过大的输入信号电压还可通过探头进行衰减。

X 轴的衰减器和放大器与 Y 轴的作用相同。

(2) 锯齿波发生器。

锯齿波发生器是产生锯齿波电压的,在 X 轴偏转板加上与时间成正比的线性电压,又称锯齿波电压,这时电子束在荧光屏上的亮点由左匀速地向右运动,到右端后马上又回到左端,该过程称为扫描。电子束在荧光屏上的扫描是周而复始的。如果重复的频率较大时,在荧光屏上看到的是一条水平亮线。

2. 示波器波形显示原理

(1)示波器的扫描。

若将一个周期性的交变信号如正弦电压信号 $U_y=U_0\sin\omega t$ 加到 Y 偏转板上而 X 偏转板不加信号电压,则荧光屏上的光点只是作上下方向的正弦振动,振动的频率较快时,荧光屏上呈现一条竖直亮线。要在荧光屏上展现出正弦波形,这就需要光点沿 X 轴方向展开,必须在 X 偏转板上加随时间作线性变化的电压,即上述的锯齿波电压,又称扫描电压。

在 Y 轴转板上的信号电压与 X 轴偏转板上的扫描电压同时作用下,电子束既有 Y 方向的偏转,又有 X 方向的偏转,穿过偏转板的电子束就可在荧光屏上显示出信号电压的波形。若扫描电压和信号电压周期完全一致,则荧光屏上显示的图形是一个完整的正弦波,如图 4-7-4 所示。

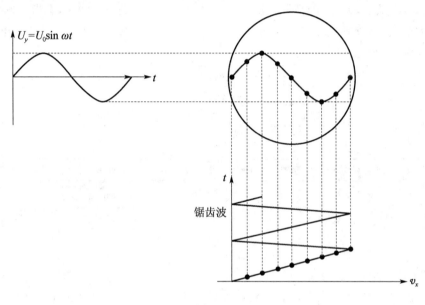

图 4-7-4

(2)示波器的整步。

要看到输入信号的一个完整波形,必须使扫描电压的周期大于或等于输入信号的周期。而欲看到一个稳定波形,则要求扫描电压周期每个相同的相位点都时刻与输入信号的相同相位点保持不变,即要求扫描电压周期 T_s 与输入信号电压周期 T_i 的关系必须是整倍量:

$$T_s=nT_i \quad (n=1,2,3,\cdots)$$

这就是示波器显示完整稳定波形的充要条件。n 表示完整稳定波形的数目。

一般情况下,被测信号周期 T_i 与扫描信号周期 T_s 难以调节成准确的整数倍,为此,采用输入信号去控制扫描信号的频率(或周期),使 $T_s=nT_i$ 严格成立,电路的这个控制作用,称为整步(或称同步)。

【实验内容】

1. 实验步骤

(1)熟悉示波器上各旋钮的功能和用法(见表 4-7-1)。

(2) SS-5702A 型示波器使用前检查各旋钮的位置和正常工作的波形图。

表 4-7-1

控制机件	作用位置	控制机件	作用位置
垂直位移↑↓	居中	微调(CH1)	CAL
水平位移⇆	居中	耦合方式	AC(EXT DC)
辉度	居中	触发源	CH1
垂直方式	CH1	时间/格	0.2 ms
扫描方式	AUTO	伏特/格	50 mV
DC-⊥-AC	⊥	扫描长度	顺时针旋到底

接通电源开关，大约 15 s 后出现扫描基线，调节"水平位移"、"垂直位移"钮，使扫迹移至荧光屏观测区域的中央。调"辉度"旋钮使扫迹的亮度适中，调节"聚焦"旋钮使扫迹纤细清晰。用探头将本机 0.3 V、1 kHz 的校准信号连接到通道 1 输入端，输入耦合置于"AC"位置，将探头衰减比置于"×1"，调节"电平"旋钮使仪器触发，使屏上显示幅度为 6 格，周期为 5 格的方波。

(3) 观察待测信号波形。

用导线连接函数信号发生器信号输出端(此信号当做未知信号)和示波器通道 1(或通道 2)输入端(注意：函数信号发生器任选一波形、频率和输出电压，通过示波器来观察波形，测频率、电压)。将示波器控制器置于下列位置：

垂直位移　　　　　　　中间位置
水平位移　　　　　　　中间位置
辉度　　　　　　　　　居中
垂直方式　　　　　　　CH1(CH2)
交流-地-直流　　　　　AC
扫描方式　　　　　　　AUTO
微调　　　　　　　　　CAL
耦合方式　　　　　　　AC(EXT DC)
触发源　　　　　　　　CH1(CH2)

调节"电平"旋钮，使荧光屏上显示稳定的波形，调节"伏特/格"旋钮，使波形幅度适当，调节"时间/格"挡位，使信号易于观测。

(4) 测量。

① 电压测量。

在测量时一般把"VOLTS/DIV"开关的微调装置以顺时针方向旋至满度的校准位置，这样可以按"VOLTS/DIV"的指示值直接计算被测信号的电压幅值。

交流电压的测量：当只需测量被测信号的交流成分时，应将 Y 轴输入耦合方式开关置"AC"位置，调节"VOLTS/DIV"开关，使波形在屏幕中显示的幅度适中，调节"电平"旋钮使波形稳定，分别调节 Y 轴和 X 轴位移，使波形显示值方便读取，如图 4-7-5 所示。根据"VOLTS/DIV"的指示值和波形在垂直方向显示的坐标(DIV)，按下式读取：

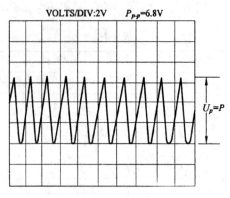

图 4-7-5

$$U_{p-p} = \text{V/DIV} \times H(\text{DIV})$$

$$U_{\text{有效值}} = \frac{U_{p-p}}{2\sqrt{2}}$$

VOLTS/DIV:2 V, $U_{p-p}=6.8$ V

VOLTS/DIV:0.5 V, $U=1.8$ V

直流电压的测量:当需要测量被测信号的直流成分的电压时,应先将 Y 轴耦合方式开关置"GND"位置,调节 Y 轴位移使扫描线在一个合适的位置上,再将耦合方式开关转换到"DC"位置,调节"电平"使波形同步。根据波形偏移原基线的垂直距离,用上述方法读取该信号的各个电压值,如图 4-7-6 所示。

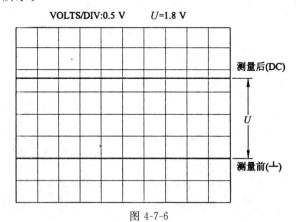

图 4-7-6

②时间测量。

对某信号的周期或该信号任意两点间时间参数的测量,可首先按上述操作方法,使波形获得稳定同步后,根据该信号周期或需测量的两点间在水平方向的距离乘以"SEC/DIV"开关的指示值获得。当需要观察该信号的某一细节(如快跳变信号的上升或下降时间)时,如图 4-7-7 所示,可将"SEC/DIV"开关的扩展旋钮拉出,使显示的距离在水平方向得到 5 倍的扩展,调节 X 轴位移,使波形处于方便观察的位置,此时测得的时间值应除以 5。

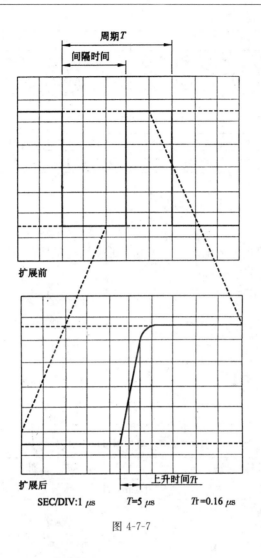

图 4-7-7

③频率测量。

周期倒数法：对于重复信号的频率测量，可先测出该信号的周期，再根据公式 $f(\mathrm{Hz})=\dfrac{1}{T(\mathrm{s})}$ 计算出频率值，若被测信号的频率较高，即使将"SEC/DIV"开关已调至最快挡，屏幕中显示的波形仍然较密，为了提高测量精度，可根据 X 轴方向 10DIV 内显示的周期数用下式计算

$$f(\mathrm{Hz})=\frac{N(\text{周期数})}{\text{SEC/DIV 指示值}\times 10}$$

李萨如图法：如果 X 轴和 Y 轴偏转板同时加上频率分别为 f_x 和 f_y 的正弦电压，光点的运动是两个相互垂直的简谐振动的合成。若 f_x 与 f_y 的比值为简单整数比时，则光点合成运动的轨迹是一个封闭的图形，称为李萨如图形。调节输入信号频率，当封闭图形稳定时，测出图形与坐标轴 X、Y 的切点数 N_x、N_y，按 $N_x f_x = N_y f_y$ 计算被测信号的频率。

将示波器进行 X-Y 显示，借助一个频率已知的信号形成李萨如图形，如图 4-7-8 所示。

$f_y:f_x$	1:1	1:2	1:3	2:3	3:2	3:4	2:1
李萨如图形	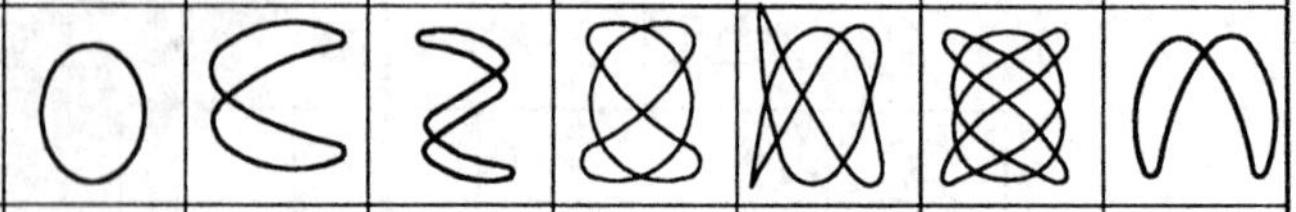 ○	⋉	⋚	⊗	⋈	⋈	∩
N_x	1	1	1	2	3	3	2
N_y	1	2	3	3	2	4	1
f_x Hz	100	100	100	100	100	100	100
f_y Hz	100	50	100/3	200/3	150	75	200

图 4-7-8

2. 注意事项

(1) 接入电源前,要检查电源电压和仪器规定的使用电压是否相符。

(2) 各旋钮转动时切忌用力过猛。

(3) 为了保护荧光屏不被灼伤,使用时,光点亮度不能太强,而且也不能让光点长时间停在荧光屏的一点上。

(4) 示波器应聚焦良好。

【实验数据及处理】

数据表格分别如表 4-7-2、表 4-7-3 所示。

表 4-7-2 观察与测量电压波形

波形	电压峰—峰值			周期			频率
	V/div	div	U_{p-p}/V	ms/div	div	T_y/ms	f_y/kHz

表 4-7-3 观察李萨如图形,测正弦信号频率

李萨如图形	f_x/kHz	n_y	n_x	$f_y=\dfrac{N_x}{N_y}f_x$/kHz	$\overline{f}_y$/kHz

【思考题】

1. 用示波器观察正弦波时，在荧光屏上出现下列现象，试解释：①屏上呈现一竖直亮线；②屏上呈现一水平亮线；③屏上呈现一光点。

2. 示波器电平旋钮的作用是什么？什么时候需要调节它？观察李萨如图形时，能否用它把图形稳定下来？

3. 欲用示波器观察回路电流随时间变化的波形，应采用什么线路实现？试绘出线路图并加以说明。

【附Ⅰ】 YB4320/20A/40/60 示波器介绍

YB4320/20A/40/60 前面板示意图如图 4-7-9 所示，后面板示意图如图 4-7-10 所示。

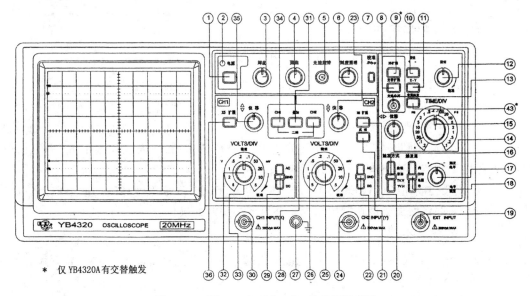

图 4-7-9　YB4320/20A/40/60 前面板示意图

面板控制键作用说明：

1. 主机电源

㊳交流电源插座，插座下端装有保险丝。

检查电压选择器上标明的额定电压，并使用相应的保险丝。该电源插座用于连接交流电源线。

①电源开关(POWER)：将电源开关按键弹出即为"关"位置，将电源线接入，按电源开关，以接通电源。

②电源指示灯：电源接通时指示灯亮。

③亮度旋钮(INTENSITY)：顺时针方向旋转旋钮，亮度增加。

接通电源之前将该旋钮逆时针方向旋转到底。

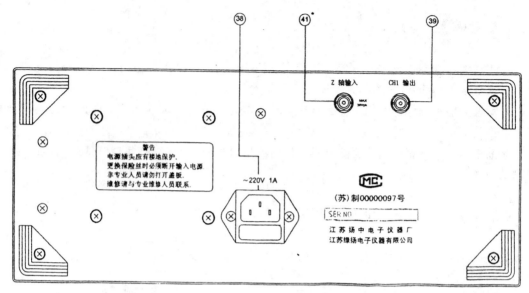

* 仅 YB4320A 有 CH1 输出

图 4-7-10　YB4320/20A/40/60 后面板示意图

④聚焦旋钮(POCUS)：用亮度控制钮将亮度调节至合适的标准，然后调节聚焦控制钮直至轨迹达到最清晰的程度。虽然调节亮度时聚焦可自动调节，但聚焦有时也会轻微变化，如果出现这种情况，需重新调节聚焦。

⑤光迹旋转旋钮(TRACE ROTATION)：由于磁场的作用，当光迹在水平方向轻微倾斜时，该旋钮用于调节光迹与水平刻度线平行。

⑥刻度照明控制钮(SCALE ILLUM)：该旋钮用于调节屏幕刻度亮度。如果该旋钮顺时针方向旋转，亮度将增加。该功能用于黑暗环境或拍照时的操作。

2. 垂直方向部分

㉚通道 1 输入端[CH1 INPUT(X)]：该输入端用于垂直方向的输入。在 $X\text{-}Y$ 方式时输入端的信号成为 X 轴信号。

㉔通道 2 输入端[CH2 INPUT(Y)]：和通道 1 一样，但在 $X\text{-}Y$ 方式时输入端的信号仍为 Y 轴信号。

㉒、㉙交流-接地-直流　耦合选择开关(AC-GND-DC)：选择垂直放大器的耦合方式。

交流(AC)：垂直输入端由电容器来耦合。

接地(GND)：放大器的输入端接地。

直流(DC)：垂直放大器输入端与信号直接耦合。

㉖、㉝衰减器开关(VOLT/DIV)：用于选择垂直偏转灵敏度的调节。如果使用的是 10∶1 的探头，计算时将幅度×10。

㉕、㉜垂直微调旋钮(VARIBLE)：垂直微调用于连续改变电压偏转灵敏度。此旋钮在正常情况下应位于顺时针方向旋到底的位置。将旋钮逆时针方向旋到底，垂直方向的灵敏度下降到 2.5 倍以上。

⑳、㊱CH1×5 扩展，CH2×5 扩展(CH1×5MAG，CH2×5MAG)：按下×5 扩展按键，垂

直方向的信号扩大 5 倍,最高灵敏度变为 1 mV/div。

㉓、㉟垂直移位(POSITION):调节光迹在屏幕中的垂直位置。

垂直方式工作按钮(VERTICAL MODE):选择垂直方向的工作方式。

㉞通道 1 选择(CH1):屏幕上仅显示 CH1 的信号。

㉘通道 2 选择(CH2):屏幕上仅显示 CH2 的信号。

㉞、㉘双踪选择(DUAL):同时按下 CH1 和 CH2 按钮,屏幕上会出现双踪并自动以断续或交替方式同时显示 CH1 和 CH2 上的信号。

㉛叠加(ADD):显示 CH1 和 CH2 输入电压的代数和。

㉑CH2 极性开关(INVERT):按此开关时 CH2 显示反相电压值。

3. 水平方向部分

⑮扫描时间因数选择开关(TIME/DIV):共 20 挡,在 0.1 μs/div～0.2 s/div 范围选择扫描速率。

⑪X-Y 控制键:如 X-Y 工作方式时,垂直偏转信号接入 CH2 输入端,水平偏转信号接入 CH1 输入端。

㉓通道 2 垂直移位键(POSITION):控制通道 2 在屏幕中的垂直位置,当工作在 X-Y 方式时,该键用于 Y 方向的移位。

⑫扫描微调控制键(VARIBLE):此旋钮以顺时针方向旋转到底时处于校准位置,扫描由 TIME/DIV 开关指示,该旋钮逆时针方向旋转到底,扫描减慢 2.5 倍以上。正常工作时,该旋钮位于校准位置。

⑭水平移位(POSITION):用于调节轨迹在水平方向移动。顺时针方向旋转该旋钮向右移动光迹,逆时针方向旋转向左移动光迹。

⑨扩展控制键(MAG×5)、(MAG×10,仅 YB4360):按下去时,扫描因数×5 扩展或×10 扩展。扫描时间是 TIME/DIV 开关指示数值的 1/5 或 1/10。

例如,×5 扩展时,100 μs/DIV 为 20 μs/DIV。

部分波形的扩展:将波形的尖端移到水平尺寸的中心,按下×5 或×10 扩展按钮,波形将扩展 5 倍或 10 倍。

⑧ALT 扩展按钮(ALT-MAG):按下此键,扫描因数×1、×5 或×10 同时显示,此时要把放大部分移到屏幕中心,按下 ALT-MAG 键(见图 4-7-11)。

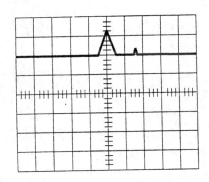 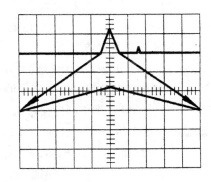

图 4-7-11　ALT-MAG(×10)

扩展以后的光迹可由光迹分离控制键⑬移位距×1 光迹 1.5DIV 或更远的地方。
同时使用垂直双踪方式和水平 ALT-MAG 可在屏幕上同时显示 4 条光迹。

4. 触发(TRIG)

⑱触发源选择开关(SOURCE)：选择触发信号源。

内触发(INT)：CH1 或 CH2 上的输入信号是触发信号。

通道 2 触发(CH2)：CH2 上的输入信号是触发信号。

电源触发(LINE)：电源频率成为触发信号。

外触发(EXT)：触发输入上的触发信号是外部信号，用于特殊信号的触发。

㊸交替触发(ALT TRIG)：在双踪交替显示时，触发信号交替来自于两个 Y 通道，此方式可用于同时观察两路不相关信号。

⑲外触发输入插座(EXT INPUT)：用于外部触发信号的输入。

⑰触发电平旋钮(TRIG LEVEL)：用于调节被测信号在某一电平触发同步。

⑩触发极性按钮(SLOPE)：触发极性选择。用于选择信号的上升沿和下降沿触发（见图 4-7-12）。

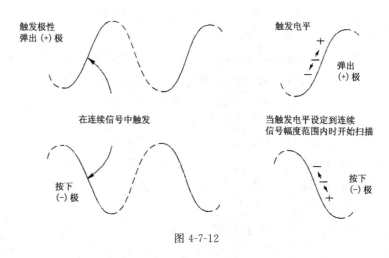

图 4-7-12

⑯触发方式选择(TRIG MODE)。

自动(AUTO)：在自动扫描方式时扫描电路自动进行扫描。在没有信号输入或输入信号没有被触发同步时，屏幕上仍然可以显示扫描基线。

常态(NORM)：有触发信号才能扫描，否则屏幕上无扫描线显示。当输入信号的频率低于 20Hz 时，请用常态触发方式。

TV-H：用于观察电视信号中行信号波形。

TV-V：用于观察电视信号中场信号波形。

注意：仅在触发信号为负同步信号时，TV-V 和 TV-H 同步。

㊶Z 轴输入连接器(后面板)(Z AXIS INPUT)：Z 轴输入端。加入正信号时，辉度降低；加入负信号时，辉度增加。常态下的 $5U_{p-p}$ 的信号就能产生明显的调辉。

㊴通道 1 输出(CH1 OUT)：通道 1 信号输出连接器，可用于频率计数器输入信号。

⑦校准信号(CAL)：电压幅度为 $0.5U_{p-p}$、频率为 1 kHz 的方波信号。

㉗接地柱⊥:这是一个接地端。

【附Ⅱ】 YB1600P 系列函数信号发生器介绍

如图 4-7-13、图 4-7-14 所示。

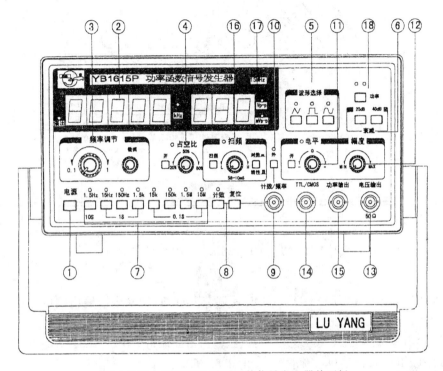

图 4-7-13　YB1600P 系列函数信号发生器前面板

①源开关(POWER):将电源开关按键弹出即为"关"位置,将电源线接入,按下电源开关以接通电源。

②LED 显示窗口:此窗口指示输出信号的频率,当"外测"开关按入,显示外测信号的频率。如超出测量范围。溢出指示灯亮。

③频率调节旋钮(FREQUENCY):调节此旋钮改变输出信号频率,顺时针旋转,频率增大;逆时针旋转,频率减小,微调旋钮可以微调频率。

④占空比(DUTY):占空比开关,占空比调节旋钮,将占空比开关按入,占空比指示灯亮,调节占空比旋钮,可改变波形的占空比。

⑤波形选择开关(WAVE FORM):按对应波形的某一键,可选择需要的波形。

⑥衰减开关(ATTE):电压输出衰减开关,两挡开关组合为 20 dB、40 dB、60 dB。

⑦频率范围选择开关(兼频率计闸门开关):根据所需要的频率,按其中一键。

⑧计数、复位开关:按计数键,LED 显示开始计数,按复位键,LED 显示全为 0。

⑨计数/频率端口:计数、外测频率输入端口。

⑩外测频开关:此开关按入,LED 显示窗显示外测信号频率或计数值。

⑪电平调节:按入电平调节开关,电平指示灯亮,此时调节电平调节旋钮,可改变直流偏置

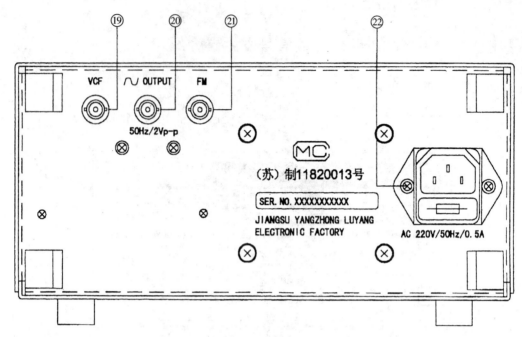

图 4-7-14　YB1600P 系列函数信号发生器后面板

电平。

⑫幅度调节旋钮(AMPLITUDE)：顺时针调节此旋钮,增大电压输出幅度。逆时针调节此旋钮,可减小电压输出幅度。

⑬电压输出端口(VOLTAGE OUT)：电压输出由此端口输出。

⑭TTL/CMOS 输出端口：由此端口输出 TTL/CMOS 信号。

⑮功率输出端口：功率输出由此端口输出。

⑯扫频：按入扫频开关,电压输出端口输出信号为扫频信号,调节速率旋钮,可改变扫频速率,改变线性/对数开关可产生线性扫频和对数扫频。

⑰电压输出指示：3 位 LED 显示输出电压值,输出送 500 Ω 负载时应将读数除以 2。

⑱功率按键：按入按键上方,左边绿色指示灯亮,功率输出端口输出信号,当输出过载时,右边红色指示灯亮。

⑲VCF：由此端口输入电压控制频率变化。

⑳50 Hz 正弦波输出端口：50 Hz 约 $2U_{p-p}$ 正弦波由此端口输出。

㉑调频(FM)输入端口：外调频波由此端口输入。

㉒交流电源 220 V 输入插座。

基本操作方法如下：

打开电源开关之前,首先检查输入的电压,将电源线插入后面板上的电源插孔,如表 4-7-4 所示设定各个控制键。

表 4-7-4

电源(POWER)	电源开关键弹出
衰减开关(ATTE)	弹出
外测频(COUNTER)	外测频开关弹出
电平	电平开关弹出
扫频	扫频开关弹出
占空比	占空比开关弹出

所有控制键如上设定后,打开电源。函数信号发生器默认 10k 挡正弦波,LED 显示窗口显示本机输出信号频率。

(1)将电压输出信号由幅度(VOLTAGE OUT)端口通过连接线送入示波器 Y 输入端口。

(2)三角波、方波、正弦波产生。

①将波形选择开关(WALE FORM)分别按正弦波、方波、三角波,此时示波器屏幕上将分别显示正弦波、方波、三角波。

②改变频率选择开关,示波器显示的波形以及 LED 窗口显示的频率将发生明显变化。

③幅度旋钮(AMPLITUDE)顺时针旋转至最大,示波器显示的波形幅度将$\geqslant 20U_{p-p}$。

④将电平开关按入,顺时针旋转电平旋钮至最大,示波器波形向上移动,逆时针旋转,示波器波形向下移动,最大变化量±10 V 以上。注意:信号超过±10 V 或±5 V(50 Ω)时被限幅。

⑤按下衰减开关,输出波形将被衰减。

(3)计数、复位。

①按复位键,LED 显示全为 0。

②按计数键、计数/频率输入端输入信号时,LED 显示开始计数。

(4)斜波产生。

①波形开关置"三角波"。

②占空比开关按入指示灯亮。

③调节占空比旋钮,三角波将变化斜波。

(5)外测频率。

①按入外测开关,外测频指示灯亮。

②外测信号由计数/频率输入端输入。

③选择适当的频率范围,由高量程向低量程选择合适的有效数,确保测量精度(注意:当有溢出指示时,请提高一挡量程)。

(6)TTL 输出。

①TTL/CMOS 端口接示波器 Y 轴输入端(DC 输入)。

②示波器将显示方波或脉冲波,该输出端可作 TTL/CMOS 数字电路实验时钟信号源。

(7)扫频(SCAN)。

①按入扫频开关,此时幅度输出端口输出的信号为扫频信号。

②线性/对数开关,在扫频状态下弹出时为线性扫频,按入时为对数扫频。

③调节扫频旋钮,可改变扫频速率,顺时针调节,增大扫频速率,逆时针调节,减小扫频速率。

(8) VCF(压控调频)。
由 VCF 输入端口输入 0～5 V 的调制信号,此时,幅度输出端口输出为压控信号。
(9) 调频(FM)。
由 FM 输入端口输入电压为 10 Hz～20 kHz 的调制信号,此时,幅度端口输出为调频信号。
(10) 50 Hz 正弦波。
由交流 OUTPUT 输出端口输出 50 Hz 约 $2U_{p-p}$ 的正弦波。
(11) 功率输出。
按入功率按键,上方左侧指示灯亮,功率输出端口有信号输出,改变幅度电位器,输出幅度随之改变;当输出过载时,右侧指示灯亮。

实验 4.8　电子束实验

带电子粒子在电场和磁场中的运动规律,已在近代物理及电子技术中得到广泛运用。如示波管、显像管、雷达指示等器件,就是利用电子束在互相垂直的两方向上偏移,以使电子束能够到达电子接收器的任何位置这一基本原理制成的。本实验采用 DS-Ⅲ 电子束实验仪来研究电子束的电偏转、磁偏转、电聚焦和磁聚焦。

【实验目的】

1. 了解示波管的结构和各电极的作用。
2. 掌握用外加电场、磁场使电子束聚焦与偏转的原理和方法。
3. 测量示波管的电偏灵敏度和磁偏灵敏度。
4. 测量电子的荷质比。

【实验仪器与器具】

本实验采用 DS-Ⅲ 电子束实验仪,仪器面板各旋钮功能如下:
①栅极电压(辉度):用以调节加在示波管上的控制栅极上的电压大小,以控制栅极发射电子的数目,从而控制荧光屏上的亮度。
②聚焦电压:用以调节聚焦极 A_1 上的电压,以实现电子的聚焦和散焦。
③加速电压:用以调节加速阳极 A_2 上的电压,控制电子加速电压的大小,改变电子束的运动速度。
④高压转换开关:可选择 U_G、U_1、U_K 旋钮。
⑤X、Y 位移:调节 X、Y 位移旋钮,可改变 X、Y 偏转板上的预偏电压 ΔU,以便将光点沿 X、Y 轴移动坐标原点。
⑥偏转电压 U_{dx}、U_{dy}:用以调节示波管内偏转板上的电压,改变荧光屏上亮点的上下、左右偏转位置。

⑦电压粗调、细调：用以调节励磁线圈中电流大小。

⑧示波管电源开关：前者用以接通或断开高压变压器的 220V 回路；后者接通或断开励磁电流电源。

⑨低压转换开关：可选择 U_{DX}、U_{dy}、U_d 旋钮。

⑩面板各接口：表示所接励磁线圈借口。

【实验原理】

1. 示波管构造

示波管由三部分组成，如图 4-8-1 所示：① 电子枪，它发射电子，把电子加速到一定速度，并聚焦成电子束；② 由两对金属板组成的电子束偏转系统；③ 荧光屏，用来显示电子的轰击点或图像。

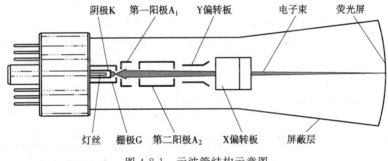

图 4-8-1　示波管结构示意图

2. 电子在横向电场作用下的运动——电子束的电偏转

电偏转是通过垂直电子束方向上加电场来实现的，如图 4-8-2 所示。电子射线经加速后，以速度 v 向 X 正方向射入，偏转电场 E 与 Y 轴平行，垂直于电子的入射方向，在偏转板区，受电场力的作用，使得通过偏转区的电子束发生偏转。假设最后电子束射在荧光屏上的 P 点处，P 点到入射线的距离为 Y，则可以从电子的运动方程以及功能原理推导出

$$S = K \frac{U_{偏}}{U_2}$$

其中 K 为比例常数，由偏转板及示波管的结构决定。

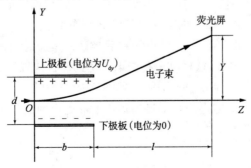

图 4-8-2　电子束的电偏转

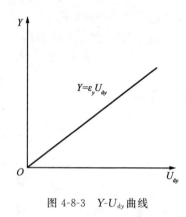

图 4-8-3 Y-U_{dy} 曲线

U_2 为加在第二阳极 A_2 上的电压,它决定了电子束进入偏转区前的速度 v_0,故称 U_2 为加速电压。

从上式中可以看出,当加速电压 U_2 一定时,所加的偏转电压 $U_偏$ 越大,光点在荧光屏上偏离的距离 Y 也越大,两者成正比。

对不同的示波管,在偏转板上加相同的电压,光点偏移量各不相同,也就是说,电偏转灵敏度不一样。我们定义电偏灵敏度 δ_e 为:当偏转板上加单位电压时所引起的电子束在荧光屏上的点的位移。

$$\delta_e = \frac{Y}{U_偏} = K \frac{1}{U_2} (\mathrm{mm/V})$$

δ_e 越大,表示偏转系统越灵敏,而 δ_e 与加速电压 U_2 成反比,U_2 越大,δ_e 越小。若偏转板上加交变电压,则电子束在屏上为一条亮线,Y 为亮线的长度,$U_偏$ 为偏转电压的峰值。

3. 电子在纵向不均匀电场作用下的运动——电子束的电聚焦

从阴极发射的电子在加速电场作用下,会聚于控制栅极孔附近的一点,之后,电子束又散开。为了在屏上得到一个又亮又小的会聚光点,必须把散开的电子束会聚起来,A_1、A_2 是两个相邻的圆筒组成的聚焦系统,在 A_1、A_2 上分别加上不同的电压 U_1、U_2,当 $U_2 > U_1$ 时,在 A_1 和 A_2 之间形成一非均匀电场,电场分布情况如图 4-8-4 所示,电场对 Z 轴是对称分布的。电子束中某个散离轴线的电子沿轨道 S 进入聚焦电场,受到电场 $F = eE$ 的作用,如图 4-8-4 所示。在电场的前半区可分解为垂直指向轴线的分力 F_r 与平行轴线的分力 F_z。F_r 的作用向 Z 轴靠拢,F_z 的作用使电子沿 Z 轴方向得到加速。在电场的后半区,电子受到的电场为 F' 可分解为相应的 F_r' 和 F_z' 两个分量。F_z' 的作用仍使电子沿 Z 轴方向加速,而 F_r' 却使电子离开轴线,但因为在整个电场区域里电子都受到同方向的沿 Z 轴的作用力 F_z 和 F_z' 的作用,电子在后半区的轴向速度比在前半区的大得多,因此电子在后半区停留的时间比在前半区停留的时间短,所以受到 F_r' 的作用时间短得多,这样电子在前半区受到的拉向轴线的作用大于在后半区受到的离开轴线的作用,总的作用是使电子向轴线靠拢。适当调节 A_1 和 A_2 上的电压比,便改变电极间的电场分布,使所有离散电子都汇集到轴线上成为很细的电子束打到荧光屏上,看到了小亮点,实现了电子束的聚焦。

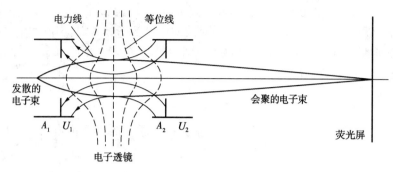

图 4-8-4 电子束的电聚焦

4. 电子在横向磁场作用下的运动——电子束的磁偏转

为了使电子束在磁场中产生偏转,通常在第二阳极 A_2 和荧光屏之间加一均匀横向磁场。如图 4-8-5 所示,电子进入磁场受到洛伦兹力的作用使电子运动轨迹发生偏转。假设电子束射在偏离中心距离的 P 点处,可推得:

$$S = K \frac{1}{\sqrt{U_2}}$$

式中,K 为比例系数,由偏转线圈形状、匝数、磁介质常数及示波管的参数决定。U_2 为加在第二阳极 A_2 上的电压。当 U_2 一定时,S 与 I 成正比,其比例系数在数值上等于单位励磁电流所引起的电子束在屏上的偏离距离 Y。若 Y 越大,就表示此偏转系数越灵敏。我们定义磁偏灵敏度为:

$$\delta_m = \frac{Y}{I} = K \frac{1}{\sqrt{U_2}} (\mathrm{mm/V})$$

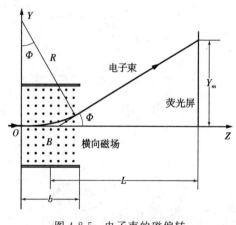

图 4-8-5 电子束的磁偏转

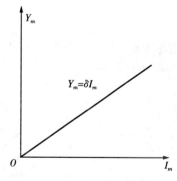

图 4-8-6 Y_m-I_m 曲线

5. 电子在纵向磁场作用下的运动——验证洛伦兹力

设一速度为 v,在磁感应强度为 $\boldsymbol{B}$ 的均匀磁场中运动的电子,如图 4-8-8 所示,电子将受到洛伦磁力的作用,其中:

$$\boldsymbol{F} = -e(\boldsymbol{v} \times \boldsymbol{B})$$

将 v 分解成与 $\boldsymbol{B}$ 平行的分量 $v_\parallel$ 和与 $\boldsymbol{B}$ 垂直的分量 $v_\perp$,则由洛伦磁力公式可知:电子沿着 $\boldsymbol{B}$

的方向运动时不受力,故沿 **B** 的方向作匀速直线运动;电子在垂直于 **B** 的方向上运动时,受力的大小 $f=Bev_\perp$,其方向与 $v_\perp$ 垂直。故该力只改变电子的运动方向,不改变电子的速度大小,结果使电子在垂直于 B 的方向的平面内做匀速圆周运动(见图 4-8-7)。此处,洛伦磁力为电子作圆周运动提供了向心力,故:

$$f=ev_\perp B=\frac{mv_\perp^2}{R}$$

式中,R 为电子作圆周运动的轨道半径,m 为电子的质量,e 为电子的电荷量。电子旋转 1 周所需的时间为:

$$T=\frac{2\pi R}{ev_\perp}=\frac{2\pi m}{eB}$$

由此可见,只要保持 B 不变,周期 T 是相同的。当 $v_\perp$ 不同时,R 也不同,但 T 仍保持不变。

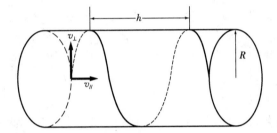
图 4-8-7　电子在纵向磁场中的运动

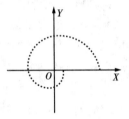
图 4-8-8　荧光屏上电子随 B 变化的轨迹

由于电子在 B 的方向上以 $v_\parallel$ 的速度作匀速直线运动,由运动合成原理可知,电子沿 B 的方向做等距螺旋运动,如图 4-8-8 所示。

其中螺旋线的半径 R 为

$$R=\frac{mv_\perp}{eB}$$

螺距 h 为

$$h=Tv_\parallel=\frac{2\pi mv_\parallel}{eB}$$

考虑到电极上圆孔的作用,$v_\perp$ 很小,故 R 较大,而 $v_\parallel$ 的大小只由相对于阴极的电压 U_2 决定,由功能原理可知:

$$v_\parallel=\sqrt{\frac{2eU_2}{m}}$$

则得

$$h=2\pi\sqrt{\frac{2mU_2}{eB^2}} \tag{4-8-1}$$

虽然电子以不同的角度 θ 入射时 $v_\perp$ 不同,在磁场作用下,各电子沿不同半径的螺旋线前进,但各螺旋线的螺距是相等的,与 θ 无关。这一点由式(4-8-1)可以看出。如果示波管中从电子束的交叉点 O 到荧光屏的距离为 l,则当 $l/h=n$ 时($n=1,2,3,\cdots$),散开的电子恰好会聚在荧光屏上,这便是磁聚焦。

6. 电子束的磁聚焦和电子荷质比的测定

利用磁聚焦现象可以测定电子的荷质比 $\dfrac{e}{m}$,调节磁场 B,使螺距 h 正好等于电子束交叉点

到荧光屏的距离 l，这时在荧光屏上出现的将是聚焦的一个亮点（见图 4-8-9）。

当 $h=l$ 时，由式(4-8-1)可得电子的荷质比为：

$$\frac{e}{m}=\frac{8\pi^2 U_2}{l^2 B^2} \tag{4-8-2}$$

只要测定 l、B、U_2，便可求出 e/m。

在本实验中，示波管在磁聚焦线圈（长直螺线圈）中间部位，故有：

$$B=\frac{3\pi N I_0 \times 10^{-7}}{\sqrt{D^2+L^2}} \tag{4-8-3}$$

将式(4-8-3)代入式(4-8-2)得：

$$\frac{e}{m}=\frac{D^2+L^2}{2l^2 N^2 \times 10^{-14}} \times \frac{U_2}{I_0^2} \tag{4-8-4}$$

式中，$K=\dfrac{D^2+L^2}{2L^2 \cdot N^2 \times 10^{-14}}$ 为该台仪器常数，D 为螺线管线圈平均直径，$D=0.093$ m，L 为螺线管线圈长度，$L=0.232$ m，N 为螺线管线圈匝数，$N=1\,500$ 匝，I_0 为光斑进行三次聚焦时对应的励磁电流的平均值。若光斑第一次聚焦的励磁电流为 I_1，则第二次聚焦的电流为 $I_2=2I_1$，第三次 $I_3=3I_1$，则

$$I_0=\frac{I_1+I_2+I_3}{1+2+3} \tag{4-8-5}$$

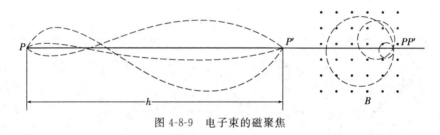

图 4-8-9　电子束的磁聚焦

【实验内容】

1. 电子束的电聚焦

(1) 打开机箱取出示波管，按插口方向安装上示波管，去掉示波管两侧的偏转线圈，在示波管屏前装上刻度屏。

(2) 打开示波管电源开关，指示灯亮，将高压转换开关置 U_K 挡，调节加速电压旋钮，看加速电压变化情况，再将高压转换置 U_1 挡，调节聚焦电压旋钮，看聚焦电压变化情况。

(3) 将低压转换开关置 U_{dx} 挡，调节 U_{dx} 旋钮，使 U_{dx} 为零，再将低压转换开关置 U_{dy} 挡，调节 U_{dy} 旋钮，使 U_{dy} 为零，此时光点应置于荧光屏中心，若不在中心，则调节 X、Y 旋钮调零，使之居中，调节栅压旋钮，使光点亮度适中。

(4) 观察在不同的加速电压 U_2 下使电子束聚焦电压 U_1 的值，了解 U_2、U_1 的变化关系。

2. 电子束的电偏转

在 U_{dx}、U_{dy} 为零，电子束置中心的情形下，低压转换开关置 U_{dx} 挡，顺时针和逆时针调节 U_{dx} 旋钮，则光点随电压的改变而发生偏移，记录下电子束向左和向右每移动 5 mm 对应的偏转电压 U_{dx} 值，填入表格中，并作图计算出电偏灵敏度 δ_{ex}。在 U_{dx}、U_{dy} 为零，电子束置中心的

情形下,低压转换开关置 U_{dy},调节 U_{dy} 旋钮,同样记录下偏转距离和偏转电压 U_{dy} 的关系,记入表 4-8-1 中,并计算出电偏灵敏度 δ_{ey},在不同的加速电压 U_2 下,测量 3 次。

3. 电子束的磁偏转

在 U_{dx}、U_{dy} 为零,电子束置中心的情形下,插入偏转线圈,将低压转换开关置于 U_d 挡,将电压粗调、电压细调旋钮逆时针旋到底,然后打开温压电源开关,指示灯亮,逐步加大稳压电源电压输出,记录下电子束每移动 5 mm 对应的电流值,改变偏转磁场换向开关,可以测出电子束反向偏转对应的电流值,填入表 4-8-2 中,并作图计算出磁偏灵敏度 δ_m,在不同的加速电压 U_2 下,测量 3 次。

4. 电子束的磁聚焦

取下偏转线圈,将点线转换开关拨向 U_x,此时屏上出现一短横线,将加速电压旋钮逆时针旋到底,聚焦电压旋钮顺时针旋到底,此时短线变成散线,再装上纵向线圈,将线圈与面板上的电压输出孔相连,然后将点线转换开关拨向"点",此时为散焦现象,调节电压粗调和电压细调旋钮,看磁聚焦现象,记录下电子束聚焦时的电流,填入表 4-8-3 中,并计算电子的荷质比,在不同的加速电压 U_2 下测量 3 次。

【实验数据及处理】

表 4-8-1　电子束的电偏转

U_2/V	偏转电压/V \ 偏移量	−20	−15	−10	−5	0	5	10	15	20	δ_e
X 偏转											
Y 偏转											

表 4-8-2　电子束的磁偏转

U_2/V	偏转电流/mA \ 偏移量	−20	−15	−10	−5	0	5	10	15	20	δ_m

表 4-8-3　电子束的磁聚焦

测量次数	U_2/V	I/mA				e/m	平均值
		I_1	I_2	I_3	I_4		
1							
2							
3							

【思考题】

1. 荧光屏上光点的亮度由什么决定？怎样调节？
2. 如果在偏转板上加一个交变电压，会出现什么现象？
3. 地磁场对实验有无影响？试说明。
4. 试说明电偏转和磁偏转的原理，从原理上比较两者的异同。

实验 4.9　铁磁材料的磁滞回线和基本磁化曲线

【实验目的】

1. 认识铁磁物质的磁化规律，比较两种典型的铁磁物质的动态磁化特性。
2. 测定样品的基本磁化曲线，作 $\mu-H$ 曲线。
3. 测定样品的 Hc、Br、Bm 和 (Hm·Bm) 等参数。
4. 测绘样品的磁滞回线，估算其磁滞损耗。

【实验原理】

铁磁物质是一种性能特异，用途广泛的材料。铁、钴、镍及其众多合金以及含铁的氧化物（铁氧体）均属铁磁物质。其特征是在外磁场作用下能被强烈磁化，故磁导率 μ 很高。另一特征是磁滞，即磁化场作用停止后，铁磁质仍保留磁化状态，图 4-9-1 为铁磁物质的磁感应强度 B 与磁化强度 H 之间的关系曲线。

图中的原点 O 表示磁化之前铁磁物质处于磁中性状态，即 $B=H=0$，当磁场 H 从零开始增加时，磁感应强度 B 随之缓慢上升，如线段 Oa 所示，继之 B 随 H 迅速增长，如 ab 所示，其后 B 的增长又趋缓慢，并当 H 增至 H_s 时，B 到达饱和值 B_s，$OabS$ 称为起始磁化曲线。图 4-9-1 表明，当磁场从 H_s 逐渐减小至零。磁感应强度 B 并不沿起始磁化曲线恢复到"O"点，而是沿另一条新的曲线 SR 下降，比较线段 OS 和 SR 可知，H 减小 B 相应也减小，但 B 的变化滞后

于 H 的变化,这现象称为磁滞,磁滞的明显特征是当 $H=0$ 时,B 不为零,而保留剩磁 B_z。

当磁场反向从 0 逐渐变至 $-H_B$ 时,磁感应强度 B 消失,说明要消除剩磁,必须施加反向磁场,H_D 称为矫顽力,它的大小反映铁磁材料保持剩磁状态的能力,线段 RD 称为退磁曲线。

图 4-9-1 还表明,当磁场按 $H_S \to O \to H_D \to H_S \to O \to H_D \to H_S$ 次序变化,相应的磁感应强度 B 则沿闭合曲线 $SRDS'R'D'S$ 变化,这闭合曲线称为磁滞回线。所以,当铁磁材料处于交变磁场中时(如变压器中的铁心),将沿磁滞回线反复被磁化→去磁→反向磁化→反向去磁。在此过程中要消耗额外的能量,并以热的形式从铁磁材料中释放,这种损耗称为磁滞损耗:可以证明,磁滞损耗与磁滞回线所围面积成正比。

应该说明:当初始态为 $H=B=0$ 的铁磁材料,在交变磁场强度由弱到强依次进行磁化,可以得到面积由小到大向外扩张的一簇磁滞回线,如图 4-9-2 所示,这些磁滞回线顶点的连线称为铁磁材料的基本磁化曲线,由此可近似确定其磁导率 $\mu=B/H$,因 B 与 H 非线性,故铁磁材料的 μ 不是常数而是随 H 而变化(见图 4-9-3)。铁磁材料的相对磁导率可高达数千乃至数万,这一特点是它用途广泛的主要原因之一。

可以说磁化曲线和磁滞回线是铁磁材料分类和选用的主要依据,图 4-9-4 为常见的两种典型的磁滞回线,其中软磁材料的磁滞回线狭长、矫顽力、剩磁和磁滞损耗均较小,是制造变压器、电机和交流磁铁的主要材料。而硬磁材料的磁滞回线较宽,矫顽力大,剩磁强,可用来制造永磁体。

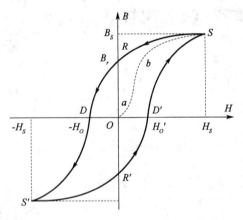

图 4-9-1 铁磁质起始磁化曲线和磁滞回线

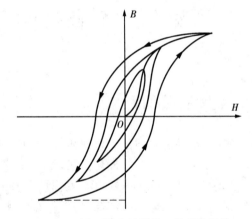

图 4-9-2 同一铁磁材料的一簇磁滞回线

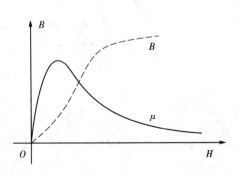

图 4-9-3 铁磁材料 μ 与 H 关系曲线

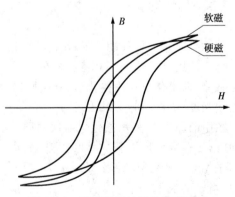

图 4-9-4 不同铁磁材料的磁滞回线

观察和测量磁滞回线和基本磁化曲线的线路如图 4-9-5 所示。

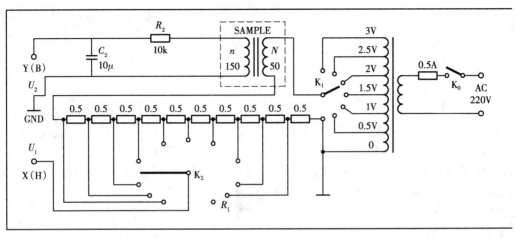

图 4-9-5　实验线路

待测样品为 E_1 型矽钢片，N 为励磁绕组，n 为用来测量磁感应强度 B 而设置大绕组。R_1 为励磁电流取样电阻，设通过 N 的交流励磁电流为 i，根据安培环路定律，样品的磁化场强 $H=Ni/L$（L 为样品的平均磁路），因为

$$i=U_1/R_1$$

所以
$$H=N/(L\cdot R_1)\cdot U_1 \tag{4-9-1}$$

式中，N、L、R_1 均为已知常数，所以由 U_1 可确定 H。

在交变磁场下，样品的磁感应强度瞬时值 B 是测量绕组 n 和 R_2C_2 电路给定的，根据法拉第电磁感应定律，由于样品中的磁通 Φ 的变化，在测量线圈中产生的感生电动势的大小为

$$\varepsilon_2 = n\frac{d\Phi}{dt}$$

$$\Phi = \frac{1}{n}\int \varepsilon_2 dt$$

$$B=\frac{\Phi}{S}=\frac{1}{nS}\int \varepsilon_2 dt \tag{4-9-2}$$

S 为样品的截面积。

如果忽略自感电动势和电路损耗，则回路方程为：

$$\varepsilon_2 = i_2 R_2 + U_2$$

式中，i_2 为感生电流，U_2 为积分电容 C_2 两端电压，设在 Δt 时间内，i_2 向电容 C_2 的充电电量为 Q，则：

$$U_2 = \frac{Q}{C_2}$$

所以
$$\varepsilon = i_2 R_2 + \frac{Q}{C_2}$$

如果选取足够大的 R_2 和 C_2，使 $i_2 R_2 \gg Q/C_2$，则：

$$\varepsilon_2 = i_2 R_2$$

因为
$$i_2 = \frac{dQ}{dt} = C_2 \frac{dU_2}{dt}$$

所以
$$\varepsilon_2 = C_2 R_2 \frac{dU_2}{dt}$$

由(4-9-2)、(4-9-3)两式可得
$$B = \frac{C_2 R_2}{nS} U_2$$

式中，C_2、R_2、n 和 S 均为已知常数，所以由 U_2 可确定 B。

综上所述，将图 4-9-5 中的 U_1 和 U_2 分别加到示波器的"X 输入"和"Y 输入"便可观察样品的 B-H 曲线；如将 U_1 和 U_2 加到测试仪的信号输入端可测定样品的饱和磁感应强度 B_S、剩磁 B_r、矫顽力 H_D、磁滞损耗 (B_H) 以及磁导率 μ 等参数。

【实验内容】

(1) 电路连接：选样品 1 按实验仪上所给的电路图连接线路，并令 $R_1 = 2.5\ \Omega$，"U 选择"置于 0 位。U_H 和 U_2（即 U_1 和 U_2）分别接示波器的"X 输入"和"Y 输入"，插孔 $\perp$ 为公共端。

(2) 样品退磁：开启实验仪电源，对试样进行退磁，即顺时针方向转动"U 选择"旋钮，令 U 从 0 增至 3 V，然后逆时针方向转动旋钮，将 U 从最大值降为 0，其目的是消除剩磁，确保样品处于磁中性状态，即 $B = H = 0$，如图 4-9-6 所示。

(3) 观察磁滞回线：开启示波器电源，令光点位于坐标网格中心，令 $U = 2.2$ V，并分别调节示波器 x 和 y 轴的灵敏度，使显示屏上出现图形大小合适的磁滞回线（若图形顶部出现编织状的小环，如图 4-9-7 所示，这时可降低励磁电压 U 予以消除）。

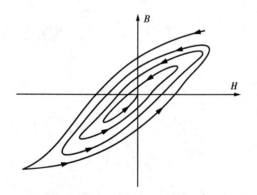

图 4-9-6　退磁示意图

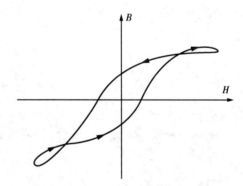

图 4-9-7　U_2 和 B 的相位差等因素引起的畸变

(4) 观察基本磁化曲线，按步骤(2)对样品进行退磁，从 $U = 0$ 开始，逐挡提高励磁电压，将在显示屏上得到面积由小到大一个套一个的一簇磁滞回线。这些磁滞回线顶点的连线就是样品的基本磁化曲线，借助长余辉示波器，便可观察到该曲线的轨迹。

(5) 观察、比较样品 1 和样品 2 的磁化性能。

(6) 测绘 μ-H 曲线：仔细阅读测试仪的使用说明，接通实验仪和测试仪之间的连线。开启电源，对样品进行退磁后，依次测定 $U = 0.5, 1.0, \cdots, 3.0$ V 时的十组 H_m 和 B_m 值，作 μ-H 曲线。

(7) 令 $U=3.0$ V, $R_1=2.5$ Ω 测定样品 1 的 B_m、B_r、H_D 和 B_H 等参数。

(8) 取步骤(7)中的 H 和其相应的 B 值,用坐标纸绘制 B-H 曲线(如何取数?取多少组数据?自行考虑),并估算曲线所围面积。

【实验数据及处理】

表 4-9-1 基本磁化曲线与 μ-H 曲线

U/V	$H\times10^4$/(A/m)	$B\times10^2$/T	$\mu=B/H$/(H/m)
0.5	0.020	0.017	
1.0	0.034	0.048	
1.2	0.044	0.084	
1.5	0.048	0.095	
1.8	0.056	0.120	
2.0	0.071	0.155	
2.2	0.099	0.198	
2.5	0.108	0.207	
2.8	0.116	0.258	
3.0	0.322	0.319	

表 4-9-2 B-H 曲线 $H_D=$ $B_r=$ $B_m=$ $BH=$

NO.	H/(10^4 A/m)	B/(10^2 T)	NO.	H/(10^4 A/m)	B/(10^2 T)	NO.	H/(10^4 A/m)	B/(10^2 T)
1	0.002	−0.216	90	0.494	0.354	180	−0.081	0.018
10	0.046	−0.161	100	0.574	0.390	190	−0.102	0.084
20	0.074	−0.087	110	0.417	0.377	200	−0.123	0.086
30	0.095	−0.009	120	0.355	0.362	210	−0.151	−0.168
40	0.116	0.075	130	0.247	0.338	220	−0.196	−0.248
50	0.141	0.151	140	0.145	0.305	230	−0.288	−0.318
60	0.185	0.238	150	0.056	0.364	240	−0.44	−0.362
70	0.269	0.307	160	−0.068	0.114	250	−0.504	−0.386
80	0.395	0.357	170	−0.058	0.152	260	−0.522	−0.389
						270	−0.430	−0.376
						280	−0.348	−0.359
						290	−0.220	−0.139
						300	−0.084	−0.241

【附 I】 智能型磁滞回线测试仪使用说明书

磁滞回线实验组合仪分为实验仪和测试仪两大部分。

一、实验仪

配合示波器,即可观察铁磁性材料得基本磁化曲线和磁滞回线。它由励磁电源、试样、电路板以及实验接线图等部分组成。

1. 励磁电源

由 200 V,50 Hz 的市电经变压器隔离、降压后供试样磁化。电源输出电压共分 11 挡,即 0 V、0.5 V、1.0 V、1.2 V、1.5 V、1.8 V、2.0 V、2.2 V、2.5 V、2.8 V 和 3.0 V,各挡电压通过安置在电路板上的波段开关实验切换。

2. 试样

样品 1 和样品 2 为尺寸(平均磁路长度 L 和截面积 S)相同而磁性不同的两只 EI 型铁芯,两者的励磁绕组匝数 N 和磁感应强度 B 的测量绕组匝数 n 亦相同。

$N=50, n=150, L=60$ mm, $S=80$ mm^2。

3. 电路板

该印刷电路板上装有电源开关、样品 1 和样品 2、励磁电源"U 选择"和测量励磁电流(即磁场强度 H)的取样电阻"R_1 选择",以及为测量磁感应强度 B 所设定的积分电路元件 R_2、C_2 等。

以上各元器件(除电源开关)均已通过电路板与其对应的锁紧插孔连接,只需采用专用导线,便可实现电路连接。

此外,设有电压 U_B(正比于磁感应强度 B 的信号电压)和 U_H(正比于磁场强度 H 的信号电压)的输出插孔,用以连接示波器,观察磁滞回线波形和连接测试仪作定量测试用。

4. 实验接线示意图(见图 4-9-8)

图 4-9-9 所示为测试仪原理框图,测试仪与实验仪配合使用,能定量、快速测定铁磁性材料在反复磁化过程中的 H 和 B 之值,并能给出其剩磁、矫顽力、磁滞损耗等多种参数。

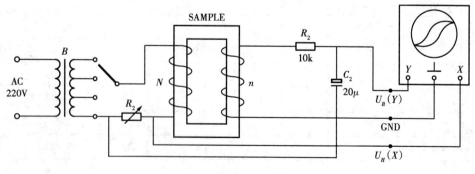

图 4-9-8

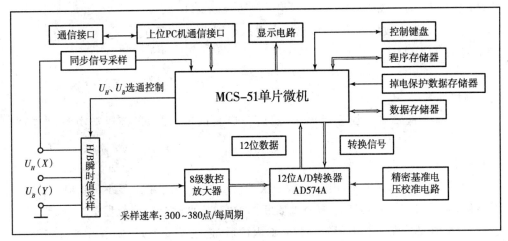

图 4-9-9

测试仪面板如图 4-9-10 所示,下面对测试仪使用说明作介绍。

(1) 参数。

待测样品平均磁路长度 $L=60$ mm

待测样品横截面积 $S=80$ mm^2

待测样品励磁绕组匝数 $N=50$

待测样品磁感应强度 B 的测量绕组匝数 $n=150$

励磁电流 i_H 取样电阻,阻值 $0.5\sim5$ Ω

积分电阻 阻值 10 kΩ

积分电容 容量 20 μF

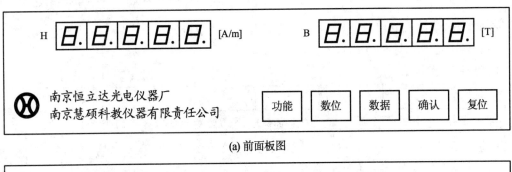

(a) 前面板图

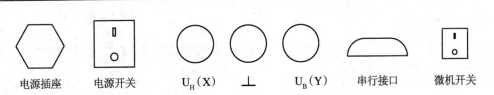

(b) 后面板图

图 4-9-10

U_{HC} 正比于 H 的有效值电压,供调试用。电压范围为(0～1 V)。
U_{BC} 正比于 B 的有效值电压,供调试用。电压范围为(0～1 V)。
瞬时值 H 与 B 的计算公式:
$$I = (NU_H)/(LR_1), B = (U_B R_2 C_2)/(nS)$$

(2) 测量准备。

先在示波器上将磁滞回线显示出来,然后开启测试仪电源,再接通与实验仪之间信号连线。

(3) 测试仪按键功能。

①功能键:用于选取不同的功能,每按一次键,将在数码显示器上显示出相应的功能。

②确认键:当选定某一功能后,按一下此键,即可进入此功能的执行程序。

③数位键:在选定某一位数码管为数码输入位后,连续按动此键,使小数点右移至所选定的数据输入位处,此时小数点呈闪动状。

④数据键:连续按动此键,可在有小数点闪动的数码管输入相应的数字。

⑤复位键(RESET):开机后,显示器将依次巡回显示 P…8…P…8…的信号,表明测试系统已准备就绪。在测试过程中由于外来的干扰出现死机现象时,应按此键,使仪器进入或恢复正常工作。

(4) 测试仪操作步骤。

①所测样品的 N 与 L 值。

按 RESET 键后,当 LED 显示 P…8…P…8…时,按功能键,显示器将显示:

这里显示的 $N=50$ 匝、$L=60$ mm 为仪器事先的设定值。

②所测样品的 n 与 S 值。

按功能键,将显示:

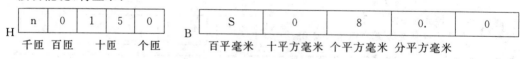

这里显示的 $n=150$ 匝、$S=80$ mm^2 为仪器事先的设定值。

③电阻 R_1 值和 H 与 B 值的倍数代号。

按功能键,将显示:

这里显示的 $R_1=2.5$ Ω、H 与 B 值的倍数代号 3 为仪器事先的设定值。

注:H 与 B 值的倍数是指其显示值需乘上的倍数。

第4章 电磁学实验

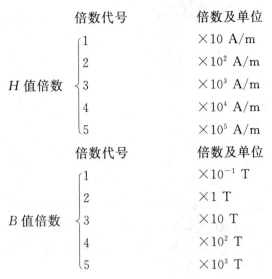

倍数代号	倍数及单位
	$\times 10$ A/m
	$\times 10^2$ A/m
H 值倍数 3	$\times 10^3$ A/m
	$\times 10^4$ A/m
	$\times 10^5$ A/m

倍数代号	倍数及单位
1	$\times 10^{-1}$ T
2	$\times 1$ T
B 值倍数 3	$\times 10$ T
4	$\times 10^2$ T
5	$\times 10^3$ T

④电阻 R_2、电容 C_2 值。

按功能键,将显示:

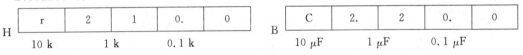

这里显示的 $R_2=10$ kΩ、$C_2=20$ μf 为仪器事先的设定值。

注:N、L、n、S、R_1、R_2、C_2、H 与 B 值的倍数代号等参数可根据不同要求进行改写,并可通过 SEEP 操作存入串行 EEROM 中,掉电后数据仍可保存。

⑤定标参数显示(仅作调试用)。

按功能键,将显示:

按确认键,将显示 U_{HC} 和 U_{BC} 电压值。

注:(a)无输入信号时,禁止操作此功能键。

(b)显示值不能大于 1.0000,否则必须减小输入信号。

⑥显示每周期采样的总点数和测试信号的频率。

按功能键,将显示:

H		n.				B		F.			

按确认键,将显示出每周期采样的总点数 n 和测试信号的频率 f。

⑦数据采样。

按功能键将显示:

H		H.	B.			B		t	e	s	t

按确认键后,仪器将按步序⑥所确定的点数对磁滞回线进行自动采样,显示器显示为:

H	.	.	.	.		B	.	.	.	.	

若测试系统正常，稍等片刻后，显示器将显示"GOOD"，表明采样成功，即可进入下一步程序操作。

如果显示器显示"BAD"表明系统有误，查明原因并修复后，按"功能"键，程序将返回到数据采样状态，重新进行数据采样。

⑧显示磁滞回线采样点 H 与 B 的值。

连续按两次功能键，将显示：

| H | H. | S | H | O | W. | | B | B. | S | H | O | W. |

每按两次确认键，将显示曲线上一点的 H 和 B 的值（第一次显示采样点的序号，第二次显示出该点 H 和 B 之值），采样总点数参照步序⑥，H 与 B 值的倍数参照步序③。显示点的顺序，是依磁滞回线的第 4、1、2 和 3 象限的顺序进行，否则，说明数据出错或采样信号出错。

若在进行第⑦步序中只按功能键而未按确认键（表明未完成数据采样就进入第⑧步序，此时将显示："NO DATA"，表明系统和操作有误）。

⑨显示磁滞回线的矫顽力 H_D 和剩磁 B_r。

按功能键，将显示：

| H | | H | c. | | | B | | B | r. | |

按确认键，将按步序③所确定的倍数显示 H_D 与 B_r 之值。

⑩显示样品的磁滞损耗。

按功能键，将显示：

| H | | | A. | = | | | B | | | H. | B. | |

按确认键，将按步序③所确定的单位显示样品磁滞回线面积。

磁滞损耗的计算公式：

$$W = \int SH\,db \quad 单位为 H \times B \times 10^3 \text{ J/m}^3（单位参照步序③）$$

⑪显示 H 与 B 的最大值 H_m 与 B_m。

| H | H_m | | | | | B | B_m | | | | |

按确认键，将按步序（3）所确定的倍数显示出 H_m 与 B_m 之值。

⑫显示 H 与 B 的相位差。

按功能键，将显示：

| H | | p | H | R. | | | B | | | | | C |

按确认键，如显示为：

| H | | 2 | 5. | 5 | 0 | | B | | H. | — | — | B |

上列显示表示，H 与 B 的相位差是 25.5。在相位上 U_H 超前 U_B。

⑬与 PC 联机测试操作。

按功能键，显示：

第 4 章 电磁学实验

| H | | p. | C | — | — | | B | S | H | O | W. | |

按确认键,进入联机状态。

⑭ U_{HC} 电压校准操作(调试时用)。

按功能键,将显示:

| H | | | H. | | | | B | C | H | E | C. | |

⑮ UBC 电压校准操作(调试时用)。

| H | | | B. | | | | B | C | H | E. | C | |

⑯ SEEP 操作(数据存入 EEPROM-93C46)。

按功能键,将显示:

| H | | | | | | | B | | S | E | E | P. |

方法:在 H 显示器的最高两位上写入存入码"96";

按确认键,片刻后,回显"85",说明数据已存入 EEPROM 中。

⑰ 程序结束。

按功能键,将显示:

| H | | O | | | | | B | | | | | |

注意事项:

(a) 如按仪器事先设定值输入 N、L、n、S、R_1、R_2、C_2、H 与 B 的倍数代号等参数,则不必按确认键;如要改写上述参数,则改写后,务必按确认键,才能将数据输入。

(b) 按常规操作至步序⑫(显示 H 与 B 的相位差)后,磁滞回线采样数据将自动消失,必须重新进行数据采样。

(c) 测试过程中如显示"COU"字符,表示应继续按动功能键。

【附Ⅱ】 数位键和数据键操作

若改写样品的某项参数,如将 $N=50$ 匝,$L=60$ mm 改写 $N=100$ 匝,$L=80$ mm,可按如下步骤进行。

按功能键,显示器将显示:

H	N.	0	0	5	0		B	L.	0	6	0.	0
	千匝	百匝	十匝	个匝				百毫米	十毫米	个毫米	分毫米	

(1) 将 N 由 50 匝改写为 100 匝。

按动数位键,使位于 B 窗口数据框内"个毫米"处的小数点右移至"分毫米"处;再按动数位键,使小数点渐次移入 H 窗口"百匝"(即数据输入位)处。

| H | N | 0 | 0. | 5 | 0 | |

按动数据键,将小数点处数码管数字"0"改写为"1"

| H | N | 0 | 1. | 5 | 0 |

再按动数位键,使小数点右移一位至"十匝"处(数据输入位)。

| H | N | 0 | 1 | 5. | 0 |

按动数据键,将小数点位处数码管数字"5"改写为"0"

| H | N | 0 | 1 | 0. | 0 |

再按动数位键,使小数点右移一位至"个匝"处。

| H | N | 0 | 1 | 0 | 0. |

至此,样品匝数已由 50 改写为 100。

(2)将 L 由 60 mm 改定为 80 mm。

操作方法同上。

连续按动数位键,使小数点由 H 窗口的"个匝"处右移至 B 窗口"十毫米处"(数据输入位):

| B | L | 0 | 6. | 0 | 0 |

按动数据键,将小数点位处的数码管数字"6"改写为"8":

| B | L | 0 | 8. | 0 | 0 |

再按动数位键,使小数点右移一位至"个毫米"处:

| H | L | 0 | 8 | 0. | 0 |

至此,样品平均磁路长度 L 已由 60 改写为 80。

(3)按确认键,当显示器显示"1",表明修改后的 N、L 值已输入。

(4)若要将改写后的数据存入 EEPROM 中,请参阅操作步序⑯。

实验 4.10　温度特性的研究

实验 4.10.1　金属电阻温度系数的测定

【实验目的】

1. 了解和测量金属电阻与温度的关系。
2. 了解金属电阻温度系数的测定原理。

3. 了解测量金属电阻温度系数的方法。

【实验仪器与器具】

YJ-WH-I 材料与器件温度特性综合实验仪。

【实验原理】

1. 电阻温度系数

各种导体的电阻随着温度的升高而增大,在通常温度下,电阻与温度之间存在着线性关系,可表示:

$$R=R_0(1+\alpha t) \tag{4-10-1}$$

式中,R 是温度为 t ℃时的电阻,R_0 为 0 ℃时的电阻,α 称为电阻温度系数。

严格说,α 和温度有关,但在 0 ℃~100 ℃,α 的变化很小,可以看作不变。

2. 铂电阻

导体的电阻值随温度变化而变化,通过测量其电阻值推算出被测环境的温度,利用此原理构成的传感器就是热电阻温度传感器。能够用于制作热电阻的金属材料必须具备以下特性:

(1)电阻温度系数要尽可能大和稳定,电阻值与温度之间应具有良好的线性关系;

(2)电阻率高,热容量小,反应速度快;

(3)材料的复现性和工艺性好,价格低;

(4)在测量范围内物理和化学性质稳定。目前,在工业应用最广的材料是铂铜。

铂电阻与温度之间的关系,在 0~630.74 ℃用下式表示:

$$R_T=R_0(1+AT+BT^2) \tag{4-10-2}$$

在 −200~0 ℃有:

$$R_T=R_0[1+AT+BT^2+C(T-100)T^3] \tag{4-10-3}$$

式中,R_0 和 R_T 分别为在 0 ℃和温度 T 时铂电阻的电阻值,A、B、C 为温度系数,由实验确定,$A=3.908\ 02\times 10^{-3}$ ℃$^{-1}$,$B=-5.801\ 95\times 10^{-7}$ ℃$^{-2}$,$C=-4.273\ 50\times 10^{-12}$ ℃$^{-4}$。由式(4-10-2)和式(4-10-3)可见,要确定电阻 R_T 与温度 T 的关系,首先要确定 R_0 的数值,R_0 值不同时,R_T 与 T 的关系不同。目前国内统一设计的一般工业用标准铂电阻 R_0 值有 100 Ω 和 500 Ω 两种,并将电阻值 R_T 与温度 T 的相应关系统一列成表格,称其为铂电阻的分度表,分度号分别用 Pt100 和 Pt500 表示。

铂电阻在常用的热电阻中准确度较高,国际温标 ITS-90 中还规定,将具有特殊构造的铂电阻作为 13.5033 K~961.78 ℃标准温度计使用,铂电阻广泛用于 −200~850 ℃的温度测量,工业中通常在 600 ℃以下。

【实验内容】

1. 实验步骤

(1) 测 Pt100 的 R-t 曲线。

调节"设定温度粗选"和"设定温度细选",选择设定所需温度点,打开"加热开关",将 Pt100 插入恒温腔中,待温度稳定在所需温度(如 50.0 ℃)时,用数字多用表 200 Ω 挡测出此温度时 Pt100 的电阻值。

(2) 重复以上步骤,设定温度为 60.0 ℃、70.0 ℃、80.0 ℃、90.0 ℃、100.0 ℃,测出 Pt100 在上述温度点时的电阻值。

根据上述实验数据,绘出 R-t 曲线。

(3) 求 Pt100 的电阻温度系数。

根据 R-t 曲线,从图上任取相距较远的两点 (t_1, R_1) 及 (t_2, R_2) 根据式(4-10-1)有:

$$R_1 = R_0 + R_0 \alpha t_1$$
$$R_2 = R_0 + R_0 \alpha t_2$$

联立求解得:

$$\alpha = (R_2 - R_1)/(R_1 t_2 - R_2 t_1)$$

2. 注意事项

(1) 供电电源插座必须接地良好;

(2) 在整个电路连接好之后才能打开电源开关。

实验 4.10.2 PN 结正向压降与温度关系的研究和应用

常用的温度传感器有热电偶、测温电阻器和热敏电阻等,这些温度传感器均有各自的优点,但也有它的不足之处,如热电偶适用温度范围宽,但灵敏度低,且需要参考温度;热敏电阻灵敏度高、热响应快、体积小,缺点是非线性,且一致性较差,这对于仪表的校准和调节均感不便;测温电阻如铂电阻有精度高、线性好的优点,但灵敏度低且价格较贵;而 PN 结温度传感器则有灵敏度高、线性较好、热响应快和体小轻巧易集成化等优点,所以其应用势必日益广泛。但是这类温度传感器的工作温度一般为 -50~150 ℃,与其他温度传感器相比,测温范围的局限性较大,有待于进一步改进和开发。

【实验目的】

1. 了解 PN 结正向压降随温度变化的基本关系式。

2. 在恒定正向电流条件下,测绘 PN 结正向压降随温度变化曲线,并由此确定其灵敏度被测 PN 结材料的禁带宽度。

3. 学习用 PN 结测温的方法。

【实验仪器与器具】

YJ-WH-I 材料与器件温度特性综合实验仪。

【实验原理】

理想的 PN 结的正向电流 I_F 和正向压降 V_F 存在如下关系式：

$$I_F = I_S \exp\left(\frac{qV_F}{kT}\right) \tag{4-10-4}$$

式中，q 为电子电荷；k 为玻耳兹曼常数；T 为绝对温度；I_S 为反向饱和电流，它是一个和 PN 结材料的禁带宽度以及温度有关的系数，可以证明：

$$I_F = CT^r \exp\left(-\frac{qV_{g(0)}}{kT}\right) \tag{4-10-5}$$

式中，C 是与结面积、掺质浓度等有关的常数，r 也是常数；$V_{g(0)}$ 为绝对零度时 PN 结材料的带底和价带顶的电势差。

将式(4-10-5)代入式(4-10-4)，两边取对数可得：

$$V_F = V_{g(0)} - \left(\frac{k}{q}\ln\frac{C}{I_F}\right)T - \frac{kT}{q}\ln T^r = V_1 + V_{n1} \tag{4-10-6}$$

式中

$$V_1 = V_{g(0)} - \left(\frac{k}{q}\ln\frac{C}{I_F}\right)T$$

$$V_{n1} = -\frac{kT}{q}\ln T^r$$

方程(4-10-6)就是 PN 结正向压降作为电流和温度函数的表达式，它是 PN 结温度传感器的基本方程。令 I_F = 常数，则正向压降只随温度而变化，但是在方程(4-10-6)中还包含非线性项 V_{n1}。下面来分析一下 V_{n1} 项所引起的线性误差。

设温度由 T_1 变为 T 时，正向电压由 V_{F1} 变为 V_F，由式(4-10-6)可得：

$$V_F = V_{g(0)} - (V_{g(0)} - V_{F1})\frac{T}{T_1} - \frac{kT}{q}\ln\left(\frac{T}{T_1}\right)^r \tag{4-10-7}$$

按理想的线性温度响应，V_F 应取如下形式：

$$V_{理想} = V_{F1} + \frac{\partial V_{F1}}{\partial T}(T - T_1) \tag{4-10-8}$$

式中，$\frac{\partial V_F}{\partial T}$ 为曲线的斜率，且 T_1 温度时的 $\frac{\partial V_{F1}}{\partial T}$ 等于 T 温度时的 $\frac{\partial V_F}{\partial T}$ 值。

由式(4-10-6)可得：

$$\frac{\partial V_{F1}}{\partial T} = -\frac{V_{g(0)} - V_{F1}}{T_1} - \frac{k}{q}r \tag{4-10-9}$$

所以

$$V_{理想} = V_{F1} + \left(-\frac{V_{g(0)} - V_{F1}}{T_1} - \frac{k}{q}r\right)(T - T_1)$$

$$= V_{g(0)} - (V_{g(0)} - V_{F1})\frac{T}{T_1} - \frac{k}{q}(T - T_1)r \tag{4-10-10}$$

由理想线性温度响应式(4-10-10)和实际响应式(4-10-7)相比较,可得实际响应对线性的理论偏差为

$$\Delta = V_{理想} - V_F = -\frac{k}{q}(T-T_1)r + \frac{kT}{q}\ln\left(\frac{T}{T_1}\right)^r \tag{4-10-11}$$

设 $T_1=300$ K,$T=310$ K,取 $r=3.4$,由式(4-10-11)可得 $\Delta=0.048$ mV,而相应的 V_F 的改变量约 20 mV,相比之下误差甚小。不过当温度变化范围增大时,V_F 温度响应的非线性误差将有所递增,这主要由于 r 因子所致。

综上所述,在恒流供电条件下,PN 结的 V_F 对 T 的依赖关系取决于线性项 V_1,即正向压降几乎随温度升高而线性下降,这就是 PN 结测温的理论依据。必须指出,上述结论仅适用于杂质全部电离,本征激发可以忽略的温度区间(对于通常的硅二极管来说,温度范围约 $-50\sim 150$ ℃)。如果温度低于或高于上述范围时,由于杂质电离因子减小或本征载流子迅速增加,V_F-T 关系将产生新的非线性,这一现象说明 V_F-T 的特性还随 PN 结的材料而异,对于宽带材料(如 GaAs,Eg 为 1.43 eV)的 PN 结,其高温端的线性区则宽;而材料杂质电离能小(如 Insb)的 PN 结,则低温端的线性范围宽。对于给定的 PN 结,即使在杂质导电和非本征激发温度范围内,其线性度亦随温度的高低而有所不同,这是非线性项 V_{n1} 引起的,由 V_{n1} 对 T 的二阶导数 $\frac{d^2 V}{dT^2}=\frac{1}{T}$ 可知,$\frac{dV_{n1}}{dT}$ 的变化与 T 成反比,所以 V_F-T 的线性度在高温端优于低温端,这是 PN 结温度传感器的普遍规律。此外,由式(4-10-7)可知,减小 I_F,可以改善线性度,但并不能从根本上解决问题,目前行之有效的方法大致有两种:

(1)利用对管的两个 be 结(将三极管的基极与集电极短路与发射极组成一个 PN 结),分别在不同电流 I_{F1}、I_{F2} 下工作,由此获得两者之差 $(I_{F1}-I_{F2})$ 与温度成线性函数关系,即

$$V_{F1}-V_{F2}=\frac{KT}{q}\ln\frac{I_{F1}}{I_{F2}}$$

由于晶体管的参数有一定的离散性,实际值与理论值仍存在差距,但与单个 PN 结相比其线性度与精度均有所提高,这种电路结构与恒流、放大等电路集成一体,便构成电路温度传感器。

(2)采用电流函数发生器来消除非线性误差。由式(4-10-6)可知,非线性误差来自 T^r 项,利用函数发生器,I_F 与绝对温度的 r 次方成比例,则 V_F-T 的线性理论误差为 $\Delta=0$。实验结果与理论值比较一致,其精度可达 0.01 ℃。

【实验内容】

(1)装有 PN 结的恒温体插入恒温腔中。

(2)用导线与主机相连,打开主机电源开关,并选择适当的温度(如 50℃)。

(3)将 PN 结恒流开关选择 50 μA,然后将加热开关打开并开始加热,待恒温腔内的温度稳定在设定温度(50 ℃)后,记下对应的 PN 结正向压降 V_1;再将 PN 结恒流开关选择 100 μA,保持温度不变,记下对应的 PN 结正向压降 V_1'。

(4)重新选择设定温度 T_2(55.0 ℃)、T_3(60.0 ℃)、T_4(65.0 ℃)、T_5(70.0 ℃)、T_6(75.0 ℃)、T_7(80.0 ℃)、T_8(85.0 ℃)、T_9(90.0 ℃)、T_{10}(95.0 ℃),并测量出其对应的正向

压降 V_2、V_3、V_4、V_5、V_6、V_7、V_8、V_9、V_{10} 值和 V_2'、V_3'、V_4'、V_5'、V_6'、V_7'、V_8'、V_9'、V_{10}'。

(5) 描绘 ΔV-T 曲线,求出 PN 结正向压降随温度变化的灵敏度 $S(\mathrm{mV/℃})$,即曲线斜率。

(6) 估算被测 PN 结的禁带宽度,根据式(4-10-9),略去非线性项,可得 $V_{g(0)}=V_{F1}-S \cdot T_1$,禁带宽度 $E_{g(0)} = qV_{g(0)}$。

(7) 如表 4-10-1 所示,记录实验数据,比较两组测量结果。

表 4-10-1

I_F		1	2	3	……	10
50 μA	T_R	50 ℃	55 ℃	60 ℃		95 ℃
	V_F					
	ΔV					
	S					
100 μA	T_R'					
	V_F'					
	$\Delta V'$					
	S'					

【思考题】

1. 测 $V_{F(0)}$ 或 $V_{F(T_R)}$ 的目的何在?为什么实验要求测 ΔV-T 曲线而不是 V_F-T 曲线。
2. 测 ΔV-T 为何按 ΔV 的变化读取 T,而不是按自变量 T 读取 ΔV。
3. 在测量 PN 结正向压降和温度的变化关系时,温度高时 ΔV-T 线性好,还是温度低好?
4. 测量时,为什么温度必须在 -50~150 ℃ 范围内?

实验 4.10.3 热敏电阻温度特性的研究

【实验目的】

了解和测量热敏电阻阻值与温度的关系。

【实验仪器与器具】

YJ-WH-I 材料与器件温度特性综合实验仪。

【实验原理】

热敏电阻是其电阻值随温度显著变化的一种热敏元件。热敏电阻按其电阻随温度变化的典型特性可分为三类,即负温度系数(NTC)热敏电阻、正温度系数(PTC)热敏电阻和临界温度电阻器(CTR)。PTC 和 CTR 型热敏电阻在某些温度范围内,其电阻值会产生急剧变化,适用于某些狭窄温度范围内一些特殊应用,而 NTC 热敏电阻可用于较宽温度范围的测量。热敏电阻的电阻-温度特性曲线如图 4-10-1 所示。

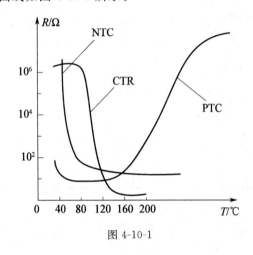

图 4-10-1

NTC 半导体热敏电阻是由一些金属氧化物,如钴、锰、镍、铜等过渡金属的氧化物,采用不同比例的配方,经高温烧结而成,然后采用不同的封装形式制成珠状、片状、杆状、垫圈状等各种形状。与金属导热电阻比较,半导体热敏电阻具有以下特点:

(1)有很大的负电阻温度系数,因此其温度测量的灵敏度也比较高;

(2)体积小,目前最小的珠状热敏电阻的尺寸可达 $\phi0.2$ mm,故热容量很小可作为点温或表面温度以及快速变化温度的测量;

(3)具有很大的电阻值($10^2 \sim 10^5$ Ω),因此可以忽略线路导线电阻和接触电阻等的影响,特别适用于远距离的温度测量和控制;

(4)制造工艺比较简单,价格便宜,半导体热敏电阻的缺点是温度测量范围较窄。

半导体热敏电阻具有负电阻温度系数,其电阻值随温度升高而减小,电阻与温度的关系可以用下面的经验公式表示:

$$R_T = A\exp(B/T) \tag{4-10-12}$$

式中,R_T 为在温度为 T 时的电阻值,T 为绝对温度(以 K 为单位),A 和 B 分别为具有电阻量纲和温度量纲,并且与热敏电阻的材料和结构有关的常数。由式(4-10-12)可得到当温度为 T_0 时的电阻值 R_0,即

$$R_0 = A\exp(B/T_0) \tag{4-10-13}$$

比较式(4-10-12)和式(4-10-13),可得

$$R_T = R_0 A\exp[B(1/T - 1/T_0)] \tag{4-10-14}$$

从式(4-10-14)可以看出,只要知道常数 B 和在温度为 T_0 时的电阻值 R_0,就可以利用式(4-10-14)

计算在任意温度 T 时的 R_T 值。常数 B 可以通过实验来确定。将式(4-10-14)两边取对数，则有：

$$\ln R_T = \ln R_0 + B(1/T - 1/T_0) \tag{4-10-15}$$

从式(4-10-15)可以看出，$\ln R_T$ 与 $1/T$ 成线性关系，直线的斜率就是常数 B。热敏电阻的材料常数 B 一般在 2 000～6 000 K。

热敏电阻的温度系数 α_T 定义如下：

$$\alpha_T = (1/R_T) \times (dR_T/dT) = -B/T^2 \tag{4-10-16}$$

由式(4-10-16)可以看出，α_T 是随温度降低而迅速增大。α_T 决定热敏电阻在全部工作范围内的温度灵敏度。热敏电阻的测温灵敏度比金属热电阻的高很多。例如，B 值为 4 000 K，当 $T = 293.15$ K(20 ℃)时，热敏电阻的 $\alpha_T = 4.7\%/℃$，约为铂电阻的 12 倍。

【实验内容】

(1)调节"设定温度粗选"和"设定温度细选"，选择设定所需温度点，打开"加热开关"，将热敏电阻插入恒温腔中，待温度稳定在所需温度(如 50.0 ℃)时用数字多用表 20 K 挡测出此温度时的电阻值。

(2)重复以上步骤，设定温度为 60.0 ℃、70.0 ℃、80.0 ℃、90.0 ℃、100.0 ℃，测出热敏电阻在上述温度点时的电阻值。

(3)根据上述实验数据，绘出 R-t 曲线。

(4)利用热敏电阻测温。

(5)将热敏电阻插入待测物中，测出此时的电阻值，再由 R-t 定标曲线，查出待测温度。

第 5 章 光学实验

实验 5.1 薄透镜焦距的测定

透镜是光学仪器中最基本的元件,掌握透镜的成像规律,对于了解光学仪器的原理和正确使用是很有益的。焦距是透镜的一个重要的参数,不论是单个透镜还是透镜组,不论是较简单的应用还是复杂的应用,都有测定焦距的问题。这里介绍两种焦距的常用方法。

【实验要求】

1. 加深理解薄透镜的成像规律。
2. 学习简单光路的分析和调节技术。
3. 学习两种测量透镜焦距的方法。

【实验目的】

测定薄透镜的焦距。

【实验仪器与器具】

透镜组,光具座及其一系列配件。

【预习思考题】

1. 本实验中薄透镜成像公式中各量的符号取值是如何规定的?
2. 为什么要作共轴调节?怎样判断物上的某一点已调至透镜的光轴上了?

【实验原理】

薄透镜是指其厚度比其焦距小得多的透镜,常用的有凸透镜和凹透镜两种。

凸透镜:透镜两个光学表面都向外突出,它能够会聚光线,所以又叫会聚透镜或正透镜。
凹透镜:透镜两个光学表面都向里凹进,它能够发散光线,所以又叫发散透镜或负透镜。
用薄透镜成像时,物距、像距和焦距之间有下述关系,即透镜成像的高斯公式:

$$\frac{1}{u}+\frac{1}{v}=\frac{1}{f} \tag{5-1-1}$$

式中,u 表示物距,它总取正值;v 表示像距,实像像距为正,虚像像距为负;f 表示透镜的焦距,凸透镜的焦距为正,凹透镜的焦距为负。

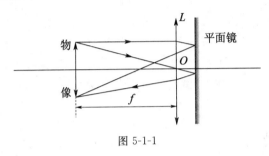

图 5-1-1

1. 测凸透镜焦距的原理

(1)自准法求焦距。如图 5-1-1 所示,将网屏(物体)放在凸透镜的焦面上;经凸透镜折射后,折射光线成为一束平行光线,经平面镜反射到凸透镜的另一表面,由于凸透镜的会聚作用,在网屏上成一倒立的实像;移动透镜,使此像清晰,此时网屏与凸透镜之间的距离等于凸透镜的焦距。

(2)共轭法求焦距。如图 5-1-2 所示,固定网屏(代表物)和物屏(代表像)不动,并使网屏和像屏之间的距离大于 4 倍焦距,即 $A>4f$。根据凸透镜成像原理,我们总可以在网屏之间找到两个位置。当透镜放在这两个位置时,像屏上都会出现清晰的倒立实像,其中一个是放大的,另一个是缩小的。

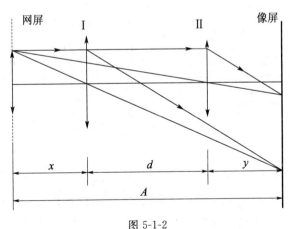

图 5-1-2

当透镜在 I 位置时,根据透镜成像公式有:

$$\frac{1}{x}+\frac{1}{y+d}=\frac{1}{f}$$

式中,$x=A-d-y$ 为物距,$y+d$ 为像距,化简后得:

$$f = \frac{x(y+d)}{A} \quad (5\text{-}1\text{-}2)$$

当透镜在Ⅱ位置时有：

$$\frac{1}{A-y} + \frac{1}{y} = \frac{1}{f}$$

化简得：

$$f = \frac{y(A-y)}{A} \quad (5\text{-}1\text{-}3)$$

由式(5-1-2)、式(5-1-3)得：

$$\frac{x(y+d)}{A} = \frac{y(A-y)}{A}$$

即
$$x(y+d) = y(A-y) \quad (5\text{-}1\text{-}4)$$

将 $x = A-d-y$ 代入式(5-1-4)得：

$$y = \frac{A-d}{2} \quad (5\text{-}1\text{-}5)$$

将式(5-1-5)代入 $x = A-d-y$ 得：

$$x = \frac{A-d}{2} \quad (5\text{-}1\text{-}6)$$

将式(5-1-5)、式(5-1-6)代入式(5-1-2)得：

$$f = \frac{A^2 - d^2}{4A} \quad (5\text{-}1\text{-}7)$$

因此，只要测量出网屏与像屏之间的距离 A 和透镜的位移 d，就可以求出焦距 f。

2. 测凹透镜焦距的原理

凹透镜只能产生虚像，因而需要借助于凸透镜来测定凹透镜的焦距。如图 5-1-3 所示，设从 A 点发出的光线经凸透镜 B 折射后，会聚于 D 点，这时 D 是 A 的像。

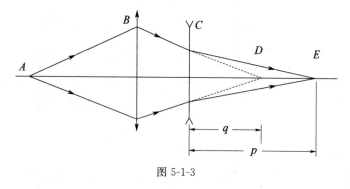

图 5-1-3

如果在凸透镜 B 与像 D 之间插放凹透镜 C，使 C 到 D 的距离小于凹透镜的焦距，则从 A 点发出的光线经过透镜 B 和 C 后，将不再会聚在 D 点，而是会聚到 E 点了。这时，E 是光线通过透镜组 B、C 后所成的像。

根据光路的可逆性，我们认为光线是由 E 点发出的，而 D 点就是 E 点发出的光线通过凹透镜 C 后所成的像。在这种情况下物距 $u=p$，像距 $v=q$，同时注意到 f 和 v 应取负值，则有：

$$\frac{1}{u} = \frac{1}{v} - \frac{1}{f} \tag{5-1-8}$$

由此求得凹透镜的焦距为

$$f = \frac{uv}{u-v} \tag{5-1-9}$$

3. 仪器描述

光具座由附有米尺的支架组成,支架上有网屏夹、像屏夹和透镜夹等,各个夹子下尖端在米尺上所指的数,就表示这个夹子上物体所在的位置。进行实验时,所有仪器的中心高度必须相等,即网屏和像屏的中心应该在透镜的主光轴上。

【实验内容】

1. 测定凸透镜的焦距

(1) 自准法测焦距。按图 5-1-1 把透镜、平面镜和网屏、光源等装在光具座上,并使平面镜紧随在凸透镜之后。

移动透镜和平面镜,直到由平面镜反射回来的光线在网屏上出现一个清晰的网像。这时网屏所在的位置就是透镜的焦点。

从光源发出的光线在透镜的焦点上,经过透镜折射后的出射光线是平行光,平行光经平面镜反射回来后还是平行光,这束平行光又成像于透镜的焦点上,记下网屏与透镜之间的距离就是所求的焦距。由于眼睛对像的清晰程度不能估计得很准确,实验应重复,共做 6 次。

(2) 共轭法测焦距。在光具座上按图 5-1-2 装好仪器,使网屏与像屏之间的距离 $A > 4f$(f 取上面所测得的值)。把透镜放在中间,向左移动透镜到位置Ⅰ,使像屏上出现清晰的倒立而放大的网像,记下透镜所在位置的读数 m;再把透镜向右移动到位置Ⅱ,使像屏上出现清晰的倒立而缩小的网像,记下透镜所在位置的读数 n。

重复 6 次,求 m、n 的平均值,计算出 A 和 d,代入公式:

$$\overline{f} = \frac{A^2 - \overline{d}^2}{4A}$$

就可求出焦距 $\overline{f}$。

2. 测定凹透镜的焦距

在光具座上按图 5-1-3 所示装好网屏、像屏和凸透镜。前后移动像屏,使像屏上出现清晰的网像,记下这时像屏所在位置的读数 D。重复 6 次求平均值,得出像屏所在的第一位置 D。

将像屏往右移,并在 D 与 B 之间放上要测的凹透镜 C,来回移动凹透镜 C,使像屏上出现清晰的网像,记下像屏所在位置的读数 E 和凹透镜所在位置的读数 C;再重复做 5 次,求出凹透镜 C 所在位置读数的平均值,算出物距 $\overline{u} = \overline{EC}$ 和像距 $\overline{v} = \overline{DC}$,代入公式:

$$\overline{f} = \frac{\overline{uv}}{\overline{u} - \overline{v}}$$

求出焦距 $\overline{f}$。

3. 注意事项

不要用手指去摸透镜的镜面,以免弄脏镜面或在镜面上造成划痕;取用透镜时,只能拿透镜边上没有磨光的部分;透镜装入镜夹时,必须将夹箍上紧,使夹持稳固,以免透镜跌下破损。

【数据记录】

1. 自准法测凸透镜焦距数据(见表 5-1-1)

表 5-1-1

次数	1	……	6	平均
f/cm				

2. 共轭法测凸透镜焦距数据(见表 5-1-2)

表 5-1-2

	A/cm	m/cm	n/cm	d/cm
1				
⋮				
6				

3. 测凹透镜焦距的数据(见表 5-1-3)

表 5-1-3

	A/cm	C/cm	E/cm	u/cm	v/cm
1					
⋮					
6					

按间接测量的不确定度计算公式和教师给出的 $\Delta_仪}$,计算各测量值的不确定度。

【思考题】

1. 用共轭法测量凸透镜焦距时,为什么要使物与屏的距离大于 4 倍焦距?
2. 在测量透镜焦距时,像距的读数怎样才能使误差较小?

实验 5.2　分光计的调整与使用

分光计是一种精确测量角度的仪器,它常用来测量折射率、光波波长、色散率和观察光谱等。它是一种比较精密的仪器,调节时必须按照一定的步骤,仔细认真调整,才能得到较为准确的实验结果。初学者可能感到比较困难,但只要认真预习,做到心中有数,严格按步骤操作,掌握它也并不很难。

【实验要求】

1. 了解分光计的基本结构和原理。
2. 掌握分光计的调整要求和调整方法。

【实验目的】

1. 调整分光计,使其达到最佳工作状态,可进行精密测量。
2. 用调整好的分光计测三棱镜的顶角。

【实验仪器与器具】

(1) 水银灯光源(汞光灯)1个。
(2) 玻璃三棱镜1个。
(3) 分光计1台。

分光计的结构如图5-2-1所示。

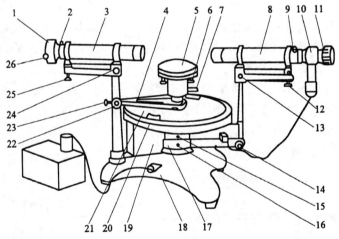

1—狭缝装置;2—狭缝装置锁紧螺钉;3—平行光管;4—制动架(二);5—载物台;6—载物台调节螺钉(3只);7—载物台锁紧螺钉;8—望远镜;9—目镜锁紧螺钉;10—阿贝尔自准直目镜;11—目镜调节手轮;12—望远镜仰角调节螺钉;13—望远镜水平调节螺钉;14—望远镜微调螺钉;15—转座与度盘止动螺钉;16—望远镜止动螺钉;17—制动架(一);18—底座;19—转座;20—度盘;21—游标盘;22—游标盘微调螺钉;23—游标盘止动螺钉;24—平行光管水平调节螺钉;25—平行光管仰角调节螺钉;26—狭缝宽度调节手轮

图5-2-1 分光计的结构示意图

分光计主要由底座、望远镜、平行光管、载物台和读数圆盘5部分组成。

(1) 分光计底座。底座中心有一固定转轴,望远镜、读数盘、载物台套在中心转轴上,可绕其旋转。

(2)望远镜。望远镜由物镜 Y 和目镜 C 组成,如图 5-2-2 所示。为了调节和测量,物镜和目镜之间装有分划板 P,分划板上刻有"十"形格子,它固定在 B 筒上。目镜可沿 B 筒前后移动以改变目镜与分划板的距离,使"十"形格子能调到目镜的焦平面上。物镜固定在 A 筒的另一端,是一个消色复合透镜。B 筒可沿 A 筒滑动,以改变"十"形格子与物镜的距离,使"十"形格子既能调到目镜焦平面上又同时能调到物镜焦平面上。我们所使用的目镜是阿贝尔目镜,在目镜和分划板间紧贴分划板下边胶粘着一块全反射小棱镜 R(此小棱镜遮去一部分视野),在分划板与小棱镜相接触的面上,镀有不透光的薄膜,并在薄膜上刻画出一个透光小十字,小十字的交点对称于分划板上边的十字线的交点,如图 5-2-2 所示。

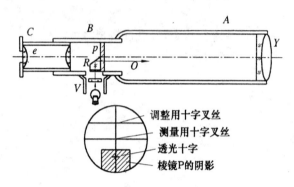

图 5-2-2　阿贝尔目镜式望远镜

在目镜调节管外装有一个"T"形接头,在接头中装有一个磨砂电珠(电压 6.3V,由专用变压器供电)。电珠发出的光透过绿色滤光片 V 和目镜调节管 B 上的小方孔射到小棱镜上,经它全反射后,透过小十字方向转为沿望远镜轴线,从物镜 Y 射出。若被物镜外面的平面镜反射回来,将成绿色十字像落在分划板上。

(3)平行光管。它的作用是产生平行光。一端是一个消色的复合正透镜,另一端是可调狭缝。如图 5-2-3 所示,狭缝和透镜的距离可通过伸缩狭缝套筒来调节,只要将狭缝调到透镜的焦平面上,则从狭缝进入的光经透镜后就成为平行光。狭缝的宽度可通过缝宽螺钉来调节,狭缝的方向也可以通过狭缝套筒来调节。

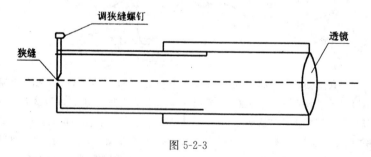

图 5-2-3

(4)载物台。是一个用以放置棱镜、光栅等光学元件的旋转平台,平台下有 3 个调节螺钉,用以改变平台对中心转轴的倾斜度。

(5)读数圆盘。用来确定望远镜旋转的角度,读数圆盘有内、外两层,外盘和望远镜可通过螺钉相连,能随望远镜一起转动,上有 0°~360°的圆刻度,最小刻度为 0.5°(30′);内盘通过螺钉可与载物台相连,盘上相隔 180°处有 2 个对称的角游标 v_1 和 v_2,其中各有 30 个分格,相当于度盘上 29 个分度,故游标上每一分格对应为 $1'$(其精度为 $1'$)。在游标盘对径方向上设有 2 个角游标,这是因为读数时要读出 2 个游标处的读数值,然后取平均值,这样可消除刻度盘和游标盘的圆心与仪器主轴的轴心不重合所引起的偏心误差。

读数方法与游标卡尺相似,这里读出的是角度。读数时,以角游标零线为准,读出刻度盘上的度值,再找游标上与刻度盘上刚好重合的刻线为所求之分值。如果游标零线落在半度刻线之外,则读数应加上 $30'$。

举例如下:

图 5-2-4(a)是游标尺上 20 与刻度盘上的刻线重合,故读数为 $119°20'$。

图 5-2-4(b)是游标尺上 14 与刻度盘上的刻线重合,但零线过了刻度的半度线,故读数为 $119°44'$。

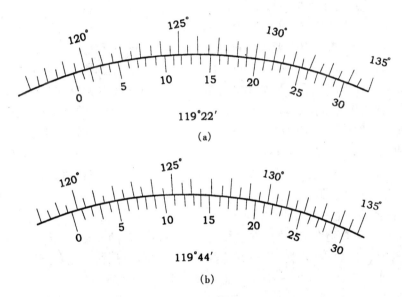

图 5-2-4　读数用的刻度盘和游标盘

【预习思考题】

1. 达到什么要求时可认为分光计已经调整好了?

2. 调节望远镜光轴与旋转主轴垂直时,为什么要"各半调节"望远镜和光反射平面的倾斜? 调其中之一能否达到目的?

3. 当已调节望远镜适合平行光,再调节平行光管时,如狭缝的像不清楚,应怎样调节? 是否可调节望远镜的目镜筒来看清狭缝的像呢?

【实验原理】

在用分光计进行测量前,必须将分光计各部分仔细调整,应满足以下几个要求:

(1)望远镜能接收平行光,且其轴线垂直于中心转轴。

(2)载物台平面水平且垂直于中心转轴。

(3)平行光管能发出平行光,且其轴线垂直于中心转轴。

分光计调整的关键是调好望远镜,其他调整可以望远镜为标准。

具体调整步骤如下:

1. 目视调节(目测粗调)

首先用眼睛对分光计仔细观察并调节,调节平行光管光轴高低位置调节螺钉25,使平行光管尽量水平;调节望远镜光轴高低位置调节螺钉12,使望远镜光轴尽量水平;调节载物台下面的3个调平螺钉6,使载物台尽量水平,直到肉眼看不出偏差为止且使载物台台面略低于望远镜物镜下边缘。这一粗调很重要,做好了,才能比较顺利地进行下面的细调。

2. 调整望远镜

(1)调节望远镜适合于观察平行光。

①根据观察者视力的情况,适当调整目镜,即把目镜调焦手轮11轻轻旋出,然后一边旋进,一边从目镜中观看,直到观察者看到分划板刻线即"十"形格子叉丝清晰为止。

②接通电源,在目镜中应看到分划板下方的绿色光斑及透光十字架(图5-2-2)。

③用三棱镜的抛光面紧贴望远镜物镜的镜筒前,旋松螺钉9,沿轴向移动目镜筒,调节目镜与物镜的距离,使物镜后焦点与目镜前焦点重合,直到能清晰地看见反射回来的绿色十字像。然后,眼睛在目镜前稍微偏移后,如分划板上的十字丝与其反射的绿色亮十字像之间无相对位移即说明无视差。如有相对位移则说明有视差,这时稍微往复移动目镜,直至无视差为止,这样望远镜就适合于平行光,此时将望远镜的目镜锁紧螺钉9旋紧(注意:目镜调整好后,在整个实验过程中不要再调动目镜)。

(2)调整望远镜的光轴垂直于中心转轴。

①把三棱镜放在载物台上,放置方位如图5-2-5所示。转动望远镜(或转动游标盘使载物台转动),使望远镜的物镜分别对准三棱镜的光学面,若绿十字像在三棱镜3个光学面中任意两个光学面的视场中找到,则目视调节达到了要求,若看不到绿十字像,或只能从一个面看到,则需重新进行目视调节。

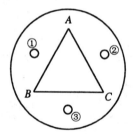

①、②、③为载物平台下面的3个调平螺钉

图 5-2-5

②分半调节(细调)。由三棱镜任意两上光学面都能从望远镜目镜视场中看到清晰的绿色十字反射像,但是,十字像与分划板上面的十字丝一般不重合。这时,为了能使分光计进行精确测量,必须将绿十字反射像调到与分划板上面的十字丝重合,即与透光十字架对称的位置,以满足望远镜的轴线垂直于中心转轴。

调节的过程采用分半调节法:先将望远镜对准光学面AB,若绿十字像位于图5-2-6(a)中的位置,调节载物台下的调平螺钉①,使十字像上移一半(十字像与调整用十字丝间的距离减少一半)至图5-2-6(b)位置,再调节望远镜下面的水平调节螺钉12,使十字像与调整用十字丝重合,如图5-2-6(c)位置。将望远镜转至AC面,此时绿十字像可能与调整用十字丝又不重合,应该再按上面的方法调节载物台的调平螺钉②与望远镜的水平调节螺钉12,使十字像重合于上部调整用十字丝。因为AB、AC两面相互牵连,故应反复调节,直至望远镜不论对准哪一个面,十字像都能与分划板上面的调整用十字丝完全重合。此时望远镜轴线和载物台平面均垂直于中心轴,且三棱镜两光学面AB、AC也垂直于望远镜光轴。

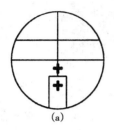 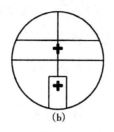 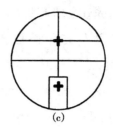

图 5-2-6

注意:在后面的调整或读数过程中,不要再动望远镜的水平调节螺钉 12 和载物台下的 3 个调平螺钉。

3. 调节载物台平面与中心轴垂直

在第 2 步调整时已同步完成。

4. 调节平行光管

(1)调节平行光管使其产生平行光。

将已调整好的望远镜作为标准,这时平行光射入望远镜必聚焦在十字线平面上,就是要把平行光管的狭缝调整到其透镜的焦平面上。调整方法如下:

①去掉目镜照明器上的光源,将望远镜管正对平行光管。

②从侧面和俯视两个方向用目视法调节平行光管光轴的高低位置调节螺钉 25,大致调到与望远镜光轴一致。

③取去三棱镜,开启汞光灯,照亮平行光管的狭缝。从望远镜中观察狭缝的像,旋松螺钉 2,前后移动平行光管狭缝装置,直到看到边缘清晰而无视差的狭缝像为止。然后使用狭缝宽度调节手轮 26 调节狭缝的宽度,使从望远镜中看到它的像宽为 1 mm 左右。

(2)调整平行光管的光轴垂直于中心转轴。

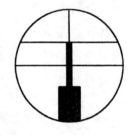

调整平行光管光轴的高低位置调节螺钉 25,使狭缝的像被望远镜分划板上的大十字丝的水平线上下平分;旋转狭缝机构,使狭缝的像与望远镜分划板的垂直线平行,注意不要破坏平行光管的调焦;然后将狭缝位置锁紧螺钉 2 旋紧;再利用望远镜微调螺钉 13,使分划板的垂直线精确对准狭缝像的中心线,如图 5-2-7 所示。此后整个实验中不再变动平行光管。

图 5-2-7

完成上述操作步骤以后,分光计就可用来进行精密测量。

【实验内容】

1. 调整分光计(调整方法见原理部分)

(1)使望远镜对平行光聚焦。

(2)使望远镜光轴垂直于仪器公共轴。

(3)使载物台台面水平且垂直于中心轴。

(4)使平行光管射出平行光。

(5)使平行光管光轴垂直于仪器公共轴,且与望远镜等高同轴。

2. 调整三棱镜光学面垂直于望远镜光轴

分光计调整第(2)步时已完成。

3. 测量棱镜顶角 A(自准法)

在分光计调整时,完成分半调节后,就可以测量三棱镜的顶角(注:用自准法测顶角时可不用平行光,即本次实验可以不调平行光管)。

测量方法如下:

(1)对两游标做一适当标记,分别称游标 A 和游标 B,切记勿颠倒。

(2)将载物台锁紧螺钉 7 和游标盘止动螺钉 23 旋紧,固定平台;再将望远镜对准三棱镜 AC 面,使十字像与分划板上面的十字丝重合,如图 5-2-8 所示。

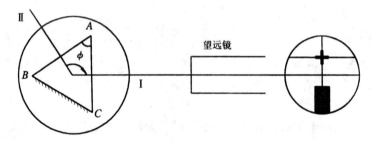

图 5-2-8 测棱镜顶角 A

记下游标 A 的读数 α_1 和游标 B 的读数 β_1。

(3)转动望远镜(此时度盘 20 与望远镜固定在一起同时转动),将望远镜对准 AB 面,使十字像与分划板上面的十字丝重合,记下此时游标 A 的读数 α_2 和游标 B 的读数 β_2。同一游标两次读数之差 $|\alpha_1-\alpha_2|$ 或 $|\beta_1-\beta_2|$,即是望远镜转过的角度 ϕ,而 ϕ 是 A 角之补角。则三棱镜顶角 $A=180°00'-\phi$。其中:

$$\phi=\frac{1}{2}[|\alpha_2-\alpha_1|+|\beta_2-\beta_1|]$$

(4)稍微变动载物台的位置,重复测量 3 次,数据填入表 5-2-1。

【实验数据及处理】

表 5-2-1

次数	角度\数据	A 游标			B 游标			ϕ
		α_1	α_2	$|\alpha_2-\alpha_1|$	β_1	β_2	$|\beta_2-\beta_1|$	
1								
2								
3								

$$\bar{\phi_1}=(\phi_1+\phi_2+\phi_3)/3=$$
$$\bar{A}=180°00'-\bar{\phi}=$$

【注意事项】

1. 保持好光学仪器的光学面。
2. 光学仪器螺钉的调节动作要轻柔,锁紧螺钉指锁住即可,不可用力,以免损坏器件。
3. 仪器要避免震动或撞击,以防止光学零件损坏和影响精度。
4. 在计算望远镜转过的角度时,要注意望远镜是否经过了刻度盘的零点。例如,当望远镜由图 5-2-8 中位置 I 转到位置 II 时,读数如表 5-2-2 所示。

表 5-2-2

望远镜的位置	I	II
游标 A	170°45′(α_1)	295°43′(α_2)
游标 B	355°45′(β_1)	115°43′(β_2)

游标 A 未经过零点,望远镜转过的角度为:
$$\phi=|\alpha_2-\alpha_1|=119°58'$$
游标 B 经过了零点,这时望远镜转过的角度应按下式计算:
$$\phi=|(360°+\beta_2)-\beta_1|=119°58'$$
即上述公式中 $|\alpha_2-\alpha_1|$、$|\beta_2-\beta_1|$ 如果其中有一组角度的读数是经过了刻度盘的零点而读出的,则 $|\alpha_2-\alpha_1|$ 或 $|\beta_2-\beta_1|$ 的读数差就会大于 180°。此时,应从 360°减去此值,再代入 $A=180°-\frac{1}{2}[|\alpha_2-\alpha_1|+|\beta_2-\beta_1|]$ 计算。

【思考题】

1. 测角 θ 时,望远镜由 α_1 经 O 转到 α_2,则望远镜转过的角度 $\theta=$? 如 $\alpha_1=330°0'$,$\alpha_2=30°1'$,$\theta=$?
2. 分光计为什么要设置两个读数游标?
3. 借助于三棱镜的光学反射面调节望远镜光轴使之垂直于分光计中心转轴时,为什么要求两面反射回来的绿十字像都要和"十"形叉丝的上交点重合?
4. 为什么采用分半调节法能迅速地将十字像与分划板上面的十字丝重合?
5. 对分光计的调整,你能提出什么好方法吗?

实验 5.3 用分光计测折射率

折射率是物质的重要光学特性常数。测定折射率的常用方法有棱镜法、干涉法、多次反射法、偏振法和观察升高法。就其测量精确度来说,以干涉法为最高,偏振法为最低。本实验主要讨论棱镜法,这种方法需用分光计。

【实验要求】

1. 进一步熟悉分光计的调节和使用。
2. 了解利用分光计测玻璃棱镜折射率的原理和方法。

【实验目的】

用最小偏向角法测玻璃三棱镜对汞绿光的折射率。

【实验仪器与器具】

分光计 1 台,玻璃三棱镜 1 个,低压汞灯 1 个。

【实验原理】

如图 5-3-1 所示,一束单色光以 i_1 角入射到棱镜 AB 面上,经棱镜两次折射后,从 AC 面射出来,出射角为 i_2'。入射光和出射光之间的夹角 δ 称为偏向角。当棱镜顶角 A 一定时,偏向角 δ 的大小是随入射角 i_1 的变化而变化的。而当 $i_1 = i_2'$ 时,即入射光线和出射光线相对于棱镜对称时 δ 为最小(证明略)。这时的偏向角称为最小偏向角,记为 $\delta_{\min}$。

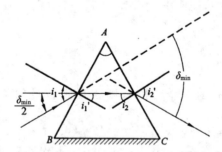

图 5-3-1 三棱镜最小偏向角原理图

由图 5-3-1 中可以看出,这时,

$$i_1' = \frac{A}{2}$$

$$\frac{\delta_{\min}}{2} = i_1 - i_1' = i_1 - \frac{A}{2}$$

$$i_1 = \frac{1}{2}(\delta_{\min} + A)$$

设棱镜材料的折射率为 n,则:

$$\sin i_1 = n\sin i_1' = n\sin\frac{A}{2}$$

所以
$$n = \frac{\sin i_1}{\sin\frac{A}{2}} = \frac{\sin\frac{\delta_{\min}+A}{2}}{\sin\frac{A}{2}}$$

由此可知，要求得棱镜材料折射率 n，必须测出其顶角 A 和最小偏向角 $\delta_{\min}$。

【实验内容】

1. 按分光计的调整要求调整分光计

调整方法参阅实验 5.2。

2. 测量最小偏向角 $\delta_{\min}$

测量方法：

(1) 平行光管狭缝对准前方水银灯光源，将三棱镜放在载物台上，并使棱镜折射面 AB 与平行光管光轴的夹角大约为 $120°$（即使入射角 i_1 为 $45°\sim 60°$），如图 5-3-2 所示。

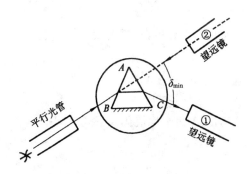

图 5-3-2 测最小偏向角方法

(2) 旋松望远镜止动螺钉 16 和游标盘止动螺钉 23，把载物台及望远镜转至图 5-3-2 中①所示位置，再左、右微微转动望远镜，找出棱镜出射的各种颜色水银灯光谱线（各种波长的狭缝像）。如果一时看不到光谱线，也可以先用眼睛沿棱镜 AC 面出射光的方向寻找。看到谱线后，再将望远镜转到眼睛所在的方位。

(3) 轻轻转动载物台（改变入射角 i_1），在望远镜中将看到谱线跟着动，注意绿色谱线的移动情况。改变 i_1，使入射角 i_1 减小，即使谱线往 δ 减少的方向转动（向顶角 A 方向移动）。望远镜要跟踪光谱线转动，直到棱镜继续转动，而谱线开始要反向移动（即偏向角反而变大）为止。这个反向移动的转折位置，就是光线以最小偏向角射出的方向。固定载物台（锁紧螺钉 23），再使望远镜微动，使其分划板上的中心竖直叉丝对准其中那条绿色谱线（5 461 Å）。

(4) 测量。记下此时两游标处的读数 θ_1 和 θ_2。取下三棱镜（载物台保持不动），转动望远镜对准平行光管图 5-3-2 中②（以确定入射光的方向），使竖直叉丝对准狭缝中央的狭缝像，再记下两游标处的读数 θ_1' 和 θ_2'，此时绿谱线的最小偏向角为：

$$\delta_{\min} = \frac{1}{2}[|\theta_1-\theta_1'| + |\theta_2-\theta_2'|]$$

转动游标盘即变动载物台的位置,重复测量 3 次,把数据记入表 5-3-1。

表 5-3-1

次数 $\theta_1\theta_2$	最小偏向角位置		入射光线位置		$\delta_{A\min}=\|\theta_1-\theta_1'\|$	$\delta_{B\min}=\|\theta_2-\theta_2'\|$	$\delta_{\min}=\dfrac{1}{2}(\delta_{A\min}+\delta_{B\min})$
	游标 A θ_1	游标 B θ_2	游标 A θ_1'	游标 B θ_2'			
1							
2							
3							

3. 注意事项

(1)转动载物台,都是指转动游标盘带动载物台一起转动。

(2)狭缝宽度 1 mm 左右为宜,宽了测量误差大,太窄光通量小。狭缝易损坏,应尽量少调。调节时要边看边调,动作要轻,切忌两缝太近。

(3)光学仪器螺钉的调节动作要轻柔,锁紧螺钉也是指锁住即可,不可用力,以免损坏器件。

(4)分光计平行光管对好汞光灯光源后,不要随意挪动位置。

【实验数据及处理】

将 $\delta_{\min}$ 值和前一实验中测得的 A 角平均值代入下式:

$$n=\dfrac{\sin\dfrac{1}{2}(\delta_{\min}+A)}{\sin\dfrac{A}{2}}$$

计算 n_1、n_2、n_3,求出 $\overline{n}=\dfrac{n_1+n_2+n_3}{3}$。

【思考题】

1. 找最小偏向角时,载物台应向哪个方向转动?
2. 玻璃对什么颜色的光折射率大?
3. 同一种材料,对红光和紫光的最小偏向角哪一个要小些?
4. 本实验中三棱镜在载物台上的位置为什么不得任意?适当放置基于哪些考虑?
5. 实验中测出汞光谱中绿光的最小偏向角后,固定载物台和三棱镜,是否可以直接确定其他波长的最小偏向角位置?

实验 5.4　用分光计测光栅常数和波长

衍射光栅是一种高分辨率的光学色散元件,它广泛应用于光谱分析中。随着现代技术的发展,它在计量、无线电、天文、光通信、光信息处理等许多领域中都有重要的应用。

【实验要求】

本实验通过对光栅常数和波长的测量,了解光栅的分光作用,并加深对光的波动性的认识。

【实验目的】

1. 观察光栅的衍射现象,研究光栅衍射的特点。
2. 测定光栅常数和汞黄光的波长。

【实验仪器与器具】

分光计 1 台,光栅 1 个,低压汞灯 1 个。

【实验原理】

普通平面光栅是在一块基板玻璃片上用刻线机刻画出一组很密的等距的平行线构成的。光射到每一刻痕处便发生散射,刻痕起不透光的作用,光只能从刻痕间的透明狭缝中通过。因此,可以把光栅看成一系列密集、均匀而又平行排列的狭缝。

光照射到光栅上,通过每个狭缝的光都发生衍射,而衍射光通过透镜后便互相干涉。因此,本实验光栅的衍射条纹应看作是衍射与干涉的总效果。

下面来分析平行光垂直射到光栅上的情况(图 5-4-1)。设光波波长为 λ,狭缝和刻痕的宽度分别为 a 和 b,则通过各狭缝以角度 φ 衍射的光,经透镜会聚后如果是互相加强时,在其焦平面上就得到明亮的干涉条纹。根据光的干涉条件,光程差等于波长的整数倍或零时形成亮条纹。由图 5-4-1 可知,衍射光的光程差为 $(a+b)\sin\varphi$,于是,形成亮条纹的条件为:

$$(a+b)\sin\varphi = K\lambda, \quad K = 0, \pm 1, \pm 2, \cdots$$

或

$$d\sin\varphi = K\lambda \qquad (5\text{-}4\text{-}1)$$

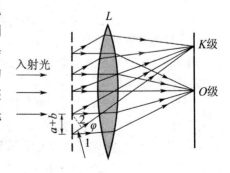

图 5-4-1

式中,$d = a+b$ 称为光栅常数,λ 为入射光波波长,K 为明条纹(光谱线)级数,φ 是 K 级明条纹衍射角。

$K=0$ 的亮条纹叫中央条纹或零级条纹，$K=\pm 1$ 为左右对称分布的一级条纹，$K=\pm 2$ 为左右对称的二级条纹，依此类推。

光栅狭缝与刻痕宽度之和 $a+b$ 称为光栅常数。若在光栅片上每厘米宽刻有 n 条刻痕，则光栅常数 $d=(a+b)=\dfrac{1}{n}\text{cm}$。当 $a+b$ 已知时，只要测出某级条纹所对应的衍射角 φ，通过式 (5-4-1) 即可算出光波波长 λ。当 λ 已知时，只要测出某级条纹所对应的衍射角 φ，通过式 (5-4-1) 可计算出光栅常数。

在 λ 和 $a+b$ 一定时，不同级次的条纹其衍射角不同。如 $a+b$ 很小，则光栅衍射的各级亮条纹分得很开，有利于精密测量。另外，如果 K 和 $a+b$ 一定时，则不同波长的光对应的衍射角也不同。波长愈长衍射角也愈大，有利于把不同波长的光分开，所以光栅是一种优良的分光元件。

【实验内容】

1. 调整分光计

参照实验 5.2。调整望远镜使其能接收平行光，且其光轴与分光计的中心轴垂直；调整载物台平面水平且垂直于中心轴；调整平行光管发出平行光，且光轴与望远镜等高同轴（注：分光计调整时可用光栅平面作为光学反射面）。

2. 测定光栅常数

(1) 放置光栅。如图 5-4-2 所示，将光栅放在载物台上，先用目视使光栅平面与平行光管光轴大致垂直（拿光栅时不要用手触摸光栅表面，只能拿光栅的边缘），使入射光垂直照射光栅表面。

(2) 调节光栅平面与平行光管光轴垂直。接上目镜照明器的电源，从目镜中看光栅反射回来的亮十字像是否与分划板上方的十字线重合。如果不重合，则旋转游标度盘，先使其纵线重合（注意：此时狭缝的中心线与亮十字的纵线、分划板的纵线三者重合），再调节载物台的调平螺钉 2 或 3 使横线重合（注意：绝不允许调节望远镜系统），然后旋紧游标盘止动螺钉，定住游标盘，从而定住载物台。

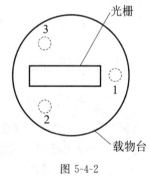

图 5-4-2

(3) 观察干涉条纹。去掉目镜照明器上的光源，放松望远镜止动螺钉 16，推动支臂旋转望远镜，从目镜观察各级干涉条纹是否都在目镜视场中心对称，否则调节载物台下调平螺钉 1，使之中心对称，直到中央明条纹两侧的衍射光谱基本上在同一水平面为止。

(4) 测衍射角。

① 推动支臂使望远镜和度盘一起旋转，并使分划板的十字线对准右边绿色谱线第一级明纹的左边缘（或右边缘）；旋紧望远镜止动螺钉 16，旋转望远镜微调螺钉，精确对准明纹的左边缘（或右边缘，注意对以后各级明纹都要对准同一边缘），从 A、B 两游标读取刻度数，记为 $\alpha_{右1}$、$\beta_{右1}$。同理测出左边绿色谱线第一级明纹的刻度数 $\alpha_{左1}$、$\beta_{左1}$，则第一级明纹的衍射角为（衍射光谱对中央明纹对称，两个位置读数之差的 1/2 即为衍射角 φ）：

$$\varphi_1 = \frac{1}{2}|\alpha_{右1} - \alpha_{左1}|$$

$$\varphi_1' = \frac{1}{2}|\beta_{右1} - \beta_{左1}|$$

取平均得第一级明纹衍射角的平均值：

$$\overline{\varphi}_1 = \frac{1}{2}(\varphi_1 + \varphi_1') = \frac{1}{4}(|\alpha_{右1} - \alpha_{左1}| + |\beta_{右1} - \beta_{左1}|) \tag{5-4-2}$$

如图 5-4-3 所示,将 $\overline{\varphi}_1$ 代入式(5-4-1)求得 d_1。

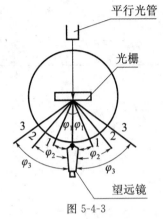

图 5-4-3

②用上述同样的方法测得绿色谱线第二级明纹的衍射角 $\overline{\varphi}_2$,同理求得 d_2,则所测光栅常数为：

$$\overline{d} = \frac{d_1 + d_2}{2}$$

3. 测定未知光波的波长

转动望远镜,让十字叉丝依次对准 0 级左、右两边 $K = \pm 1$、$K \pm 2$ 的黄线亮条纹,按上述相同的方法,测出其衍射角 $\varphi_{黄1}$、$\varphi_{黄2}$。由于已知 d,将其代入式(5-4-1),则得出 λ_1、λ_2,故 $\overline{\lambda} = \frac{\lambda_1 + \lambda_2}{2}$。

说明：为避免漏测数据,测量时也可将望远镜移至最左端,从 -2、-1 到 $+1$、$+2$ 级依次测量。

4. 注意事项

(1)光栅是精密光学器件,严禁用手触摸刻痕,以免弄脏或损坏。

(2)水银灯的紫外线很强,不可直视,以免灼伤眼睛。

(3)分光计各部分调节一定要细心、缓慢,如发现异常现象,要及时报告。

【实验数据及处理】

1. 测定光栅常数

由式(5-4-1)得 $d = K\lambda/\sin\varphi$。测定光栅常数数据表如表 5-4-1 所示。

表 5-4-1　测定光栅常数数据表

波长 λ/nm	光谱级数 K	衍射角位置读数			角度 (2φ)	衍射角 (φ)	衍射角 $(\overline{\varphi})$	光栅常数 (d)	$\overline{d}$
		读数窗	$+1$ 级位置 $+2$ 级位置	-1 级位置 -2 级位置					
646.1	±1	A							
		B							
	±2	A							
		B							

按下式计算误差:

$\Delta d = \overline{d} \cdot \cot\overline{\varphi}\Delta\varphi$（$\Delta\varphi$ 为衍射角的平均误差）。

结果 $d = \overline{d} \pm \Delta d =$ 　　　　。

2. 测定黄光波长

测定黄光波长数据如表 5-4-2 所示。

表 5-4-2　测定黄光波长数据表

水银黄线	衍射角位置读数			角度 2φ	衍射角 φ	衍射角 $\overline{\varphi}$	波长 $\overline{\lambda}$
	读数窗	$+1$ 级位置 $+2$ 级位置	-1 级位置 -2 级位置				
黄 1	A						
	B						
黄 2	A						
	B						

按下式计算误差:

$$\Delta\lambda = \lambda(\Delta d/d + \cot\overline{\varphi}\Delta\varphi) =$$

结果　$\lambda = \overline{\lambda} \pm \Delta\lambda =$

【思考题】

1. 光栅光谱和棱镜光谱有哪些不同之处？
2. 用光栅观察自然光，看到什么现象？为什么紫光离中央 0 级条纹最近，红光离 0 级条纹最远？
3. 光狭缝太宽或太窄时，将会出现什么现象？为什么？
4. 按图 5-4-2 放置光栅有何好处？
5. 用光栅测定光波波长，对分光计的调节有什么要求？

6. 利用 $\lambda=5\,893$ Å 的纳光垂直入射到 1 mm 内有 500 条刻痕的平面透射光栅上时,最多能看到几级光谱?

实验 5.5 牛 顿 环

干涉现象是典型的波动现象,光的干涉现象充分地表明了光的波动性。分振幅法产生的干涉是一项常用的光学技术。牛顿环干涉现象在实际生产和科学研究中有着广泛的应用,如精密测量长度、厚度和角度,检验试件加工表面的光洁度、平整度,以及在半导体技术中镀膜厚度的测量等。

【实验目的】

1. 观察干涉现象,并用以测定平凸透镜的曲率半径。
2. 掌握利用牛顿环测量光波波长的方法。
3. 熟悉读数显微镜的结构,掌握其使用方法。

【实验仪器与器具】

读数显微镜(物镜前加有一倾斜成 45°角的反射平面玻璃片),牛顿环,单色光源(汞 $\lambda=577.0$ nm,钠 $\lambda=589.0$ nm)。

【实验原理】

牛顿环是由一块弯度微小的平凸透镜,和一块平板玻璃组成,平凸透镜的凸面和玻璃平板相接触,在它们中间存在一层不等厚的空气层,如图 5-5-1 所示:A 和 B 的接触点只有一点,即 S 点,在其余的地方 A、B 之间存在着一空气层。距离 S 点相等的地方空气层的厚度相同。离 S 点愈远的地方,空气层中部愈大。若有一束平行光垂直入射,则自空气层上、下界面反射回来的光产生干涉。因为平凸镜的凸面是球面的一部分,所以光程差相等的地方是以接触点为圆心的圆。因之,在干涉条纹也是以接触点为中心的一族同心圆。

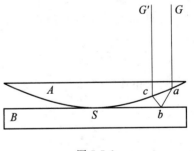

图 5-5-1

当一束单色平行光沿垂直方向投射在由 A、B 组成的系统上时,由系统反射回来的光会发生干涉现象,干涉的结果如何决定于由空气层的上表面反射的光线 $G'c$ 和由空气层下表面反射的光线 $Gabc$ 的光程差(如图 5-5-1 所示)。考虑到透镜凸面的曲率半径很大,光程差 Δ 可以近似计算如下。曲率半径很大,表示凸面近似为一平面。并与水平面所成的角度很小。所以,

可以近似地认为 $ab=bc=t$，所以光程差为设入射光是波长为 λ 的单色光，距接触点为 a 处的空气层厚度为 t，则该处空气层上下界面反射光的光程差为：

$$\delta = 2t + \frac{\lambda}{2} \tag{5-5-1}$$

式中，$\lambda/2$ 一项是由于下界面反射光从光疏媒质到光密媒质的交界面上反射时，发生半波损失所引起的，式中 $2t$ 是空气层厚度引起的光程差，t 即为 a 点的空气层厚度，（光线由光密物质反射回光疏物质时，有半波损失现象）。由此可见 δ 是 t 和的函数，当入射光的波长一定时，δ 仅是 t 的函数，也就是空气层的厚度不同的点，反射光线有不同的光程差，厚度相同的点，有相同的光程差，如图 5-5-2 所示，而且由几何关系可得：

$$t = r_k^2 / 2R \tag{5-5-2}$$

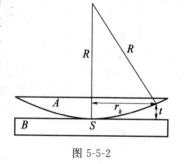

图 5-5-2

式中，R 为平凸镜的曲率半径，光程差满足条件：

$$\delta = K\lambda \quad (K=0,1,2,\cdots) \quad \text{产生相长干涉} \tag{5-5-3}$$

$$\delta = (2K+1)\frac{\lambda}{2} \quad (K=0,1,2,\cdots) \quad \text{产生相消干涉} \tag{5-5-4}$$

将式(5-5-1)，式(5-5-2)代入式(5-5-3)，式(5-5-4)可得：

明纹半径为：

$$r_k = \sqrt{\left(k - \frac{1}{2}\right)R\lambda} \tag{5-5-5}$$

暗纹半径为：

$$r_k = \sqrt{kR\lambda} \tag{5-5-6}$$

此式表示出暗环半径与光的波长及透镜曲率半径的关系。若已知波长 λ，则测定暗环半径即可由此式计算曲率半径 R（反之，若已知曲率半径 R，由此式可测定入射光的波长）。但由于玻璃的弹性变形，以及接触点不清洁等原因，平凸透镜与平面玻璃不可能很理想的只有一点接触，所以干涉图形的中心不是一点，而是一个不很规则的圆片，所以用公式(5-5-6)很难准确判定干涉级次。通常实验中采用如下方法：

设第 K 级干涉圆环的直径为 D_k，第 $K+m$ 干涉圆环直径为 D_{k+m}，故：

$$D_k^2 = 4KR\lambda$$

$$D_{k+m}^2 = 4(K+m)R\lambda$$

两式相减整理得：

$$R = \frac{D_{K+m}^2 - D_k^2}{4m\lambda} \tag{5-5-7}$$

【实验内容】

1. 实验步骤

(1)安置仪器如图 5-5-3 所示，打开钠光灯。然后调节显微镜目镜，使之能清楚地看到叉丝。转动目镜筒，使叉丝之一与显微镜移动方向正交。

(2)从下向上调节显微镜物镜，直到视野中能清楚地看到明暗的环为止。移动牛顿环，使牛顿环中央暗点恰好在叉丝的交点上。

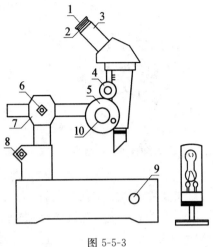

图 5-5-3

(3)接通电源,将牛顿环放在读数显微镜的工作台上,且环心正对显微镜,转动物镜外装有45°倾斜透明平玻璃的套筒,使光源 S 射来的光线经过玻璃反射恰好垂直地反射到牛顿环上,再经牛顿环反射后经玻璃而进入显微镜见图 5-5-3,转动调焦手柄,使显微镜上下移动进行调焦,直至从目镜中看到放大了的清晰干涉条纹。

(4)测量暗环直径,方法如下:先调节显微镜上测微丝杆,使显微镜叉丝正对牛顿环中心。转动鼓轮,使显微镜向左移动,同时从中心开始数干涉条纹暗环级次到 20 环以上。然后鼓轮反转,当显微镜叉丝与第 20 个暗环宽度的中心线相切时,记下显微镜标尺读数 $d_{左20}$,继续向左移动,依次读取 $d_{左20}$、$d_{左15}$、$d_{左10}$、$d_{左5}$ 越过干涉环圆心,测出同级干涉环另一边的 $d_{右5}$、$d_{右10}$、$d_{右15}$、$d_{右20}$ 算出直径 $D_K = |d_{左K} - d_{右K}|$ 得到 D_5、D_{10}、D_{15}、D_{20}。

(5)由式(5-5-7)计算出光波波长(若已知凸透镜的曲率半径)或计算出曲率半径 R(若已知光波波长)。并计算出某平均值。

2.注意事项

光学平面玻璃在实验时不要用手去摸或与其他东西相接触,因为这样极易磨损精致的光学平面,这点在实验中千万小心。若有不洁需用专门的擦镜纸擦拭。

【实验数据及处理】

表 5-5-1 测出曲率半径 R

环数	$d_左$	$d_右$	直径 D	$|D_{K+m}^2 - D_K^2|$	$R_i(m)$	$\bar{R}_i$

【思考题】

1. 牛顿环干涉条纹中心是高级次还是低级次？为什么？
2. 如何避免测微鼓轮反向旋转时的空程误差？

【附】 读数显微镜简介

读数显微镜分瞄准显微镜，测量架和底座三部分（图5-5-3）。目镜1嵌在目镜接筒3内，目镜止动螺钉3可以固定目镜于任一位置。转动调焦手轮4使显微镜上下移动进行调焦，利用锁紧手轮6可把测量架连同瞄准显微镜固定于任一位置，支架7借助锁紧手轮8紧固在底座的适当位置。牛顿环放在工作台面9上。旋转测微鼓轮10可使瞄准显微镜左右移动，移动距离可在长标尺上读出整数，测微鼓轮口上读取小数，此二数之和即为此点位置的读数。

实验5.6　偏振光的研究

1808年马吕斯（Malus，1775—1812）发现了光的偏振现象，并对光的偏振现象进行了深入研究，证明了光波是横波，使人们进一步认识光的本性。随着科学技术的发展，偏振光元件、偏振光仪器和偏振光技术在各个领域都得到了广泛应用，尤其是在实验应力分析、计量测试、晶体材料分析、薄膜和表面研究、激光技术等方面更为突出。

【实验要求】

1. 了解产生和检验偏振光的仪器，并掌握产生和检验偏振光的条件和方法。
2. 加深对光的偏振的认识。

【预习思考题】

按光矢量的不同振动状态，通常把光波分为哪几种？

【实验原理】

1. 自然光与偏振光

光是一种电磁波，电磁波中的电矢量 E 就是光波的振动矢量，它的振动方向和光的传播方向垂直。光的振动方向和传播方向所组成的平面称为振动面。按光矢量的不同振动状态，通常把光波分为五种形式，如图5-6-1所示。

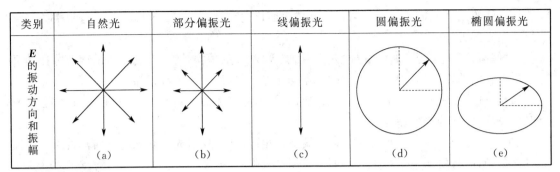

图 5-6-1 光波的五种形式

实验证明,在光的 E 振动和 B 振动中,引起感光作用和生理作用的是 E 振动,所以一般把矢量 E 叫作光矢量,而把 E 振动叫作光振动。

光波在传播过程中,如果在各个方面上 E 振动的振幅相等,这样的光叫自然光。在除激光以外的一般光源发出的光中,包含着各个方向的光矢量,没有哪一个方向比其他方向占优势,所以一般光源所发出的光都是自然光。

自然光经过某些物质反射、折射或吸收后,可能只保留某一方向的光振动。这种光振动只是某一固定方向的光,叫作线偏振光,简称偏振光,如图 5-6-1(c)。若光波中,某一方向的光振动比与之相垂直方向的光振动占优势,这种光就叫作部分偏振光,如图 5-6-1(b)。

由同一单色偏振光通过双折射物质后,所产生的两束偏振光是可能相干的。这两束偏振光的振动方向相互垂直,所以与两个互相垂直的同周期振动的合成一样,光矢量 E 的端点将推出椭圆轨迹,称为椭圆偏振光,如图 5-6-1(e)。在特殊情况下,如果两束偏振光的振幅相等,就成为圆偏振光,如图 5-6-1(d)。

理论的实验都证明,反射光的偏振化程度和入射角有光。当入射角等于某一特定值 i_0 时,反射光是光振动垂直于入射面的线偏振光(图 5-6-2)。这个特定的入射角 i_0 称为偏振角,或称为布儒斯特角。

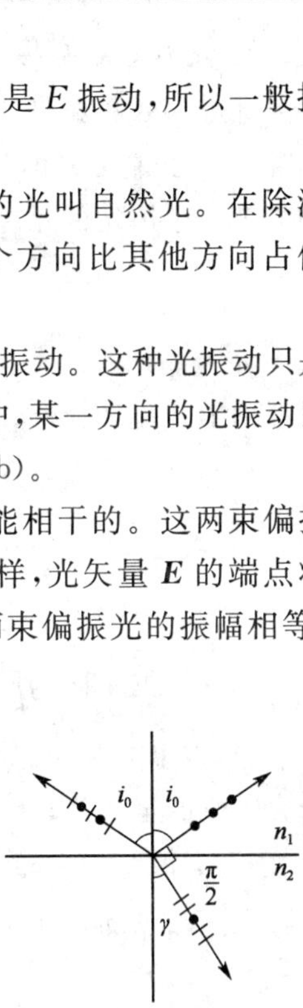

实验还发现,当光线以起偏振角入射时,反射光和折射光传播方向相互垂直,即:

$$i_0 + \gamma = 90°$$

图 5-6-2

根据折射定律,有:

$$n_1 \sin i_0 = n_2 \sin \gamma = n_2 \cos i_0$$

即:

$$\tan i_0 = \frac{n_2}{n_1}$$

或

$$\tan i_0 = n_{21} \tag{5-6-1}$$

式中,$n_{21} = n_2/n_1$,是媒质 2 对媒质 1 的相对折射率。式(5-6-1)称为布儒斯特定律。

2. 偏振片的起偏与检偏

在光学实验中,常利用某些装置移去自然光一部分振动而获得偏振光,我们把从自然光获得偏振光的装置称为起偏振器(或起偏振片),两者可通用。

将自然光通过偏振片、尼科耳棱镜、介质表面反射都可以变成线偏振光,这是常用的三种获得偏振光的方法。

(1)偏振片——某些晶体(如硫酸金鸡钠碱等)制成的偏振片,对互相垂直的两个分振动具有选择吸收的性能,只允许一个方向的光振动通过,所以透射光为线偏振光。

(2)尼科耳棱镜——方解石具有双折射性质,由它制成的尼科耳棱镜,可使 e 光透过,o 光反射掉,故透射光为线偏振光。

(3)介质表面反射——当自然光以布儒斯特角入射时,反射光只有振动方向垂直于入射面的线偏振光,而折射光中平行于入射面的光振动较强。

3. 波片、圆偏振光和椭圆偏振光

如果将双折射晶体切割成光轴与表面平行的晶体,当波长为 λ 的平面振动光垂直入射到晶片时,o 光与 e 光的传播方向相同,但折射率不同,传播速度也不同。因此,透过晶片后,两种光就产生恒定的相差:

$$\Delta\varphi=\frac{2\pi}{\lambda}d(n_o-n_e)$$

式中 d 为晶片厚度,n_o 和 n_e 分别表示 o 光和 e 光的折射率。

由上式可知,o 光、e 光合成振动随位相差的不同,就有不同的偏振方式:

(1)$\Delta\varphi=k\pi(k=0,1,2,\cdots)$ 为平面偏振光。

(2)$\Delta\varphi=\left(k+\frac{1}{2}\right)\pi(k=0,1,2,\cdots)$ 为正椭圆偏振光。

(3)$\Delta\varphi$ 不等于以上各值为椭圆偏振光。

晶片根据不同的厚度可分为全波片、$\frac{1}{2}$ 波片、$\frac{1}{4}$ 波片。

(1)以上波长为 λ 的单色光,如晶片厚度满足 $\Delta\varphi=2k\pi,k=1,2,3,\cdots$ 则该晶片称为对波长为 λ 的光的全波片。

(2)对波长为 λ 的单色光,如晶片厚度满足 $\Delta\varphi=(2k+1)\pi,k=0,1,2,\cdots$ 则该晶片称为对波长为 λ 的光的 $\frac{1}{2}$ 波片。

(3)对波长为 λ 的单色光,如晶片厚度满足 $\Delta\varphi=(2k+1)\frac{\pi}{2},k=0,1,2,\cdots$ 则该晶片称为对波长为 λ 的光的 $\frac{1}{4}$ 波长。

【实验内容】

实验操作前,请仔细思考应怎样布置仪器、光学器件安装在何处?

1. 起偏与检偏

(1)按图 5-6-3 布置仪器,先只装 P_1。开启电源,光源 S 发出平行光直射到偏振片 P_1 上,以 P_1 作为起偏器,以光的传播方向为轴旋转 P_1,观察并记下屏上光斑强度的变化情况。

(2)在 P_1 后加入作为检偏器的偏振片 P_2,固定 P_1 的方位,转动 P_2,观察并记下屏上光斑强度的变化。

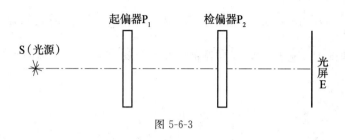

图 5-6-3

2. 观察反射偏振现象

(1) 按图 5-6-4 布置仪器，首先将光源布置于仪器左前方，然后放上反射镜，调节反射镜与光源光轴大致成 33°方位角，再放上检偏器 P，开启光源，并使反射光斑落在屏上，转动检偏器 P，观察并记下屏上光强的明暗变化。

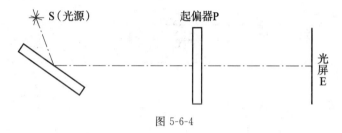

图 5-6-4

转动反射镜的角度，屏上光强增强或减弱，同时转动检偏器 P，出现消光时，光线在反射镜上的入射角即为布儒斯特角。

(2) 取下检偏器 P，改变反射镜与光源光轴的夹角，并使反射光斑落在屏上，再放上起偏器 P，转动 P，观察并记下屏上光斑强度的变化情况。

3. 鉴别 o 光、e 光及其振动方向

(1) 按图 5-6-5 装置仪器，先只装双折射棱镜。调整透镜和双折射棱镜与光源的距离（透镜与双折射材镜固定在一起），使屏上可观察到两个大小相等的清晰光斑，以光的传播方向为轴，转动双折射镜 B，观察并记下屏上两光斑的运动情况（提示：可见一个像绕另一个像旋转，不动的光斑为 o 光，旋转的光斑为 e 光）。

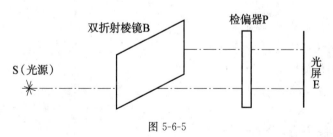

图 5-6-5

(2) 加入检偏器 P，旋转 P，观察并记下屏上两光斑的亮度变化情况（提示：可见两像的光强不断变化，而且两像交替消失，可知 o 光与 e 光的振动方向成 90°）。

4. 圆偏振光与椭圆偏振光

按图 5-6-6 装置仪器，先安装 P_1、P_2，然后转动起偏器 P_1，使之与检偏器 P_2 正交，最后再插

入 $\frac{1}{4}$ 波片，转动 $\frac{1}{4}$ 波片，使屏上光强最弱，依次将 $\frac{1}{4}$ 波片转动（由消光位置）0°、30°、45°、60°、75°、90°，并每次转动 P_2，记录下在屏上所观察到的现象。根据观察到的现象，判断 $\frac{1}{4}$ 波片与 P_2 之间光的类型。

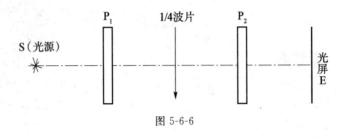

图 5-6-6

表 5-6-1

$\frac{1}{4}$ 波片转过的角度	P_2 转动 360°观察到的现象	达到 P_2 的光的类型
0°		
30°		
45°		
60°		
75°		
90°		

【思考题】

1. 怎样鉴别自然光、部分偏振光和线偏振光？
2. 如果在互相正交的 P_1、P_2 中间插进一块 1/4 波片，使其光轴与起偏器 P_1 的光轴平行，那么透过检偏器 P_2 的光斑是亮的还是暗的？为什么？将 P_2 转动 90°后，光斑的亮度是否变化？为什么？
3. 怎样区别圆偏振光和椭圆偏振光？
4. 怎样区别圆偏振光与部分偏振光？
5. 怎样区别圆偏振光与部分自然光？
6. 线偏振光经过 1/4 波长、1/2 波片后，偏振状态发生了什么变化？

【附】 偏振光的分析

如何区别以下几种光？（1）线偏振光；（2）圆偏振光；（3）椭圆偏振光；（4）自然光；（5）线偏振光和自然光的混合（即部分偏振光）；（6）圆偏振光和自然光的混合；（7）椭圆偏振光和自然光的混合。

解：对于人的眼睛来说，所有这些光看起来都是一样的。

在光束行进的路径上插一个偏振片,并且以光的传播方向为轴转动偏振片,将会出现下面三种可能性:

(1)如果偏振片在某两个位置时完全消光,那么这束光就是线偏振光,所以线偏振光最容易鉴别。

(2)如果强度不变,那么这束光或者是自然光,或者是圆偏振光,或者是圆偏振光和自然光的混合。这时可在偏振光之前放一个1/4波片,再转动偏振片。如果强度仍然没有变化,那么入射光就是自然光。如果在两个位置上完全消光,那么入射光就是圆偏振光(这是由于1/4波片会把圆偏振光变成线偏振光的缘故)。如果强度有变化但不能完全消光,表明入射光是自然光和圆偏振光的混合。

(3)如果强度有变化但不能完全消光,那么这束光或者是椭圆偏振光,或者是线偏振光和自然光的混合(即部分偏振光),或者是椭圆偏振光和自然光的混合。这时可将偏振片停留在透射光强度最大的位置,在偏振的前面插入1/4波片,使它的光轴与偏振片的偏振方向平行。这里,椭圆偏振光经过1/4波片后就转变成线偏振光。因此,再转动偏振片,如果不存在完全消光的位置,而且强度极大的方位同原先一样,那么原光束就是自然光和线偏的混合(部分偏振光)。最后,如果出现强度极大的方位跟原先不同,原光束就是自然光和椭圆偏振光的混合。

把上面的主要内容简要地列于表 5-6-2 中。

表 5-6-2　用偏振片和 $\frac{1}{4}$ 波片研究光的偏振性质

第一步	令入射光通过偏振光片Ⅰ,转动偏振片Ⅰ,观察透射光强度的变化			
观察到的现象	有消光	强度无变化		强度有变化,但无消光
结论	线偏振光	自然光或圆偏振光		椭圆偏振光或部分偏振光
第二步		a.令入射光依次通过 $\frac{\lambda}{4}$ 波片和偏振片Ⅱ,转动偏振片Ⅱ,观察透射光的强度变化	b.同a,只是 $\frac{\lambda}{4}$ 波片的光轴方向必须与第一步中偏振片Ⅰ产生的强度极大或极小的透振方向重合	
观察到的现象		有消光	无消光	有消光	无消光
结论		圆偏振光	自然光	椭圆偏振光	部分偏振光

实验 5.7　迈克耳孙干涉仪测波长

迈克耳孙干涉仪是利用分振幅法实现干涉的干涉仪。在近代物理和近代计量技术中,迈克耳孙干涉仪具有一定的地位,例如,在光谱线精细结构的研究和用光波标定标准米尺等实验中都有着重要的应用。在迈克耳孙干涉仪的基础上发展出了各种形式的干涉仪。

【实验要求】

1. 了解迈克耳孙干涉仪的工作原理,掌握其调整和使用方法。
2. 观察薄膜的等倾和等厚干涉现象。

【实验目的】

测定钠光的波长。

【实验仪器与器具】

迈克耳孙干涉仪,钠光灯。

迈克耳孙干涉仪结构简介:

图 5-7-1 为迈克耳孙干涉仪,G_1 为分光束板,G_2 为补偿板,M_1、M_2 为两反射镜。透过读数窗可看到读数大鼓轮,转动手轮 C 可使镜 M_1 在导轨上移动。导轨上有 0～50 mm 的刻度,借助于微调螺钉,可微微移动镜 M_1,因此可进行精确读数。读数鼓轮上每小格为 0.01 mm,微调螺钉 D(微调小鼓轮)上每小格为 0.000 1 mm,估读数为 10^{-5} mm。

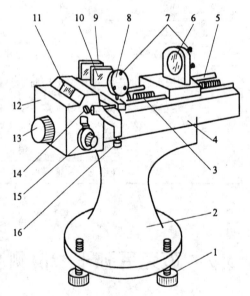

1—水平调节螺钉;2—底座;3—精密丝杠;4—机械台面;5—导轨;6—可动镜(M_1);
7—螺钉;8—固定镜(M_2);9—分光束板(G_1);10—补偿板(G_2);11—读数窗;
12—齿轮系统外壳;13—大手轮(C);14—水平拉簧螺钉;15—微动鼓轮(D);16—垂直拉簧螺钉

图 5-7-1　迈克耳孙干涉仪结构图

使用该仪器时,反射镜 M_1、M_2 和 G_1、G_2 绝对不能用手摸,以免损坏光学表面。导轨及精密丝杆的精度也很高,如它们受损,会使仪器精度下降,甚至使仪器不能使用。因此,操作时动作要轻、要慢,严禁粗鲁、急躁。

在读数与测量时要注意:

(1)转动微动鼓轮 D 时,手轮 C 随着转动,但转动手轮 C 时,鼓轮 D 并不随着转动。因此在读数前应调整零点,方法如下:将鼓轮 D 沿某一方向(如顺时针方向)旋转至零,然后以同方向转动手轮 C 使之对齐某一刻度。这以后,在测量时只能仍以同方向转动手轮 C 使 M_1 镜移动,这样才能使手轮与鼓轮读数相互配合。

(2)为了使测量结果正确,必须避免引入空程,也就是说,在调整好零点以后,应将鼓轮 D 按原方向转几圈,直到干涉条纹开始移动以后,才可开始读数测量。

【预习思考题】

1. 在迈克耳孙干涉仪中是利用什么方法产生两束相干光的?
2. 读数前怎样调整干涉仪的零点?
3. 什么是空程?测量时如何操作才能避免引入空程?

【实验原理】

图 5-7-2 所示为迈克耳孙干涉仪的光路图,从光源 S 发出的钠光光束射到分光板 G_1 上,G_1 的前、后两个表面严格平行。后表面一般镀银膜(或铝膜、铬膜),镀膜的厚度要求能使反射光束和透射光束都是原入射光束强度的 50%,即使反射光(1)和透射光(2)两者强度近乎相等,故 G_1 称为分光板。G_2 也是平行平面玻璃板,与 G_1 平行放置,厚度和折射率均与 G_1 相同,补偿了光线(1)和(2)之间附加的光程差。光束(1)和(2)经 M_1 和 M_2 反射后,逆着各自的入射方向返回,最后都到达 E 处。这两束光是相干光,因而在 E 处就能看到干涉条纹。

由 M_2 反射回来的光束经分光板 G_1 的第二面上反射时,如同平面镜反射一样,使 M_2 在 M_1 附近形成 M_2 的虚像 M_2',因而在迈克耳孙干涉仪中,来自 M_1 和 M_2 的反射光相当于来自 M_1 和 M_2' 的反射光。由此可见,在迈克耳孙干涉仪中所产生的干涉,是空气薄膜所产生的干涉。

当 M_2' 与 M_1 交成很小的角度时,形成空气劈尖,可以观察到等厚的平行干涉条纹。当 M_2' 与 M_1 严格平行时(即 M_2 严格垂直于 M_1),将观察到等倾的环形条纹。与玻璃薄膜的干涉情况完全相似,设扩展光源中任一束光,以入射角 i 射到薄膜表面上,在上表面反射的一束光(1)和在下表面反射的一束光(2)为两束平行的相干光,它们在无限远处相遇产生干涉,用眼睛观察,可看到干涉图像。在图 5-7-3 中,光线(1)和光线(2)两束相干光之间的光程差为:

$$\Delta = 2d\sqrt{n_2^2 - n_1^2 \sin^2 i}$$

将 $n_2 = n_1 = 1$ 代入上式即得:

$$\Delta = 2d\cos i \tag{5-7-1}$$

在圆心处,$i = 0$,$\Delta = 2d$ 最大,所以干涉环的级数最高。若圆心是亮点,则级数 N 由下式决定:

$$\Delta = 2d = N\lambda$$

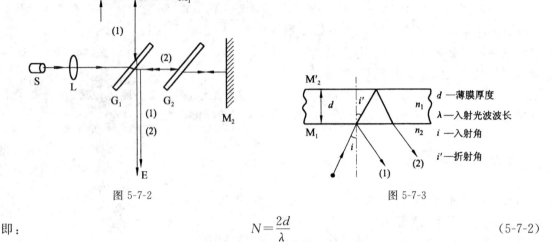

图 5-7-2　　　　　　　　　　图 5-7-3

即：
$$N = \frac{2d}{\lambda} \tag{5-7-2}$$

移动 M_1，使 d 增大时，中心的干涉环级数也就增加，因此就可观察到干涉圆环逐个地从中心"冒"出来。反之，当 d 减小时，干涉圆环就逐个地向中心"缩"进去。每"冒"出来或"缩"进一个圆环时，d 就增加或减小 $\frac{\lambda}{2}$ 的距离。由式(5-7-2)可以进行微小长度和未知波长的测量。本实验是利用干涉仪精确测量 d 值，然后测量钠光波长。如果观察到 N 个环纹自中心"冒"出时，则表明 M_1 沿离开 M_2' 的方向移动了：

$$\Delta d = N \frac{\lambda}{2} \tag{5-7-3}$$

反之，若有 N 个环纹陷入时，则表明 M_1 向 M_2' 的方向移近了 $\Delta d = N\frac{\lambda}{2}$。由此分析可知，如果精确地测定 Δd 和 N，则可由式(5-7-3)计算出入射光的波长。

【实验内容】

(1)仪器水平调节。置水准仪于迈克耳孙干涉仪的平台上，用地脚螺钉调节水平。

(2)读数系统调整。转动手轮 C，使镜 M_1 的位置在主尺的 30 mm 附近(因 M_2 的像在 32 mm 附近，这样调节便于以后观察 0 级等厚条纹)。将鼓轮 D 沿某一方向旋转至零，然后沿同一方向旋转手轮 C 使其与某一刻度对齐。

(3)按图 5-7-2 布置光路，使钠光灯上带毛玻璃的窗口自分光板 G_1 的中点正对 M_2。点亮钠光灯，眼睛从 E 处朝 G_1 观察，即可看到长方形橘黄色的光斑。调节 M_2 背后的螺钉，可使其中两个较亮的光斑基本重合，这时可看到极细密、较模糊的干涉条纹。若还不出现干涉条纹，应将 M_2 镜调节螺钉稍微拧紧或放松一些(必要时，也可调 M_1 镜后的螺钉)，就可出现干涉条纹。

(4)看到干涉条纹后，仔细地调节 M_2 镜的两个拉簧螺钉，把干涉条纹变粗、曲率变大，直到把条纹的圆心调至视场中央、视场中出现明暗相间的等倾干涉同心圆环；然后，沿调零方向旋转鼓轮 D，观察干涉环"冒"或"缩"的现象。

(5)看到"冒"或"缩"现象后,记下开始位置 d_0,然后继续朝原方向旋转鼓轮。每冒出或缩进 50 个干涉圆环记录一次 M_1 镜的位置,连续记录 10 次,将数据填入表 5-7-1。根据式(5-7-3),用逐差法求出钠光的波长。

【实验数据及处理】

表 5-7-1

次数	0	1	2	3	4	5	6	7	8	9	10
环数 N	0	50	100	150	200	250	300	350	400	450	500
d_i/mm	$d_0=$										

$\Delta d_{\mathrm{I}} = d_6 - d_1 = \qquad$ mm; $\quad \Delta d_{\mathrm{II}} = d_7 - d_2 = \qquad$ mm

$\Delta d_{\mathrm{III}} = d_8 - d_3 = \qquad$ mm; $\quad \Delta d_{\mathrm{IV}} = d_9 - d_4 = \qquad$ mm

$\Delta d_{\mathrm{V}} = d_{10} - d_5 = \qquad$ mm

$\overline{\Delta d} = \dfrac{1}{5}(\Delta d_{\mathrm{I}} + \Delta d_{\mathrm{II}} + \Delta d_{\mathrm{III}} + \Delta d_{\mathrm{IV}} + \Delta d_{\mathrm{V}}) = \qquad$ mm

$S_{\overline{\Delta d}} = \sqrt{\dfrac{\sum_{i=1}^{5}(\Delta d_i - \overline{\Delta d})^2}{5 \times 4}} = \qquad$ mm

$\Delta_{\overline{\Delta d}} = \sqrt{S_{\overline{\Delta d}}^2 + \Delta_{\text{仪}}^2/3} = \qquad$ mm($\Delta_{\text{仪}} = 5 \times 10^{-5}$ mm)

$\overline{\lambda} = \dfrac{2\overline{\Delta d}}{N} = \dfrac{2\overline{\Delta d}}{250} = \qquad$ mm $= \qquad$ Å

$E_\lambda = \dfrac{\Delta_\lambda}{\lambda} = \dfrac{\Delta_{\overline{\Delta d}}}{\overline{\Delta d}} = E_{\Delta d}, \quad \Delta_\lambda = \dfrac{\Delta_{\overline{\Delta d}}}{\overline{\Delta d}}\lambda = \qquad$ mm

$\lambda = \overline{\lambda} \pm \Delta_\lambda \times 1.96 = \qquad$ mm

【思考题】

1. 实验中毛玻璃起什么作用?为什么观察等倾干涉条纹要用通过毛玻璃的光束照明?
2. 用白光做光源,能否测量其中一光波的波长?
3. 迈克耳孙干涉仪中补偿板、分光板的作用是什么?
4. 当反射镜 M_1 和 M_2 不严格垂直时,在屏上观察到的干涉条纹的分布具有什么特点?

实验 5.8　物质旋光性的研究与测量

【实验目的】

1. 观察线偏振光通过旋光物质时的旋光现象。

2.了解旋光仪的结构原理,学会用它测旋光溶液的浓度。

【实验仪器与器具】

旋光仪一台,量糖计一只,已知浓度的糖溶液,待测浓度的糖溶液,旋光仪的光学系统如图(5-8-1)。

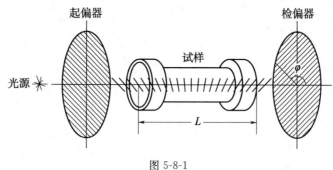

图 5-8-1

【实验原理】

1. 仪器原理

当偏振光通过某些透明物质时,光矢量 E 的振动面会绕着光前进的方向旋转,这种现象称为"物质的旋光性"。具有旋光性的物质叫作旋光物质(如某些果汁、糖溶液、石油及一些有机化合物的溶液)。当观察者迎着光线看时,振动面沿着顺时针方向旋转的物质称为"右旋"(或正旋)物质;振动面沿着反时针方向旋转的物质称为"左旋"(或负旋)物质。

在本实验中,旋光性物质为糖溶液,设溶液的浓度为 C,长度为 L,如图 5-8-1 所示。当偏振光通过该溶液时,光矢量振动面旋转过的角度 φ 与浓度 C 及长度 L 成正比,即:

$$\varphi = acl \tag{5-8-1}$$

式中,φ 的单位为度;L 的单位为 dm;C 为百分比浓度(即 100 cm³ 中所含溶质的克数);则 a 在数值上等于偏振光通过单位长度(dm)、单位浓度(g/mL)的溶液后,引起振动面旋转的角度。单位为((°)·mm/dm·g)。

实验的仪器原理见图 5-8-2 光线从光源 1 投射到聚光镜 2、滤色片 3、起偏镜 4 后变成平面直线偏振光,再经半波片 5 分解成寻常光与非常光后,视场中出现了三分视界,旋光物质盛入试管 6 放入镜筒测定,由于溶液具有旋光性,故把平面偏振光旋转了一个角度,通过检偏镜 7 起分析作用,从目镜 9 中观察,就能看到中间亮(或暗),左右暗(或亮)的照度不等,三分视场(见图 5-8-3(a)或(b)),转动度盘手轮 12 带动度盘 11,检偏镜 7 觅得视场照度(暗视场)相一致(见图 5-8-3(c))时为止,然后从放大镜中读出度盘旋转的角度(见图 5-8-4)。

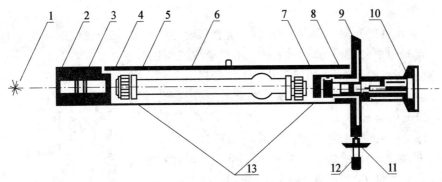

1—光源；2—聚光镜；3—滤色镜；4—起偏片；5—石英光栏(半玻片)；6—试管溶液；7—检偏片；8—物镜；9—目镜；10—放大镜；11—分度盘；12—度盘转动手轮；13—保护片

图 5-8-2

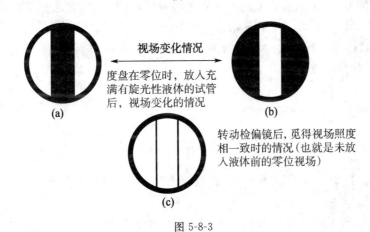

度盘在零位时，放入充满有旋光性液体的试管后，视场变化的情况

转动检偏镜后，觅得视场照度相一致时的情况(也就是未放入液体前的零位视场)

图 5-8-3

旋光仪的外形如图 5-8-4 所示，为便于操作，将光系统倾斜 20°安装在基座上。

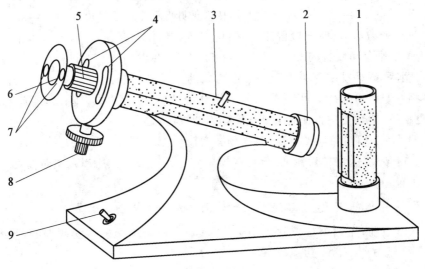

图 5-8-4

2. 仪器描述

(1) 反光镜使自然光向仪器内集中照射，毛玻璃使亮度均匀，透镜使照射光变为平行光，滤波片使平行光变为单色平行光，通过起偏片的光就变成单色偏振光。

(2) 石英片制成的光栏（也叫半玻片），有两分视场和三分视场两种，如图5-8-3所示。

(3) 石英本身也是旋光物质，当偏振光束经过石英光栏前，光束中两部分光矢量振动面方向是一致的；即两部分的光矢量 E_1 与 E_2 平行；经过石英光栏后，光束中经过石英片的那部分光线的光矢量 E_2 的振动面旋转了一个角度，但光束中经过空气的那部分光线的光矢量 E_1 的振动面不旋转，即 E_1 的方向保持不变，如图5-8-5所示。

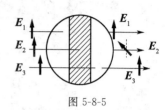

图 5-8-5

(4) 光束经过石英光栏后，光束中两部分光线的光矢量 E_1 与 E_2 已不再同方向，所以它们的振动面已不再同方向，但是当光束进入旋光性溶液后，在同一种旋光性溶液中，E_1 和 E_2 的振动面都要发生旋转，同时转过了相同的旋光角 φ。

φ 的大小通过检偏片转动的刻度数测得，检偏片及刻度盘和望远镜牢固连接，同时转动。目镜可伸缩调焦，使像清晰。

【实验内容】

1. 调试仪器

(1) 旋光仪接于 220 V 交流电源，启开电源开关，3～5 min 后，光源发光正常，可开始工作。

(2) 调焦，使视场中能清楚地看到三分视场（或两分视场）。因为旋光仪中放入溶液之前，经过石英光栏后的偏振光束中已包含两种不同方向的光矢量 E_1 和 E_2，它们在检偏片（偏转化方向）AA' 上的投影不相等（照度不同），所以视场中呈现明暗不等的三分视场（或两分视场）。只要把检偏片（偏振化方向）由 AA' 转到 E_1 与 E_2 夹角的平分角线方向 CC' 位置，这时 E_1 及 E_2 在检偏片上的投影就相等，望远镜中就可看到一照度均匀的视场，叫零视场（或标准相）；当然检偏片也可从 AA' 转到平分角线 CC' 的垂直线 BB' 方向，E_1 与 E_2 在 BB' 上的投影也相等，望远镜中也能观察到照度均匀的视场，也是零视场（标准相）。见图5-8-6实验证明：检偏片在 CC' 位置时的标准相，视场亮度较强，人眼不耐久；检偏片在 BB' 位置时的标准相，视场亮度较弱，人眼能够耐久，且对视场亮度变化很敏感。所以在测量时，一般采用"弱标准相"的位置。

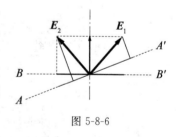

图 5-8-6

2. 测量步骤 偏振光通过溶液后，振动面的转角（见图5-8-7）

(1) 放入溶液前，先调整检偏片到 BB' 位置（观察视场中第一次呈现"弱标准相"时即为 BB' 位置）记下这时刻度盘上初读数 φ_0。

(2) 把浓度为 C_1 的糖溶液玻璃管放入旋光仪的镜筒槽中，由于偏振光经过溶液后，E_1 及 E_2 都转过了相同的角度，破坏了视场中原来的弱标准相，这时，再次旋转检偏振片，使从原来

的 BB' 位置转到 BB'' 位置时,第二次又出现原来的"弱标准相",记下这时刻度盘上的读数为末读数 φ_1,则偏振光通过浓度为 C_1 的溶液后,振动面转过的角度[由式(5-8-1)得]

$$a = \frac{\varphi}{C_1 L} \quad (5\text{-}8\text{-}2)$$

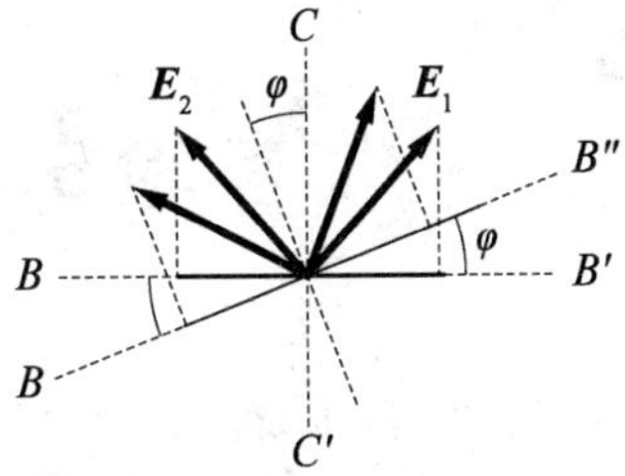

(3)重复步骤(2),两次测得振动面相应的转角分别为 φ_2 及 φ_3,得糖溶液旋光系数的平均值 $\bar{a} = \dfrac{a_1 + a_2 + a_3}{3}$。

(4)换上待测浓度 C 的糖溶液,找出两次对应的"弱"标准相,测出对应的旋光角,将步骤(3)中求得的旋光系数作为已知,由式(5-8-1)求待测溶液的浓度。

(5)由量糖计直接读出浓度 C 分析比较上述三种方法测出的 C 值,哪一种更为精确。

3. 注意事项

(1)盛液管要洗净,凡更换不同浓度的溶液时,先用蒸馏水洗净、甩干。

(2)溶液必须装满试管,不能留有气泡,万一有气泡,必须赶到气泡井里,放置时有井一端向上。

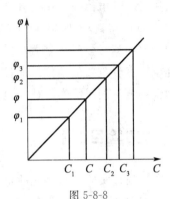

图 5-8-7

图 5-8-8

(3)仪器接通电源后,连续工作时间不宜超过 4 小时,如使用时间较长应关熄 15 分钟以后再继续使用。

(4)读数盘上的读数为正时是右旋(正旋)物质;读数为负时是左旋(负旋)物质。如果刻度盘上游标读数窗的读数值 $A = B$,且刻度盘转到任意位置都是如此,表明仪器没有偏心差,读数时亦可采用双游标读数法:

$$\varphi = \frac{A + B}{2}$$

【数据记录】

表 5-8-1 糖溶液旋光系数

溶液浓度/%	溶液长度 L/dm	零视场(标准相)		旋光角 φ /(°)	旋光系数 a /((°)/dm)	
		初读数 φ_0	末读数 φ_1		各次	平均
C						

待测溶液的浓度 $C = \dfrac{\varphi}{aL}$。

实验 5.9 光电效应法测定普朗克常数

19 世纪末,德国科学家赫兹发现,光射到金属上能使电子从金属表面逸出。当时人们对这种称为光电效应的现象进行了大量的实验研究,总结出一系列实验规律,但是,这些规律无法用经典的电磁波理论解释。

1905 年,爱因斯坦在普朗克(1858—1947)量子假说的基础上圆满地解释了光电效应。其中的普朗克常量联系着微观世界普遍存在的波粒二象性和能量交换量子化的规律,在近代物理学中有着重要的地位。通过亲手实验测量这个物理常量,不仅有助于理解光的量子性,对掌握微弱电流测量等实验技术也是有意义的。

【实验目的】

1. 通过实验加深对光的量子性的了解。
2. 验证爱因斯坦方程,求出普朗克常数。

【实验仪器与器具】

HK-Ⅱ型普朗克常数测定仪 1 套,其中包括:GDH-1 型光电管(带暗盒)、CX-50WHg 仪器用高压汞灯、外径为 36 mm 的 CX 型滤光片(共有 5 片)、GD-Ⅱ型微电流测量放大器、电缆线 2 根。

【预习思考题】

1. 光电效应的 4 个基本实验事实是什么?
2. 爱因斯坦光电效应方程是什么?

【实验原理】

在光的照射下,电子从金属表面逸出的现象称为光电效应,所产生的电子称为光电子。其基本规律为:

(1)光电流与光强成正比,如图 5-9-1 中(a)、(b)所示。

(2)光电效应存在一个阈频率,当入射光的频率低于某一阈值 ν_0 时,不论光的强度如何,都没有光电子产生,如图 5-9-1(c)所示。

(3)光电子的初动能与光强无关,但与入射光的频率成正比,如图 5-9-1(d)所示。

(4)光电效应是瞬时效应,一经光线照射,立刻产生光电子。

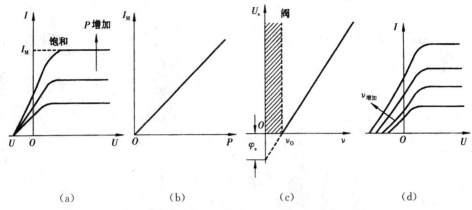

(a)　　　　　　(b)　　　　　　(c)　　　　　　(d)

I—光电流；I_M—饱和光电流；P—光强；U—加速电压；
U_s—截止电压；ν_0—截止频率；φ_s—逸出电位

图 5-9-1　关于光电效应的几个特性

然而用经典波动理论是无法对上述实验事实做出圆满解释的。

爱因斯坦认为，从一点发出频率为 ν 的光以 $h\nu$ 为能量单位（光量子）的形式一份一份地向外辐射，而不是按麦克斯韦电磁学说指出的那样以连续分布的形式把能量传播到空间的。当频率为 ν 的光以 $h\nu$ 为能量单位作用于金属中的一个自由电子，而自由电子获得能量后，克服金属表面的逸出功 W_s 逸出金属表面，其初动能为 $\frac{1}{2}mv^2$。有：

$$\frac{1}{2}mv^2 = h\nu - W_s \quad \text{或} \quad h\nu = \frac{1}{2}mv^2 + W_s \tag{5-9-1}$$

此式为爱因斯坦光电效应方程。式中，h 为普朗克常量，公认值为 $6.626\,075\,5 \times 10^{-34}\,\text{J·s}$；$\nu$ 为入射光频率；m 为电子的质量；v 为光电子逸出金属表面的初速度；W_s 为受光照射的金属材料的逸出功。

在式(5-9-1)中，$mv^2/2$ 是没有受到空间电场的阻止从金属中逸出的光电子的最大初动能。入射到金属表面的光频率越高，逸出来的电子初动能就越大，如图 5-9-1(d)。正因为光电子具有最大初动能，所以即使阳极不加电压也会有光电子到达阳极而形成光电流，甚至阳极相对于阴极电位为负时也会有光电子到达阳极。直到阳极电位低于某一数值时，所有光电子都不能到达阳极，光电流为零，如图 5-9-1(a)。此时相对于阴极为负值的阳极电位 U_s，被称为光电效应的截止电位（或称截止电压）。此时有：

$$eU_s - \frac{1}{2}mv^2 = 0 \tag{5-9-2}$$

将式(5-9-2)代入式(5-9-1)，有：

$$eU_s = h\nu - W_s \tag{5-9-3}$$

由于金属材料的逸出功 W_s 是金属的固有属性，对于给定的金属材料 W_s 为一个定值，它与入射光的频率无关。令 $W_s = h\nu_0$，ν_0 为"红限"频率，即具有"红限"频率 ν_0 的光子恰恰具有逸出功 W_s 的能量，而没有多余的动能。

将式(5-9-3)改写为：

$$U_s = \frac{h\nu}{e} - \frac{W_s}{e} = \frac{h}{e}(\nu - \nu_0) \qquad (5\text{-}9\text{-}4)$$

式(5-9-4)表明：截止电压 U_s 是入射光频率的线性函数。当入射光的频率 $\nu = \nu_0$ 时，截止电压 U_s 为零，便没有光电子逸出。图 5-9-1(c)上的斜率 $K = \dfrac{h}{e}$ 是一个正常数，

$$h = eK \qquad (5\text{-}9\text{-}5)$$

可见，只要用实验方法测出不同频率下的截止电压 U_s，然后再作出 $U_s\text{-}\nu$ 直线，并求出该直线的斜率 K，即可应用式(5-9-5)求出普朗克常量 h 的数值。其中 $e = 1.60 \times 10^{-19}$ C 是电子的电量。

图 5-9-2 是用真空光电管进行光电效应实验的原理图。频率为 ν、强度为 P 的光线照射到光电管阴极上，即有光电子从阴极逸出，如图 5-9-2 所示。若在阴极 K 和阳极 A 之间加有正向电压 U_{AK}，它使电极 K、A 之间建立起的电场对从阴极逸出的光电子起加速作用，随着电压 U_{AK} 的增加，到达阳极的光电子(光电流)将逐渐增多(大)。当正向电压 U_{AK} 增加到 U_m 之后，光电流不再增大或增大很小时，此时即称饱和状态，对应的光电流即为饱和光电流。如图 5-9-2 所示，若在阴极 K 和阳极 A 之间加反向电压 U_{KA}，它使电极 K、A 之间建立起的电场对阴极逸出的光电子起减速作用，随着电压 U_{KA} 的增加，到达阳极的光电子(光电流)将逐渐减少(小)。当 $U_{KA} = U_s$ 时，光电流降为零。

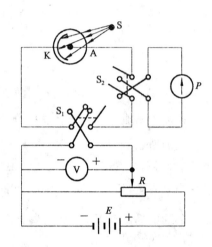

图 5-9-2　光电效应原理图

应当指出，由于光电管结构等各种原因，用光电管在光照射下进行实验时，伴随着下列两个物理过程：

(1)收集极的光电子发射：当光束入射到光阴极上后，必然有部分漫反射到收集极上，致使它也能发射光电子。而外电场对这些光电子却是一个加速场，因此，它们很容易到达阴极，形成阳极反向电流。

(2)当光电管不受任何光照射时，在外加电压下，光电管仍有微弱电流流过，我们称之为光电管的暗电流。形成暗电流的主要原因之一是光电管阴极与收集极之间的绝缘电阻(包括管座以及光电管玻璃壳内、外表面等的漏电阻)；另一原因是阴极在常温下的热电子发射等。从实测情况来看，光电管的暗特性即无光照射时的伏安特性曲线，基本上接近线性。

由于上述两个因素的影响，使实际测得的 $I\text{-}U$ 曲线如图 5-9-3。这里的 I，实际上是阴极光电流、阳极反向电流和暗电流的代数和。因此所谓的外加截止电压，并不是电流 I 为零时 A 点对应的电压值，而是曲线上 B 点(抬头点)所对应的外电压值(想一想，为什么)。

准确地找出每种频率入射光所对应的外加截止电压，是本次实验的关键所在。

光电效应法测定普朗克常数，从原理上来看是一个并不太复杂的实验。但是，由于存在光电管收集极(阳极)的光电子发射以及弱电流测量上的困难等问题，使得由 $I\text{-}U$ 曲线上确定截止电位值有很大的任意性，不够严格，这是造成实验误差较大的主要原因。

第5章 光学实验

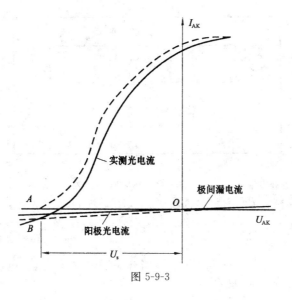

图 5-9-3

【实验内容】

1. 测试前的准备

(1)按图 5-9-4 将光源、光电管暗盒、微电流放大器安放在适当位置,暂不连线,并将微电流放大器前面板上(如图 5-9-5 所示)各开关、旋钮置于下列位置:

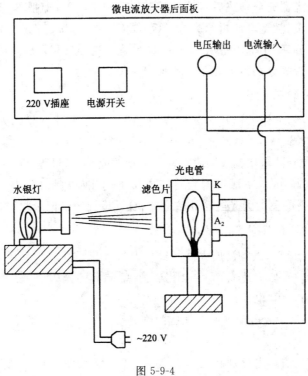

图 5-9-4

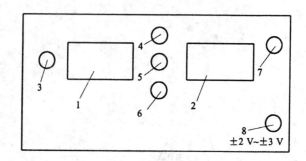

1—微电流指示；2—电压指示；3—电流换挡开关；4—微电流调零；
5—调满度；6—电流表正负换挡；7—电压调节；8—电压表量程换挡

图 5-9-5 微电流放大器前面板示意图

"电流表正负换挡开关"置"＋"，"电流换挡开关"置"调零"挡；"电压表量程换挡"置"－3V"挡；"电压调节"调到反时针最小。

(2)按图 5-9-4 将光源上出光孔和暗盒上入光孔分别用挡光盖盖上；把光电管暗盒上 A 端和接地端用屏蔽电缆与微电流放大器背板上的"电压输出"端连接，光电管暗盒上 K 端用电缆接在背板的"电流输入"端上。

(3)打开微电流放大器电源开关(在背板上)，让其预热 20～30 min；打开光源开关，让汞灯预热 15～20 min。

(4)让光源出光孔与暗盒入光孔水平对准，二者间距保持 30～50 cm 为宜。

(5)待微电流放大器充分预热后，先调整零点，后校正满度，即把"电流换挡开关"拨至"调零"，然后调节"调零旋钮"至电流指示为"00.0"(数字显示)；接着把"电流换挡开关"拨至"满度"，然后调节"满度旋钮"至电流指示"－100.0"位置。这样反复几次，直至拨"电流换挡开关"至调零和满度时，电流表分别指示为零和满偏(－100 μA)为止。

2．测量光电管的暗电流*

(1)将测量放大器"电流换挡开关"倍率旋钮置"10^{-7}"。取下光源出光孔挡光盖，此时暗盒上入光孔挡光盖不能摘。

(2)顺时针缓慢旋转"电压调节"旋钮，并合适地改变"电压量程"和"电压极性"开关。仔细记录从－2～0 V，每隔 0.2 V 测得的相对应电压下的相应电流值(电流值＝倍率×电表读数×μA)，此时所读得的值即为光电管的暗电流，自己设计表格记录数据，作暗电流特性曲线。

3．测量光电管 I-U 特性

(1)将电压调至－3 V，微电流放大器"倍率"置"×10^{-6}"挡。

(2)在暗盒光窗口上取去遮光罩，装上孔径为 ϕ5 mm 的光阑，再装上 365 型滤色片(型号在滤色片外框上注明)；用"电压调节"旋钮将电压由－3 V 缓慢升高至＋3 V，每隔 0.5 V 记录一个电流值，但在－2～0 V 电流开始变化区间细测一下(每隔 0.1 V 记录一个电流值)。将数据记入表 5-9-1。

(3)依次从暗盒光窗口上分别装上 405、436、546、577 型滤色片，重复步骤(1)和(2)，测出其伏安特性。

(4) 选择合适的坐标纸,作出不同波长频率的 I-U 曲线,参见附Ⅰ。从曲线中仔细找出各反向光电流开始变化的点(抬头点),确定 I_{KA} 的截止电压 U_s,并记录在表 5-9-2。

(5) 以频率 ν 为横坐标,截止电压 U_s 为纵坐标作图。如果光电效应遵从爱因斯坦方程,$U_s = f(\nu)$ 关系曲线应该是一根直线,参见附Ⅱ。求出直线的斜率 $K = \dfrac{\Delta U_s}{\Delta \nu}$。利用 $h = eK = 1.6 \times 10^{-19} K$ 求出普朗克常数。对实验结果进行分析和讨论。

(6) 改变光源与暗盒间的距离 L 或光阑孔径($\phi 5$ mm、$\phi 10$ mm、$\phi 12$ mm)重做上述实验。(备注:选做。)

4. 注意事项

(1) 更换滤色片时应先将光源窗口盖住,以免光直接照射光电管而影响使用寿命。实验完毕或仪器存放时必须将光电管窗口和光源窗口盖住。

(2) 本仪器使用的滤色片为精密光学元件,严禁用手直接接触,以免脏物、灰尘划伤表面或手上汗渍腐蚀光学表面。在使用前用镜头纸擦拭,保证良好的透光特性。更换滤色片时务必平整地放入套架,以免不必要的折射光带来实验误差。

(3) 实验虽不必在暗室中进行,但在实验室安放仪器时,光电管入光孔请勿直对其他强光源(窗户等),以减少杂散光干扰。仪器不宜在强磁场、强电场、强振动、高温度、带辐射物质的环境下工作。

(4) 如遇环境湿度较大,应将光电管和微电流放大器进行干燥处理,以减少漏电流影响。

【实验数据及处理】

表 5-9-1

距离 $L=$　　cm;　　光阑孔 $\Phi=$　　mm

滤色片波长													
365 nm	U_{KA}/V												
	$I_{KA}/10^{-11}$ A												
405 nm	U_{KA}/V												
	$I_{KA}/10^{-11}$ A												
436 nm	U_{KA}/V												
	$I_{KA}/10^{-11}$ A												
546 nm	U_{KA}/V												
	$I_{KA}/10^{-11}$ A												
577 nm	U_{KA}/V												
	$I_{KA}/10^{-11}$ A												

表 5-9-2

距离 $L=$　　cm；　$\Phi=$　　mm

波长/nm	365	405	436	546	577
频率/10^{14} Hz	8.22	7.41	6.88	5.49	5.20
U_s/V					

结果处理：$h = eK = 1.6 \times 10^{-19} \dfrac{\Delta U_s}{\Delta \nu} =$　　　　。

【思考题】

1. 本实验中，测暗电流的目的是什么？
2. 爱因斯坦光电效应方程的物理意义是什么？
3. 在什么条件下光照射金属表面，其表面有光电子逸出？
4. 试从实验结果分析，实验产生误差的主要原因是什么？如何进行改进？

【附Ⅰ】 不同波长的 *I-U* 曲线

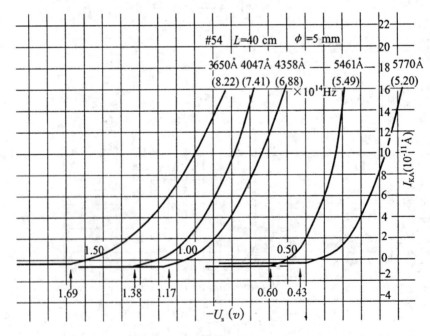

图 5-9-6

【附Ⅱ】 $U_s = f(v)$ 关系曲线

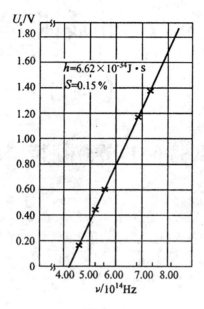

图 5-9-7

第6章 拓展性实验

实验6.1 照相技术

照相能把实物形象、实验过程或某些瞬变过程的图像真实、迅速地记录下来,以供日后分析研究或作为资料保存。照相技术(包括拍摄、印相及放大、暗室冲洗等技术)是一项重要的实验技术。在许多科学实验研究中,特别是在 X 射线分析、光谱分析、金相分析、高能粒子踪迹分析、空间遥感技术、生物及医学技术的研究工作中,照相技术有着广泛的应用。

【实验要求】

1. 初步掌握照相基本知识,了解照相机、印相机及放大机的结构、工作原理及使用方法。
2. 了解感光底片、相纸的基本知识。
3. 掌握暗室冲洗技术。

【实验目的】

1. 拍摄、冲洗2张相片。
2. 放大2张相片。

【实验仪器与器具】

照相机,印相机,放大机,感光底片(胶卷),印放相纸,显影药,定影药及其他设备等。

【预习思考题】

叙述从拍摄到获得相片的全过程。

【实验原理】

照相技术主要基于透镜成像和光化学原理。它的全过程一般包括拍摄、负片制作和正片制作三个部分。

1. 拍摄

拍摄过程的方框图如下：

装片 → 用光和取景 → 速度光圈选择 → 调焦 → 曝光 → 有潜影底片

(1) 成像原理。

如图 6-1-1 所示，物体经镜头（如同一个会聚透镜）成倒立、缩小的实像于底片上。

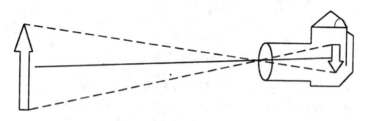

图 6-1-1　照相机的光路原理

成像清晰时，镜头焦距 f、物距 u 和像距 v 必须满足透镜公式 $\frac{1}{f}=\frac{1}{u}+\frac{1}{v}$。照相时，通常 $u \gg f$，所以底片上形成倒立、缩小的实像。

(2) 感光底片及其性能。

小型相机所用的感光底片俗称胶卷，它主要是由卤化银和乳胶混合后涂在基片（如塑料薄膜）上构成的。

曝光时，在光量子 $h\nu$ 的作用下，底片上感光乳剂中卤化银的银离子被还原成银，如：

$$AgBr + h\nu \longrightarrow Ag + Br$$

由于被还原的银原子数与光强成正比，因而曝光后在底片上银原子数的分布和像的明暗分布有对应关系，结果形成尚不能被人眼直接看到的潜影。

不同的底片其性能也有差异，通常是用感光度、反差、感色性这三个指标来表示底片的性能。

① 感光度。指底片对光的敏感程度。感光度越高，拍摄时所需的曝光量越少。中国、德国和美国分别用符号"GB"、"DIN"和"ASA"来表示感光度。GB21°和GB24°胶卷，后者感光度高，即 24°比 21°的胶卷所需的曝光时间少。每隔 3°，曝光量相差 1 倍。

② 反差。反差是用来表示底片（经拍摄、冲洗后）的图像黑白分明的程度。反差大表示黑白层次分明，反差小则黑白层次不显著。

形成了潜影的感光底片，经过显影而产生与景物光密度相对应的图像。底片上某点的光密度 D 与该点吸收的光能有关，也与显影处理有关（一般显影时间长，反差就大）。当显影条件相同时，光密度仅取决于吸收的光能。底片吸收的光能用曝光量 H 表示。底片光密度 D 与曝光量的对数 $\lg H$ 之间的关系如图 6-1-2，称为乳胶感光特性曲线。景物愈亮，光密度愈大;反之,景物愈暗,光密度愈小,这样就在底片上形成了丰富的层次。要使层次丰富,则要求底片的光密度变化与景物亮度变化成线性比例。由图 6-1-2 可看出,只有 BC 段对应的曝光量和光密度成线性比例关系。因此,拍摄时应掌握好曝光量。

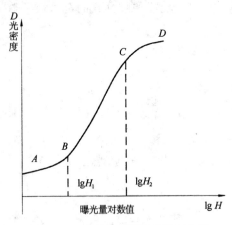

图 6-1-2 曝光量和光密度关系曲线

③感色性。底片对各种颜色光波的敏感程度和敏感范围。对于乳胶里加入有机染料的全色片,它对红光敏感而对蓝绿光反应迟钝,因此,全色片在显、定影处理时可和极弱的绿灯做安全灯;相反,印相纸和放大纸对红光几乎无反应,为此,可用红灯作为它们显影时的安全灯。

(3)照相机简介。

图 6-1-3 所示为照相机的基本参数。

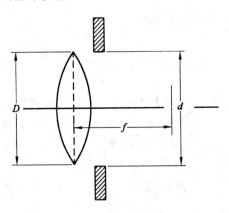

图 6-1-3 照相机的基本参数

照相机一般由下列几个部分组成:

①机身。镜头和底片之间的暗盒。

②镜头。常由多片透镜组合而成,以消除像差,并得到较高的分辨率。镜头主要由焦距、相对孔径和视场角来表征。

③光圈。由一组金属薄片组成,通常安装在镜头的镜片之间。光圈有两个作用:一是用它可以连续调节通光孔径的大小,以控制到达感光片上的光照度的强弱,即控制进光量;二是调节景深。所谓景深,就是能在底片上同时成像清晰的物方空间的纵深范围。光圈小,景深大;反之,景深小。

如图 6-1-3 所示,用 d 表示光圈直径,当物距很大时,则底片上像面光照度 E 正比于光圈面积,即正比于 d^2;而反比于图像的面积,即反比于 f^2。所以像面光照度 E 与光圈直径及镜头焦距 f 的关系式为:

$$E = K\left(\frac{d}{f}\right)^2$$

式中,K 是与被摄物体亮度有关的系数,d/f 称为物镜的相对孔径。一般照相机上都以相对孔径的倒数 $F = f/d$ 表示光圈的大小,称为光圈数。F 值的标度数值通常是 22、16、11、8、5.6、4、2.8、2 等。F 值越大,光圈孔径 d 越小,进光量就越少。相邻两 F 值相差 $\sqrt{2}$ 倍,故光圈数改变一挡,曝光量近似变化 1 倍。

④快门。用控制曝光时间长短来控制曝光量的机构。快门开启时,光才能进入暗盒使底片曝光。快门打开时间的长短可预先通过速度盘来调节,速度盘上常标有 1、2、4、8、15、30、60、125、250、500 等数挡,即表示快门打开时间为 1 s、1/2 s、1/4 s、1/8 s、1/15 s、1/30 s、1/60 s、1/125 s、1/250 s、1/500 s。相邻两挡曝光时间差近似 1 倍。另外还有 B 门和 T 门,B 门表示按下按钮时快门打开,放开按钮快门关闭;T 门表示按下按钮时快门打开,再按一次,快门才关闭。

⑤取景对焦机构。用来选取拍摄景物及其范围,并帮助正确调节物体至镜头的距离,以使景物的像能清晰地成像在焦平面上。

2. 负片制作

负片的制作过程如下:

有潜影底片 →(显影)→ 显像 →(停显、定影、水洗、晾干)→ 负片

(1)显影。底片经曝光后,其上形成潜影,显影就是通过化学反应使潜影扩大并显示出来。感光后的底片放到显影液中,受到光照而还原出来的银原子就是显影中心,光照强的地方还原出银的晶粒多,颜色较黑,而未受光照部分仍保持原乳胶的颜色。显影时必须掌握好温度和时间,才能得到黑白分明、层次丰富的显像。

(2)定影。定影就是把未感光的乳胶中的卤化银,通过和定影液的化学作用而全部溶解掉,使显像固定下来。定影也要掌握好时间和温度,如定影不充分,则未感光的卤化银以后在光照下会起反应,破坏原有影像画面;如时间过长,则底片会变质。

3. 正片制作(印相和放大)

正片的制作过程如下:

负片、相纸 →(曝光)→ 潜影 →(显影)→ 显像 →(漂洗、定影、水洗、上光)→ 正片

(1)印相和放大。

印相和放大都是将底片负像再重拍一次,即将底片乳胶面(药面)和印相纸(或放大纸)的乳胶面对贴(放大时离开相应距离),分别在印相箱和放大机上将透过底片对印相纸(或放大纸)进行曝光。曝光之后,经过与负片制作相类似的工艺过程后便可得到和被拍摄物明暗相同的印相片(或大小不同的放大片),统称为正片(照片)。

(2)印相机。

印相机结构如图 6-1-4 所示。

(3)放大机。

放大机结构如图 6-1-5 所示。放底片的底片夹可拉出或推入;镜头上有光圈,可调节像光照度,以便控制曝光量。将放大机机身整体升降可调节像的大小,改变放大机镜头和底片距离,可使放大像清晰。

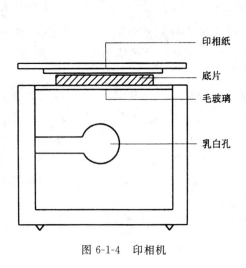

图 6-1-4 印相机

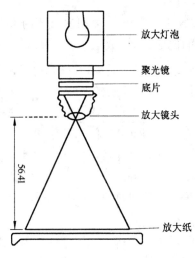

图 6-1-5 放大机结构

(4)照相纸。

照相纸包括印相纸、放大纸和印放两用纸。它与胶卷不同,是在钡底纸(即在照相原纸上涂敷含有硫酸钡的明胶涂层,经干燥、压光或压花而成)上涂敷感光乳剂和保护层制成。它的感光速度很慢,只用银盐本身的感色性,是用反射光观察,药膜薄。在制作正片时,必须根据负片的反差情况正确选择相纸的种类。相纸按反差特性常分 4 种,黑白色调对比强烈叫作反差硬,黑白对比不强烈的叫反差软。"1 号"纸属软性,"2 号"纸属中性,"3 号"纸属硬性,"4 号"纸属特硬性。

【实验内容】

1. 拍摄

(1)在教师指导下熟悉所用照相机的构造和性能;练习光圈和快门速度的选择以及取景和对焦,然后装入胶卷。

(2)拍摄 2~3 张照片。详细记录和拍摄有关条件:照相机型号与参数、胶卷性能、气候条件(或光照情况)、拍摄物体、距离、光圈、快门速度等。

2. 印相

(1)熟悉印相机的使用方法及冲洗设备。

(2)先做 2~3 个试样,以决定正确的曝光时间。根据负片反差特性合理选择相纸。

(3)详细记录印相条件:选用相纸型号、曝光时间、显影液种类、温度、显影时间、定影液种类、定影时间、水洗时间。

3. 放大

(1)熟悉放大机和曝光定时器的使用。

(2)根据负片反差特性合理选择放大纸型号。在一小张放大纸上,对不同部分采用不同曝光时间,然后观察正常显影条件下的结果,以决定正确的曝光时间。

(3)在同一显影条件下,用曝光不足、曝光正常和曝光过度三种条件放大3张照片,对实验结果进行分析比较。

详细记录放大条件:原负片反差特性、选用放大纸型号、光圈、曝光时间、显影液种类和温度、显影时间、定影液种类和定影时间、水洗时间。

4. 注意事项

(1)照相机使用必须按照要求正确操作,不得触摸镜头和任意擦拭;不拍时,将镜头盖盖好。

(2)显影、定影时,要经常翻动相纸或大纸,不可数张长时间重叠,不然会影响显影、定影效果。

(3)水洗阶段也要充分,不能求快。

(4)暗室操作要细心谨慎,最后要做好清洁整理工作。

【思考题】

1.印相纸和放大纸是否可通用?

2.先用 GB21°胶卷,用光圈 8、快门速度 1/125 s 拍摄,现改用 GB24°胶卷,光圈 16,在同样条件下拍摄,问快门速度应取多少?

3.照好相片的关键是什么?印好相片的关键是什么?

实验 6.2 数字万用表设计实验

随着大规模集成电路的发展,传统的指针式电表已逐渐被数字式电表所取代。传统式电表测量精度低,体积较大,读数不便,而数字式电表恰恰能弥补它的不足,因此数字式电表正广泛地应用在各个方面。

【实验目的】

1.学会分压原理。

2.学会将非电压量转换成电压量(即电流→电压;电阻→电压)。

【实验仪器与器具】

(1)数字式电压表(基本量程 199.9 mV);

(2)待测电压 V_{cc};

(3)待测电流。

【实验原理】

无论何种数字表电路它通常由 A/D 转换电路,时钟电路,驱动电路,显示电路等组成。而本实验中使用的电压表电路是由 7107 主体构成。从原理上讲,它所组成的仅仅是一个能测量 199.9 mV 的电压表,对于实验来说,要测的物理量不只是电压,还有电流、电阻等。

要测量电流或电阻,就必须通过某种转换电路将电流→电压;电阻→电压,才能用电压表头测量。

1. 电压的扩程

由于电压表仅能测量小于 200 mV 的直流电压,要测量大于 200 mV 的电压,就必须利用分压电阻网络,通过分压达到表头的量限。

(1)电路原理。

众所周知,对于指针式电压表,要求它的内阻应尽量大(为什么?),而数字式电压表的输入电阻可达 10^{10} Ω 以上,因此从性能上讲它要远远优于指针式电表。

(2)分压原理图。

用 V_i 代表待测量,V_{in} 代表电表的输入,凡是大于 V_{in} 的值必须通过分压网络,达到规定的 V_{in} 值时:

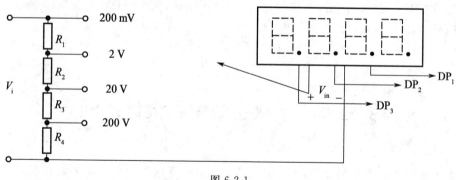

图 6-2-1

(3)电阻选择。

$R_1=9$ MΩ; $R_2=900$ kΩ; $R_3=90$ kΩ; $R_4=10$ kΩ

(4)电表小数点的确定。

对于 200 mV、200 V,应点亮 DP_1,2 V 应点亮 DP_3,20 V 应点亮 DP_2。对于后述的测电流、电阻原理相同,应由学生动手设计。

2. 电流的测量

前面已述,基本的数字电表仅能测量电压(直流),要测量电流必须通过电流→电压的转换电路。对于电流表,应尽量使其内阻要小,即测量时对原被测电流影响要小。

(1)电路原理。

i_i 代表被测电流;

根据以上集成电路输出 $V_{in}=-I_iR_f$(集成电路原理略)。

(2)本实验仪器的测量范围是 200 μA,2 mA,20 mA 电流,因此通过合理改变 R_{Mf} 的阻值,可以测量相应的电流。

(3)R_f 电阻的选择。

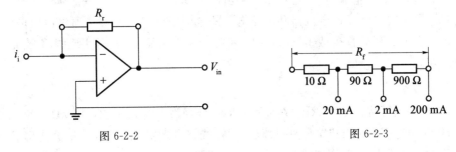

图 6-2-2　　　　　　　　　　图 6-2-3

3.电阻的测量

原理与上类似,即需将电阻→电压,通过数字电压表头指示。

(1)原理电路。

V_s 是基准备电压(1.000 V)R_s 是一电阻网络,改变它就可以改变流经 R_x(待测电阻)上的电流。

$$I_s=\frac{V_s}{R_s}$$

待测电阻 R_x 上的电压为:

$$U_x=\frac{V_s}{R_s}\cdot R_x$$

即只要通过改变 R_s 的值,就可以测量不同的待测电阻。

(2)本实验仪可测量阻值范围为 200 Ω、2 kΩ、20 kΩ、200 kΩ。

(3)R_3 的取值(为什么?)。

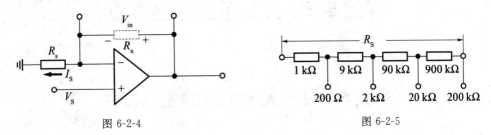

图 6-2-4　　　　　　　　　　图 6-2-5

对于测量小于 200 Ω 时,R_s 应取 1 000 Ω;对测量 200<R_x<2 kΩ,R_s 应取 10 kΩ;2 kΩ<R_x<20 kΩ 时,R_s 应取 100 kΩ;20 kΩ<R_x<200 kΩ 时,R_s 应取 1 MΩ 的电阻。

【实验内容】

1.直流电压的测量

本仪器提供了 24 V 的直流电压"V_{cc}"。实验可通过面板上提供的电位器来调节 0～24 V

的直流电压作为直流测试电压。测试时直接将电位器上的可调电压连入"DCV"端通过电阻网络分压选择合适的量程后,直接连入表头显示。为了安全起见,我们不提供更高的测量电压。

2. 直流电流的测量

测直流电流时,我们可选用面板提供的直流电压 V_{cc},经过电位器的调节达到限流目的,当电位器不能调节到更小电流时,可通过串入限流电限"R_{X5}"为 1 MΩ 或 R_{X6} 为 10 MΩ 来实现小电流的测量,测量时可将经过电位器和限流电阻的电流引入"DCA"端,通过电阻网络变为直流电压,选择合适量程后直接从由"com"和"A"两端去表头显示,同时用连线将"com"端和所选的档位(如 20 mA 挡)短接。

3. 电阻的测量

本实验仪提供了待测电阻 R_{X1}、R_{X2}、R_{X3}、R_{X4},分别为 100 Ω、1 kΩ、10 kΩ、100 kΩ。测量电阻时用连线将电阻并入"Ω"端,选择量程时用插线将所选量程与"com"端连接即可(如测量 1 kΩ 电阻选择"2k"挡,只要用线将"com"端与"2k"挡短接即可)。最后将"Ω"和"com"端直接连入表头测量显示。

注:为了安全起见,外测电压或电流时不能太大。

4. 注意事项

(1)当待测量的绝对值>199.9 mV 时,表头最高位显示为±1,表示溢出,应改变电阻网络的阻值。

(2)分清楚电流、电阻变换电路,不能弄错,以免出现故障。

(3)自行学会待测电压和电流的选择,学会分压和制流电路(此处略)。

(4)对于测量电流和电阻,小数点和数位选择由学生自己确定。

实验 6.3 光敏电阻综合实验

实验 6.3.1 光敏电阻的光电特性

【实验原理】

光敏电阻是一种当光照射到材料表面上被吸收后,在其中激发载流子,使材料导电性能发生变化的内光电效应器件。最简单的光敏电阻的原理和符号如图(6-3-1)所示,由一块涂在绝缘基底上的光电导体薄膜和两个电极所构成。当加上一定电压后,光生载流子在电场的作用下沿一方向运动,在电路中产生电流,这就达到了光电转换的目的。

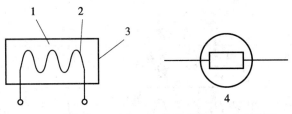

1—光电导体膜;2—电极;3—绝缘基底;4—电路符号

图 6-3-1

【实验目的】

了解光敏电阻光电特性,即供电电压一定时,电流-照度的关系。

【实验仪器与器具】

直流稳压电源,光敏电阻,光谱调整系统,光敏电阻、相关信号处理单元。

【实验准备】

直流稳压电源置±12 V挡,光敏电阻探头用专用导线一端连接后,插入照度实验架上传感器安装孔,导线另一端插入面板上"光敏电阻 T_i"插口。

【实验内容】

(1)开启电流及光强开关,并将光强/加热开关置"5"挡,此时入射照度最大。同时检查加热开关是否关闭。

(2)在"光敏电阻单元"如图 6-3-2 接线。

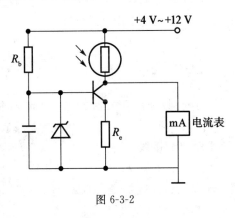

图 6-3-2

(3)检查接线是否正确。
(4)关闭光强开关,记下电流表的读数(暗电流),并将数据填入表 6-3-1。随后将光强、加热开关置"1"挡。

表 6-3-1

光强	0	1	2	3	4	5
电流/mA						

(5) 开启光强开关,记下电流表读数,并逐步将"光强/加热"开关转换到"5"挡,记下每一挡的电流表读数,并填入表 6-3-1。

(6) 作出照度-电流曲线。

(7) 参考曲线如图 6-3-3 所示。

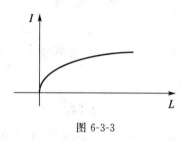

图 6-3-3

实验 6.3.2　光敏电阻的伏-安特性

【实验目的】

了解光敏电阻的伏安特性,即射入照度一定时,电流-偏压的关系。

【实验准备】

直流稳压电源置±12 V 挡,光敏电阻探头用专用导线一端连接后,插入照度实验架上传感器安装孔,导线另一端插入面板上"光敏电阻 T_i"插口。

【实验内容】

(1) 启电源及光强开关,并将光强/加热开关置"5"挡,此时入射照度最大。同时检查加热开关是否关闭。

(2) 在"光敏电阻单元"如图 6-3-2 接线。

(3) 检查接线是否正确。

(4) 直流稳压电源转置"±4V"挡,保持"光强/加热"开关在"5"挡。

(5) 记下此时电流表读数,并填入表 6-3-2。

表 6-3-2

电压/V	4	6	8	10	12
电流/mA					

(6)将"直流稳压电源"分挡逐步调整至±12 V,并逐一记下电流表读数并填入表 6-3-2。

(7)作出 V-I 曲线。

(8)将"光强/加热"开关分步调至"4"～"3"挡,直流稳压电源置±4 V 挡,重复上述(5)~(8)步,比较三条 V-I 曲线有什么不同。

实验 6.4 光敏开关设计实验

【实验目的】

1. 光敏电阻的应用方式。
2. 光电开关的工作原理。
3. LED 驱动电路的应用。

【实验内容】

1. 光敏电阻检测电路的使用。
2. 设计电路控制 LED 的亮灭。

【实验仪器与器具】

1. 直流稳压电源。
2. 光敏电阻。
3. 相关信号处理单元。
4. LED 指示灯。

【注意事项】

1. LED 指示灯需要接保护电阻,否则极易烧毁。
2. 晶体管放大电路中集电极不可与电源短接。

【实验原理】

光敏电阻是一种当光照射材料表面被吸收后，在其中激发载流子，使材料导电性能发生变化的内光电效应器件。当加上一定电压后，光生载流子在电场的作用下沿一定方向运动在电路中产生电流，达到光电转换的目的。当入射光的照度一定时，电路中的电流与光敏电阻的偏置电压存在一定的关系。常用的光敏电阻测量电路有恒流电路和恒压电路。

【实验步骤】

(1) 参考书本关于光敏电阻检测(恒流/恒压)电路，设计一电路，由实验台光源照度控制LED指示灯的亮灭。

(2) 直流稳压电源置±12 V挡，光敏电阻探头用专用导线一端连接后，插入照度实验架上传感器安装孔，导线另一端插入面板上"光敏电阻 Ti"插口。

(3) 按预先设计的电路选择合适电路元件搭建开关电路。

(4) 将保护电阻和毫安表与LED串接，便于记录LED中的电流大小。

(5) 光强/加热开关置5挡，开启光强/加热开关。

(6) 将光强/加热开关逐步转至4-1挡，记录指示灯的亮灭情况填入下表。

光强/挡	0	1	2	3	4	5
电流/mA						

(7) 转动光谱调整架测微头使传感器透光狭缝进入光谱带红光一侧。

(8) 转动测微杆，在光谱带内移动狭缝，注意LED指示灯的闪亮情况。

【实验报告内容与要求】

(1) 绘制设计的光明电阻开关电路。
(2) 实验数据填入表格。

【思考题】

1. 控制方式是否只有一种？
2. 不同的控制方式灵敏度是否一样？
3. 不同波长的光源对光敏电阻的光电特性是否有影响？

实验 6.5　用低电势电位差计测量热电偶温差电动势

【实验目的】

1. 掌握低电势电位差计的工作原理和使用方法。
2. 了解热电偶温差电动势与温差的关系。
3. 用低电势电位差计测量热电偶温差电动势。

【实验仪器与器具】

直流电位差计，光点式反射检流计，饱和标准电池，稳压电源，冰瓶，温度计，铜-康铜热电偶，冰块若干。

【实验原理】

1. 低电势电位差计的工作原理

要测量一个电源的未知电动势 E_x，原则上可按图 6-5-1 的电路进行，其中 E_0 是可调电压的电源，调节 E_0 的大小，使检流计 G 的指针指向零时，表示回路中两电源的电动势 E_0 及 E_x 大小相等，方向相反，即在数值上有 $E_x = E_0$。这种情况我们称电路达到补偿。根据此原则设计的测量电动势（或电位差）的仪器叫"电位差计"。可见电位差计须要有一个可调电源 E_0，而 E_0 应满足两个要求：

(1) 它的大小便于调节，使 E_0 能够和 E_x 补偿；
(2) 它的电压必须稳定，能读出准确的伏特数。

在低电势电位差计中，E_0 是通过如图 6-5-2 的补偿电路得到的：工作电源 E 与限流电阻 R_P 及标准电阻 R_N 和可谓调节电阻 R 联成一基本回路（称为辅助回路）。E_N 为标准电池的电动势，E_x 为待测电源的电动势，G 为检流计。当辅助回路中有一恒定电流 I 通过电阻 R 时，只要改变滑动触点 A 的位置，就能改变 A、B 间的电压 U_{AB}，（$U_{AB} = IR_{AB}$ 相当于图 6-5-1 中的可调电源 E_0），由于测量时要求保持 I 不变（I 值由 R_P 调节控制），所以 U_{AB} 的值正比于 R_{AB}，回路 E_xABGE_x 就是补偿回路。测量时，当 G 中电流为零时，U_{AB} 与 E_x 进行补偿。

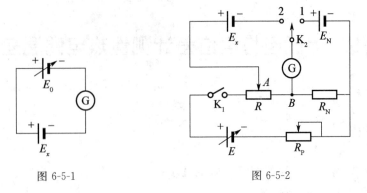

图 6-5-1　　　　　　　图 6-5-2

2. 电路的校准和测量（见图 6-5-2）

(1) 先将 K_2 接通位置"1"，然后调节 R_P 使 G 指示零，这时电流 I 流过 R_N 时所产生的电压 IR_N 恰好等于标准电池的电动势 E_N，则工作电流的精确值为：

$$I = \frac{E_N}{R_N} \tag{6-5-1}$$

(2) 再将开关 K_2 接通位置"2"，调节 R 上的触点 A 使 G 指示零，这时 A、B 间的电阻 R_{AB} 与电流 I 的乘积 $IR_{AB} = U_{AB}$ 正好等于待测电动势 E_x，此时应有：

$$E_x = U_{AB} = \frac{E_N}{R_N} R_{AB} \tag{6-5-2}$$

通常在仪器中根据电流 I 的大小，已把电阻 R_{AB} 的数值转换成电压 U_{AB} 数值的刻度。因此，在低电势电位差计上可以直接读出 U_{AB} 的值，也就是待测电动势 E_x 的值。

3. 热电偶温差电动势

两种不同金属接成一闭合电路，若两接点处的温度保持不同，则在回路中有电动势产生，从而回路中出现电流，这种现象称为温差电现象，该回路中的电动势由于是纯热力学法（温差）产生的，故称为温差电动势（或热电动势或塞贝尔电动势）。这种由两个不同金属（或合金）导线组成的闭合回路称为温差电偶或热电偶。温差电动势与两金属接点处的温度差 $(T - T_0)$ 成正比，即

$$E_x = C(T - T_0) + \beta(T - T_0)^2 \tag{6-5-3}$$

式中，T 和 T_0 分别为两接点处的温度，C、β 为温差电系数，它的物理意义是当两接点处的温度差为 1 ℃时，温差电偶产生的电动势，其单位为 mV/(°)。温差电系数 C、β 的大小，随不同金属而有所不同。其值越大，表示温差电偶越灵敏。本实验由于温差范围不大、可以按线性处理，仅研究 C。

如图 6-5-3 所示，1，2 为两种金属的接触点，若两接触点处的温度相同 $(T_1 = T_2)$，则两接触点的接触电势差相等，因此，回路电势差的总和为零，所以回路中无电动势。若接触点 1 处的温度为 T，接触点 2 处的温度为 T_0，且 $T > T_0$。由于两接触点处的温度不同，故两接触点处的接触电势差不相等，闭合回路中总的电位差不等于零，所以回路中存在一个电动势 E_x，E_x 的大小与温度差 $(T - T_0)$ 成正比。为了测量热电偶温差电动势，需要在热电偶回路中接入测量仪表，如图 6-5-4，这相当于把第三种金属（如电位差计中的电阻丝）串入了回路。实验证明，只要第三种金属两端的温度相同，应不会影响热电偶本身回路中的温差电动势 E_x。

这种热电偶可作温度计使用，只要将接触点2的温度 T_0 保持定值(如放在杜瓦瓶中的冰块里 $T_0=0\ \text{℃}$)而把接触点1放于待测温度处，通过仪表测出 E_x，常数 C 由手册可查，就可由式(6-5-3)算出 T_0。不同材料组成的热电偶，所测温度范围不同，本实验所用的热电偶由铜和康铜所组成，测温范围在 $-200\sim 300\ \text{℃}$。

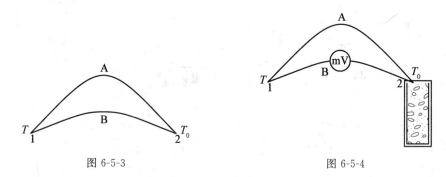

图 6-5-3　　　　　　　　　图 6-5-4

温差电偶的重要应用是测量温度，用温差电偶测量温度的优点很多：

(1)测量范围很广，可在 $-200\sim 2\,060\ \text{℃}$ 使用。

(2)灵敏度和准确度很高，可达千分之一度以下。特别是铂和铂铑合金的温差电偶稳定性很高，常用来作标准温度计。

(3)由于受热面积和热容量都可以做得很小，用温差电偶能测量很小范围内的温度。

常用的温差电偶以及测温范围可有如下几种：

铜-康铜温差电偶(分度标志：T) 测温范围为 $-200\sim 300\ \text{℃}$；

镍铬-镍硅温差电偶(分度标志：K) 测温上限为 $1\,200\ \text{℃}$；

铂铑$_{10}$-铂温差电偶(分度标志：S) 测温上限为 $1\,600\ \text{℃}$；

铂铑$_{3}$0-铂温差电偶(分度标志：B) 测温上限为 $1\,800\ \text{℃}$。

4. 仪器装置

板面图上 K_0 是温度补偿调节，K_3 是量程开关，K_2 是选择开关，"粗"、"中"、"细"是工作电流调节电阻 R_P，读数盘Ⅰ、Ⅱ、Ⅲ即图 6-5-5 中的可调电阻 R，并有测量按钮"粗"、"细"、"短路"。

【实验内容】

1. 实验步骤

(1)校正。将温度补偿开关 K 固定在 1.0180 位置。选择开关 K_2 旋至"断"位置。工作电流调节盘($R_{P粗}$、$R_{P中}$、$R_{P细}$)旋至最小位置。三个测量按钮(粗、细、短路)全部松开。

(2)安装。按图 6-5-5 板面接好电路，注意热电偶、标准电池及工作电源不要接错正负，电势差计的工作电压为 $5.7\sim 6.4\ \text{V}$。

(3)调零。将光点检流计板面上的电源指示器拨在交流挡 220 V，然后插上交流电。检流计即出现光点，分流器拨在最小 0.01 位置，转动"零点调节"旋钮，使光点落在中间"0"位置。

(4)调Ⅰ将 K_2 旋到"标准"位置，先按下测量按钮"粗"，调节旋盘($R_{P粗}$、$R_{P中}$、$R_{P细}$)，把检流计中的光点调到中央"0"上，再将按钮"细"按下，若光点偏移，再继续调 $R_{P中}$、$R_{P细}$ 使光点回到

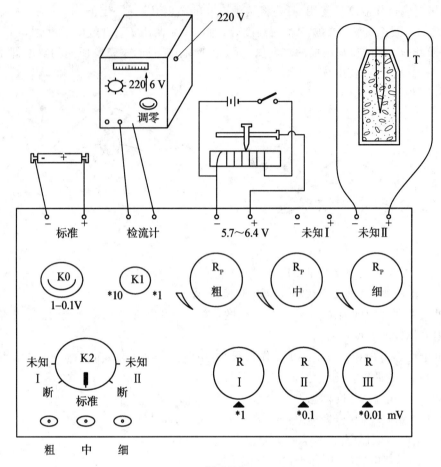

图 6-5-5

中央"0"位置。以后保持 R_P 不变,即得到稳定的工作电流工不变,并松开按钮(只在测量时才按下)。

(5)测 E_x。将 K_2 转到未知Ⅱ(或未知),K_1 转到 X_1(或 X_{10})先将按钮"粗"按下,调可变电阻 R(即读数盘Ⅰ、Ⅱ、Ⅲ),使检流计上光点落在中央"0"位置,再将按钮"细"按下,若光点偏移,再继续调读数盘Ⅱ及Ⅲ,使光点回到中央"0"位置。

(6)读数。读数盘Ⅰ、Ⅱ、Ⅲ上数值之和再乘上 K_1 的倍率,即为热电偶的温差电动势 E_x (mV)。以微伏表示为 $E_x=$读数×倍率×10^3(μV)。

(7)记下热端温度 T,求出热电偶常数 $C=E_x/\Delta T(\mu V/度)$。

2. 注意事项

(1)检流计的电源电压(交流 220 V 或直流 6 V)不能接错;检流计不能使之受振。

(2)测量按钮("粗"、"细"、"短路")只能在测量时按下,其他时间要松开,通电时间不宜过长。

(3)标准电池不容许通过 5×10^{-5} 以上的电流强度,注意不能短路,更禁止用万用电表的电压挡去测量标准电池的端电压。

(4)实验结束撤除接线板时,应将电位差计上 K_2 拨至"断"的位置。并将检流计上分流器开关拨至"短路"位置。

【实验数据及处理】

表 6-5-1

$T=\qquad T_0=$

次数	电源电压/V	温差电动势 $E_x/\mu V$	$C/(\mu V/℃)$	C 平均
1				
2				
3				

【思考题】

1. 热电偶测温的优点是什么？
2. 温差电动势的大小与什么有关？
3. 箱式电位差计由哪几个回路组成，各起什么作用？
4. 用热电偶设计一个温度计。

实验 6.6　密立根油滴实验

电在技术上的广泛应用以及物质的电结构理论的发展，促使人们要求对电的本质作更深入的研究。美国物理学家密立根(R. A. Millikan)设计并完成的密立根油滴实验，在近代物理学史上起过十分重要的作用。实验的结论证明了任何带电物体所带的电荷都是某一最小电荷——基本电荷的整数倍；明确了电荷的不连续性，并精确地测定了这一基本电荷的数值，即 $e=(1.602\pm 0.002)\times 10^{-19}$ C。本实验采用一种比较简单的方法来测定电子的电荷量。由于实验时喷出的油滴非常微小，它的半径约 10^{-6} m，质量约 10^{-15} kg，这就需要严格、认真地进行实验操作，才能得到比较好的实验结果。

【实验要求】

1. 学会操作密立根油滴仪，学习一种用油滴精确测量电子电荷的基本实验方法。
2. 了解证明电荷量子化的实验数据分析方法。

【实验目的】

用油滴仪测定电子电荷，验证电荷的不连续性。

【实验仪器与器具】

MOD-5 型密立根油滴仪,CCD 显示系统,喷雾器,钟油,调焦针。

MOD-5 型密立根油滴仪结构简介:

(1)油滴盒是本仪器很重要的部件,机械加工要求很高,其结构如图 6-6-1 所示。油滴盒防风罩前装有测量显微镜,通过胶木圆环上的观察孔可观察平行极板间的油滴。目镜头中装有分划板,其总刻度相当于线视场中的 0.300 cm,用以测量油滴运动的距离 l。分划板的刻度如图 6-6-2 所示,分划板中间的横向刻度尺是用来测量布朗运动的。

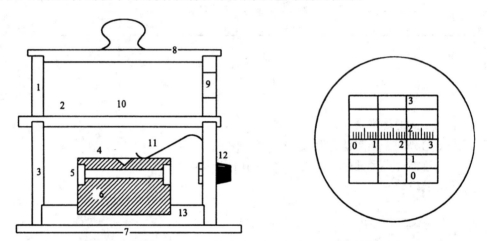

1—油雾室;2—油雾孔开关;3—防风罩;4—上电极板;5—胶木圆环;
6—下电极板;7—底板;8—上盖板;9—喷雾口;10—油雾孔;
11—上电极板压簧;12—上电极板电源插孔;13—油滴盒基座

图 6-6-1

(2)仪器面板结构如图 6-6-3 所示。

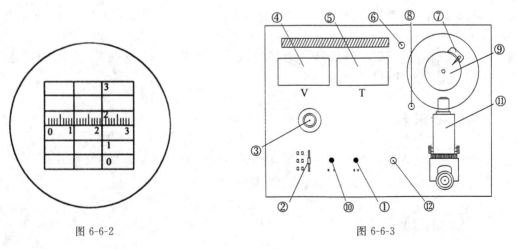

图 6-6-2　　　　　　　　　　图 6-6-3

①电源开关按钮:按下按钮,电源接通,整机工作。

②功能控制开关:有平衡、升降、测量3挡。

a. 当处于中间位置即"平衡"挡时,可用平衡电压调节旋钮 K3 来调节平衡电压,使被测量油滴处于平衡状态。

b. 打向"升降"挡时,上、下电极在平衡电压的基础上自动增加 DC 200～300 V 的提升电压。

c. 打向"测量"挡时,极板间电压为 0 V,被测量油滴处于被测量阶段而匀速下落,并同时计时;油滴下落到预定距离时,迅速拨到平衡挡,同时停止计时。

③平衡电压调节旋钮:可调节"平衡"挡时的极板间电压,调节电压为 DC 0～500 V。

④数字电压表:显示上下电极板间的实际电压。

⑤数字秒表:显示被测量油滴下降预定距离的时间。

⑥视频输出插座:在本机配用 CCD 摄像头时用,输出至监视器,监视器阻抗选择开关拨至 75 Ω 处。

⑦照明灯室:内置半永久性照明灯,单灯使用寿命大于 3 年。

⑧水泡:调节仪器底部 2 只平螺钉,使水泡处于中间,此时平行板处于水平位置。

⑨上、下电极:组成一个平行板电容器,加上电压时,板间形成相对均匀的电磁场,可使带电油滴处于平衡状态(参见实验原理)。

⑩秒表清零键:按一下该键,清除内存,秒表显示"00.0"s。

⑪显微镜:显示油滴成像,可配用 CCD 摄像头。

⑫CCD 视频输入和 CCD 电源共用座:配备 CCD 成像系统时用。

【预习思考题】

1. 什么是平衡法?
2. 若水平仪没有调整好,将对实验测量有何影响?

【实验原理】

这里介绍一种简单的实验方法——静态平衡法。

1. 基本原理

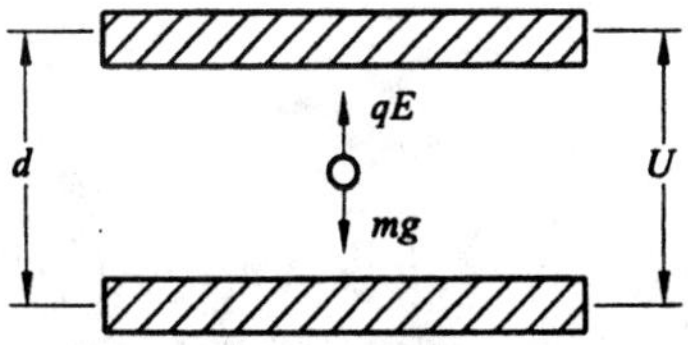

用喷雾器将油滴入两块相距为 d 的水平放置的平行极板之间,如图 6-6-4 所示,油滴在喷射时由于摩擦一般都是带电的。设油滴的质量为 m,所带电量为 q,两极板间加的电压为 U,则油滴在平行极板间将同时受到两个力的作用,一个是重力 mg,一个是静电力 qE。如果调节两极板间的电压 U 可使两力相互平衡,这时

$$mg = qE = q\frac{U}{d} \tag{6-6-1}$$

图 6-6-4

可见,测出了 U、d、m,即可知道油滴的带电量 q。由于油滴的质量很小(约 10^{-15} kg),必须采用特殊的方法才能加以测定。

2. 油滴质量 m 的测定

平行板间不加电压时,油滴受重力作用而加速下降。由于空气阻力的作用,下降一段距离达到某一速度 v_g 后,阻力 f_r 与重力 mg 平衡(空气浮力忽略不计),如图 6-6-5 所示,油滴将匀速下降,由斯托克斯定律知:

$$f_r = 6\pi a \eta v_g = mg \tag{6-6-2}$$

式中,η 是空气的黏滞系数,a 是油滴的半径(由于表面张力的原因,油滴总是呈小球状)。设油的密度为 ρ,油滴的质量 m 又可以用下式表示:

$$m = \frac{4}{3}\pi a^3 \rho \tag{6-6-3}$$

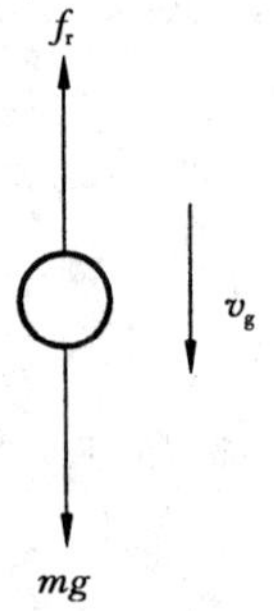

图 6-6-5

合并式(6-6-2)和式(6-6-3),得到油滴的半径:

$$a = \sqrt{\frac{9\eta v_g}{2\rho g}} \tag{6-6-4}$$

对于半径小到 10^{-6} m 的小球,油滴半径近似于空气中孔隙的大小,空气介质不能再认为是连续的,而斯托克斯定律只能对连续介质才正确。空气的黏滞系数应作如下修正:

$$\eta' = \frac{\eta}{1+\dfrac{b}{pa}}$$

这时斯托克斯定律修正为:

$$f_r = \frac{6\pi a \eta v_g}{1+\dfrac{b}{pa}}$$

式中,b 为修正常数,$b = 8.47 \times 10^{-3}$ m·Pa,P 为大气压强,单位用厘米汞高。则:

$$a = \sqrt{\frac{9\eta v_g}{2\rho g} \cdot \frac{1}{1+\dfrac{b}{pa}}} \tag{6-6-5}$$

式中,根号中还包含油滴的半径 a,但因它是处于修正项中,不需要十分精确,故它仍可用(6-6-4)式计算。将式(6-6-5)代入式(6-6-3)得:

$$m = \frac{4}{3}\pi \left(\frac{9\eta v_g}{2\rho g} \cdot \frac{1}{1+\dfrac{b}{pa}} \right)^{3/2} \rho \tag{6-6-6}$$

3. 匀速下降速度 v_g 的测定

当两极板间的电压 $U=0$ 时,设油滴匀速下降的距离为 l,时间为 t_g,则:

$$v_g = \frac{l}{t_g} \tag{6-6-7}$$

由式(6-6-7)、(6-6-6)、(6-6-1)得:

$$q = \frac{18\pi}{\sqrt{2\rho g}} \left[\frac{\eta l}{t_g \left(1+\dfrac{b}{Pa}\right)} \right]^{3/2} \frac{d}{U} \tag{6-6-8}$$

实验发现,对于同一颗油滴,如果我们设法改变它的电量,则能够使油滴达到平衡的电压必须是某些特定值 U_n。研究这些电压变化的规律,可以发现,它们都满足下列方程:

$$q = ne = mg\frac{d}{U_n}$$

式中,$n = \pm 1, \pm 2, \cdots$ 而 e 则是一个不变的值。

对于不同的油滴,可以发现有同样的规律,而 e 值是共同的常数。这就证明了电荷的不连续性,并存在着最小的电荷单位,即电子的电荷值 e。

$$ne = \frac{18\pi}{\sqrt{2\rho g}}\left[\frac{\eta l}{t_g\left(1+\dfrac{b}{pa}\right)}\right]^{3/2}\frac{d}{U_n} \tag{6-6-9}$$

式(6-6-8)、式(6-6-9)是用平衡法测量油滴电荷的理论公式。

【实验内容】

1. 实验步骤

(1) 打开仪器箱,用随机提供的连接线连接油滴仪面板上的视频输出端和显示器后的视频输入端。

(2) 打开油滴箱仪和显示器电源,整机开始预热,预热时间不得少于 10 min。

(3) 调仪器水平:调节油滴仪箱底的调平螺栓,使水泡在圆圈中央,这时油滴盒处于水平状态。

(4) 调焦:调焦之前,千万要使"平衡电压"和"升降电压"都置"0",以保护人身安全,并防止短路和损坏仪器。

打开油滴盒,将调焦针(细铜丝)插入上电极板直径为 0.4 mm 的小孔内,前后调节显微镜位置,以显示器上细铜丝的像最清晰为佳。如调焦针不在视场中央,可转动上、下电极板,使它到视场中央(即显示器屏中央)。调焦后将调焦针抽出,盖好油滴盒。

本仪器也可不调焦,可直接前后移动显微镜,使显微镜筒前边缘与油滴盒小孔外缘平齐,这时基本上达到了最佳聚焦状态。

(5) 功能键拨到"平衡"挡,调节平衡电压在 250 V 左右,从油雾室小孔喷入油雾,打开油雾孔开关,油雾从上电极板中间直径为 0.4 mm 孔落入电场中;此时,显示器上可看见大量闪亮的油滴(似星星)纷纷下落。

(6) 不需要的油滴落下后,显示屏上只剩下几颗缓慢运动的油滴,选择其中 1 颗油滴(屏上显示直径为 1 mm 左右的油滴为佳)。此时可微微调节显微镜,使这颗油滴最清晰。仔细调节平衡电压(最好为 200~300 V),使油滴完全静止不动;记下此时的平衡电压值,填入数据表 6-6-1 中。

(7) 利用功能键上的"升降"挡(使油滴上移)和"测量"挡(使油滴下移),使油滴静止在显示屏最上面的刻度线上。

(8) 按清零键,使计时秒表消零。

(9) 功能键拨到"测量"挡,油滴匀速下落,同时计时;油滴下落 2 mm 即屏上 4 格时,再将功能键拨到"平衡"挡,同时停止计时;记下计时秒表的时间,填入数据表 6-6-1 中。

(10) 重复步骤(7)、(8)、(9),对此油滴进行 6 次测量。

(11) 如此反复测量 5 个不同油滴,得到该实验所需数据。

(12)实验结束,整理好实验仪器。

2.注意事项

(1)插入调焦针对显微镜调焦时,油滴仪两电极板绝对不允许加电压,否则会因短路造成仪器损坏。

(2)对选定的油滴进行跟踪测量时,如油滴变模糊,应随时微调显微镜。

(3)喷油时应竖拿喷雾器,切勿将喷雾器插入油雾室甚至将油倒出来,更不应该将油雾室拿掉后对准上电极板的落油小孔喷油。

(4)实验时,电风扇不能对着油滴仪吹。

(5)实验中,选择平衡电压为200~300 V、下落时间为10~30 s的油滴为宜。

【实验数据及处理】

表 6-6-1

油滴序号 i	测量次数	平衡电压 U_n/V	下降时间 t_g/s	电量 $q_i/10^{-19}$ C	平均电量 $\overline{q_i}/10^{-19}$ C	量子数 n	基本电量 $e_i/10^{-19}$ C
1	1						
	2						
	3						
	4						
	5						
	6						
2	1						
	2						
	3						
	4						
	5						
	6						
3	1						
	2						
	3						
	4						
	5						
	6						
4	1						
	2						
	3						
	4						
	5						
	6						
5	1						
	2						
	3						
	4						
	5						
	6						
平均							

数据处理:

$$q = \frac{18\pi}{\sqrt{2\rho g}} \left[\frac{\eta l}{t_g \left(1 + \frac{b}{pa}\right)} \right]^{3/2} \frac{d}{U}$$

式中 $a = \frac{9\eta l}{2\rho g t_g}$。其中,油的密度 $\rho = 981 \text{ kg·m}^{-3}$,重力加速度 $g = 9.80 \text{ m·s}^{-2}$,空气的黏滞系数 $\eta = 1.83 \times 10^{-5} \text{ kg·m}^{-1}\cdot\text{s}^{-1}$,油滴匀速下降距离 $l = 2.00 \times 10^{-3}$ m,修正常数 $b = 8.47 \times 10^{-3}$ m·Pa,大气压强 $p = 76.0$ cm(Hg),平行极板距离 $d = 5.00 \times 10^{-3}$ m。

将以上数据代入公式得:

$$q = \frac{1.43 \times 10^{-14}}{[t_g(1 + 0.02\sqrt{t_g})]^{3/2}} \cdot \frac{1}{U}$$

由于油的密度 ρ、空气的黏滞系数 η 都是温度的函数,重力加速度 g 和大气压 p 又随实验地点和条件的变化而变化,因此,上式的计算是近似的。其引起的误差约为 1%,但运算方便多了,这是可取的。

为了证明电荷的不连续性和所有电荷都是基本电荷 e 的整数倍,并得到基本电荷 e 值,我们就应对实验测得的各个电荷值求出它们的最大公约数,此最大公约数就是基本电荷 e 值。但由于实验所带来的误差,求最大公约数比较困难,因此常用"倒过来验证"的办法进行数据处理。即用实验测得的每个电荷值 q 除以公认的电子电荷值 $e = 1.60 \times 10^{-19}$ C,得到一个接近于某一整数的数值,这个整数就是油滴所带的基本电荷的数目 n;再用实验测得的电荷值除以相应的 n,即得到电子的电荷值 e。

【思考题】

1. 在调平衡电压的同时,可否加上升降电压?
2. 若所加的平衡电压没有使油滴完全静止,将对测量结果有何影响?
3. 若油滴在视场中不是垂直下降,试找出其原因。
4. 在跟踪某一油滴时,油滴为什么有时会突然变得模糊起来或消失?应如何控制?
5. 怎样使油滴匀速下落?

实验 6.7 弗兰克-赫兹实验

20 世纪初,对原子离散能级的证实有两种方法:一种是对原子光谱线的研究,原子光谱中的每级谱线是原子的跃迁辐射形成的;另一种方法,是利用慢电子轰击稀薄气体原子的方法来证明。1914 年,Frank、Hertz 采用后一种方法,研究了电子与汞原子碰撞前后电子能量变化的情况,测定了汞原子的第一激发电位,从而证明了能级分立的存在,为玻尔的原子模型理论提供了直接的实验结果。弗兰克和赫兹两人因此而同获 1925 年诺贝尔物理学奖。

本实验通过研究电子与氩原子的碰撞作用及其特殊的伏安特性,来测定氩原子的第一激发电位,以了解原子能级的量子特性。

【实验要求】

1. 了解 F-H 管的设计思想。
2. 学习氩原子第一激发电位的测定方法。
3. 了解原子能级分立的事实。

【实验目的】

测定氩原子的第一激发电位。

【实验仪器与器具】

ZKY-FH 智能弗兰克-赫兹实验仪。它由弗兰克-赫兹管、工作电源及扫描电源、微电流测量仪 3 部分组成。

该仪器具有手动测量、自动测量两种工作方式。在实验中,采用手动测量工作方式。

手动测量：$\begin{cases}\text{数显测量值－人工描绘曲线；}\\ \text{普通示波器动态显示曲线的形成过程。}\end{cases}$

自动测量:普通示波器动态显示曲线的形成过程—回查实验数据—人工描绘曲线。

仪器面板及基本操作介绍：

1. 前面板功能说明

前面板如图 6-7-1 所示,按功能划分为 8 个区。

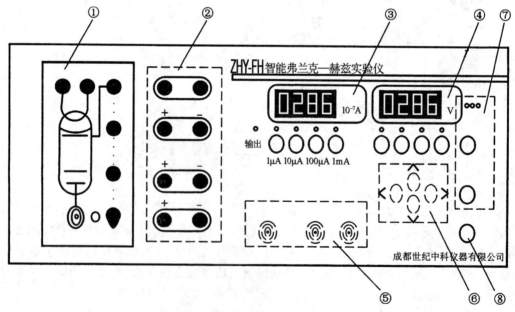

图 6-7-1　仪器前面板图

区①是弗兰克-赫兹管各输入电压连接插孔和板极电流输出插座。

区②是弗兰克-赫兹管所须激励电压的输出连接插孔,其中左侧输出孔为正极,右侧为负极。

区③是测试电流指示区:四位七段数码管指示电流值;4个流量程挡位选择按键用于选择不同的最大电流量程挡,每一个量程选择同时备有一个选择指示灯指示当前电流量程挡位。

区④是测试电压指示区:四位七段数码管指示当前选择电压源的电压值;4个电压源选择按键用于选择不同的电压源,每一个电压源选择都备有一个选择指示灯指示当前选择的电压源。

区⑤是测试信号输入输出区:电流输入插座输入弗兰克-赫兹管板极电流;信号输出和同步输出插座可将信号送示波器显示。

区⑥是调整按键区,用于改变当前电压源电压设定值;设置查询电压点。

区⑦是工作状态指示区:通信指示灯指示实验仪与计算机的通信状态;启动按键与工作方式按键共同完成多种操作,详细说明见相关栏目。

区⑧是电源开关。

2. 开机后的初始状态

开机后,实验仪面板状态显示如下:

(1)实验仪的"1mA"电流挡位指示灯亮,表明此时电流的量程为1mA挡;电流显示值为0001.μA。

(2)实验仪的"灯丝电压"挡位指示灯亮,表明此时修改的电压为灯丝电压;电压显示值为000.0V;最后一位在闪动,表明现在修改位为最后一位。

(3)"手动"指示灯亮,表明此时实验操作方式为手动操作。

3. 改变电流量程

如果想改变电流量程,则按下在区③中的相应电流量程按键,对应的量程指示灯点亮,同时电流指示的小数点位置随之改变,表明量程已改变。

4. 选择电压源

如果想修改某项电压,首先要选择电压源。按下在区④中的相应电压源按键,对应的电压源指示灯随之点亮,表明电压源选择已完成,可以对选择的电压源进行电压值的设定和修改。

5. 修改电压值

按下前面板区⑥上的"</>"键,当前电压的修改位将进行循环移动,同时闪动位随之改变,以提示目前修改的电压位置。按下面板上的"∧/∨"键,电压值在当前修改位递增或递减一个增量单位。

注意:

(1)如果当前电压值加上一个单位电压值的和值超过了允许输出的最大电压值,再按下"∧"键,电压值只能修改为最大电压值。

(2)如果当前电压值减去一个单位电压值的差值小于零,再按下"∨"键,电压值只能修改为零。

6. 建议工作状态范围

警告:F-H管很容易因电压设置不合适而遭到损害,所以,一定要按照规定的实验步骤和适当的状态进行实验。

电流量程：1 μA 或 10 μA 挡；
灯丝电源电压：3～4.5 V；
U_{G_1K} 电压：1～3 V；
U_{G_2A} 电压：5～7 V；
U_{G_2K} 电压：≤80.0 V。

由于 F-H 管的离散性以及使用中的衰老过程，每一只 F-H 管的最佳工作状态是不同的，对具体的 F-H 管应在上述范围内找到其较理想的工作状态。

【预习思考题】

1. 简述 F-H 管中电子与氩电子的碰撞作用过程。
2. 简述如何操作弗兰克-赫兹实验仪进行手动测量。

【实验原理】

由玻尔的原子理论可知，原子是由原子核和以核为中心沿各种不同轨道运动的电子构成的（图 6-7-2）。一定轨道上的电子具有一定的能量。当电子从最低能量的轨道跃迁到较高能量的轨道时（如从图中Ⅰ到Ⅱ），原子就处于受激态。若轨道Ⅰ为正常稳定状态（称为基

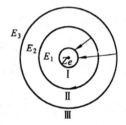

图 6-7-2　原子结构的玻尔模型

态），则较高能量的Ⅱ、Ⅲ轨道分别为第一激发态、第二激发态。原子只能处在类似图 6-7-2 这样一系列的稳定状态中（称为定态），其中每一定态对应于一定的能量值 $E_i(i=1,2,3)$，这些能量值彼此分立，不连续。当原子从一个稳定状态过渡到另一稳定状态时，就吸收或释放一定频率的电磁波。频率的大小决定于原子所处两定态之间的能量差，并满足：

$$h\nu = E_n - E_m$$

其中 $h = 6.63 \times 10^{-34}$ J·s，ν 为电磁辐射频率。

原子状态的改变通常在两种情况下发生：一是当原子本身吸收或发射电磁辐射时；二是当原子与其他粒子发生碰撞而交换能量时。能够变更原子所处状态最简便的方法是用电子轰击原子，电子的动能可用改变加速电压的方法加以调节。本实验中通过电子与氩原子碰撞而发生能量交换实验氩原子状态的改变。

由玻尔理论可知，处于正常状态的原子发生状态改变时，它所需要的能量不能小于该原子从正常状态跃迁到第一受激态时所需要的能量，这个能量称作临界能量。所需的能量决定于下式：

$$h\nu = eU_0$$

U_0 为氩原子的第一激发电位。当电子与原子碰撞时，如果电子能量小于 eU_0，则发生弹性碰撞，即电子碰撞前后的能量几乎不变，而只改变运动方向。如果电子能量大于 eU_0，则发生非弹性碰撞，这时电子给予原子跃迁到第一受激态所需要的能量为 eU_0，其余的能量仍由电子保留。

为实现这一碰撞过程,设计了专用的弗兰克-赫兹管,如图 6-7-3。它包括灯丝、阴极 K、第一栅极 G_1、第二栅极 G_2、板极 A 等,封闭的玻璃管内充有氩。灯丝接上电压 U_F 后发热,使它旁边的阴极受热,产生慢电子。在靠近阴极的第一栅极 G_1 与阴极 K 之间加上几伏的正向电压,作用是消除空间电荷造成的电场对阴极发射电子的影响。加速电压加在阴极 K 与第二栅极 G_2 之间,建立加速区,使慢电子加速。由于从阴极 K 到第二栅极 G_2 之间的距离比较远,电子与氩原子可以发生多次碰撞。板极 A 与第二栅极 G_2 之间加一拒斥电压,使到达 G_2 附近而能量小于 eU_{G_2A} 的电子不能到达板极。板极电路中的电流用微电流放大器来测量,其值的大小反映了从阴极发出、最后到达板极的电子数。实验中直接要测量的就是板极电流与加速电压之间的关系。

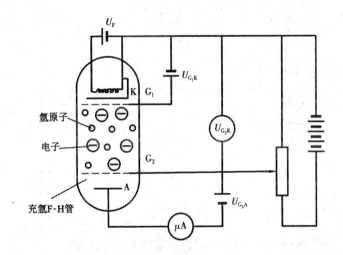

图 6-7-3　实验原理图

当 U_{G_2K} 刚开始升高时,由于 U_{G_2K} 较小,电子能量较小,电子与氩原子碰撞基本上不发生能量交换,板极电流 I_A 将随 U_{G_2K} 的增加而增大(曲线 Oa 段,见图 6-7-4)。当 $U_{G_2K} = U_0$ 时,电子在栅极 G_2 附近与汞原子发生非弹性碰撞,氩原子获得能量从基态跃迁到第一激发态。而电子剩余的能量不足以克服拒斥电场被迫返回,I_A 显著减小(曲线 ab 段)。随着 U_{G_2K} 的增加,加速区电子能量也随之增加,与氩原子相撞后,剩余能量足以克服拒斥电场,这样,极板电流 I_A 又开始上升(曲线 bc 段),直到 $U_{G_2K} = 2U_0$ 时,电子与氩原子会因在 KG_2 间的二次碰撞而失去能量,造成曲线的第二次下降(cd 段)。同理,当 $U_{G_2K} = nU_0$ 时,板极电流 I_A 都会下跌。由此可见,随着加速电压 U_{G_2K} 的增加,微电流放大器就指示出一系列电流的极大值和极小值。

相邻两次 I_A 下跌时对应的栅极电位之差 $V_n - V_{n-1}$ 对应于氩原子的第一激发电位。本实验就是通过确定各板极电流峰值对应的栅极电位来计算氩原子的第一激发电位。另外,请注意,由于碰撞实验中板极电流 I 的下降并不是完全突然的,I 的极大值附近出现的"峰"总会有一定的宽度,这主要是由于从阴极发出的电子的能量服从一定的统计分布规律。另外,从实验曲线可以看到,极板电流并不降为零,这主要是由于电子与原子的碰撞有一定的概率,当大部分电子恰好在栅极前使汞原子激发而损失能量时,显然会有一些电子"逃避"了碰撞。

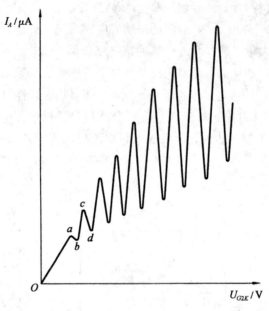

图 6-7-4　弗兰克-赫兹实验激发电位实验曲线

【实验内容】

1. 实验步骤

(1) 观察仪器面板,对照仪器说明,弄清各按键的功能与操作。

(2) 按图 6-7-5 连接面板上的连接线,务必反复检查,切勿连错！经老师检查,确认无误后按下电源开关,开启实验仪。

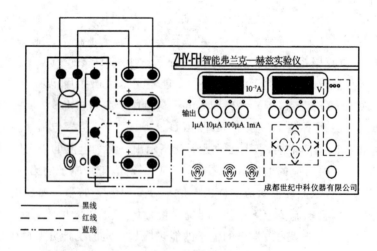

图 6-7-5　弗兰克-赫兹管连线图

(3) 检查开机后的初始状态。

开机后,实验仪面板应显示如下:

①"1mA"电流挡位指示灯亮,电流显示为"0001.";

②"灯丝电压"挡位指示灯亮,电压显示为"000.0",最后一位在闪动;

③工作方式"手动"指示灯亮。

如上述显示不符,应告知指导老师。

(4)选定"手动"工作方式。

按下"工作方式"按键,使"手动"指示灯亮。

(5)设定电流量程。

根据厂家提供的工作状态参数(贴在机箱上盖的标牌参数),按下区③中相应的电流量程按键"1μA",对应的量程指示灯亮,同时电流读数的小数点位置改变,显示为"0.000",表明量程已变换。

(6)设定各电压源的电压值。

需设定的电压源有灯丝电压 U_F、U_{G_1K}、U_{G_2A}。首先用面板上区④中的"灯丝电压"、"U_{G_1K}"、"U_{G_2A}"3个按键来选定要设定的电压对象,然后根据厂家提供的工作状态参数,用区⑥中的"＜"或"＞"、"∧"或"∨"键来设置。

例如,设置灯丝电压为 4.2 V。首先按下区④中的"灯丝电压"键,对应的指示灯亮,电压显示为"000.0",同时小数点后的"0"闪动;然后按"∧"键两下,电压每次增加 0.1 V,电压显示变为"000.2",此时"2"闪动。再按一下"＜"键,电压显示仍为"000.2",但此时小数点之前的"0"闪动;然后按"∧"键四次,电压每次增加 1V,电压显示变为"004.2",其中"4"闪动。这样就完成了对灯丝电压为 4.2 V 的设置。

对 U_{G_1K}、U_{G_2A} 电压值的设定类似。

(7)测量操作与数据。

在设置好灯丝电压 U_F、U_{G_1K}、U_{G_2A} 之后,按区④中的"U_{G_2K}"键,对应的指示灯亮,电压显示为"000.0",同时小数点后的"0"闪动。然后按区⑥中的"∧"键,电压显示将改变,F-H 管的板极电流值[即区③中的电流显示]也随之改变。每按一次"∧"键,U_{G_2K}电压将改变 0.5 V。注意:U_{G_2K}电压值最大不要超过 80 V。

记下区④显示的 U_{G_2K} 电压值数据及对应的区③显示的电流值($0 \leqslant U_{G_2K} \leqslant 80V$)。

在手动测试的过程中,按下区⑦中的启动按键,U_{G_2K} 的电压值将被设置为零,内部存储的测试数据被消除,示波器上显示的波形被清除,但 U_F、U_{G_1K}、U_{G_2A} 电流挡位等的状态不发生改变。这时,操作者可以在该状态下重新进行测试。

如果实验室提供了示波器,则可将区⑤的"信号输出"和"同步输出"分别连接到示波器的信号通道和外同步通道,调节好示波器的同步状态和显示幅度,按上面的方法操作实验仪,在示波器上即可看到 F-H 管板极电流的即时变化。

注:U_{G_2K} 的电压值的最小变化值是 0.5 V,为了使 U_{G_2K} 的电压值每次变化更大,可按"＜"键改变调整位的位置,再按"∧"或"∨"键来调整电压值,可以得到每步大于 0.5 V 的调整速度。

(8)实验数据测量完毕,整理仪器。

2.注意事项

(1)实验操作前,应充分了解仪器各功能键的操作。

(2)连线准确无误后,才能开启电源。

(3)电流量程、各电压值要按厂家提供的参数设置。

(4)U_{G_2K}电压不能超过 80 V。

【实验数据及处理】

数据表格如表 6-7-1 所示。

工作状态参数:灯丝电压 $U_F=$ ___ V,$U_{G_1K}=$ ___ V,$U_{G_2A}=$ ___ V。

表 6-7-1

U_{G_2K}/V	0	0.5	1.0	1.5	2.0	...	78.0	78.5	79.0	79.5	80.0
$I_A/\mu A$						...					
电流峰位						...					

首先在电流测量数据中,找到各电流峰位,在表中作出标记;然后用逐差法对各电流峰值对应的电压值进行处理,求出相邻峰位的电压差,即为第一激发电位。

$$U_0=\frac{U_6-U_3+U_5-U_2+U_4-U_1}{9}=$$

【思考题】

1. 怎样设置 U_F、U_{G_1K}、U_{G_2A}?
2. 为什么相邻电流峰值对应的电压之差就是第一激发电位?
3. 为什么电流的谷值不为零?
4. 为什么随着 U_{G_2K} 的增加,I_A 的峰值越来越高?

【附】 弗兰克-赫兹实验仪自动测量操作

智能弗兰克-赫兹实验仪除可以进行手动测试外,还可以进行自动测试。进行自动测试时,实验仪将自动产生 U_{G_2K} 扫描电压,完成整个测试过程。将示波器与实验仪相连接,在示波器上可看到 F-H 管板极电流随 U_{G_2K} 电压变化的波形。

(1)连线。

面板连线与手动测试连线相同。如要通过示波器观察自动测试过程,可将区⑤的"信号输出"和"同步输出"分别连接到示波器的信号通道和外同步通道,调节好示波器的同步状态和显示幅度(0.5 ms,0.5 V)。

(2)检查开机后的初始状态。

(3)选定"自动"工作方式。

按下"工作方式"键,使"自动"指示灯亮。

(4)设置工作状态参数。

根据厂家提供的工作状态参数,设置电流挡位和灯丝电压 U_F、U_{G_1K}、U_{G_2A}。操作与手动测试一样。

(5) U_{G_2K} 扫描终止电压的设定。

进行自动测试时，实验仪将自动产生 U_{G_2K} 扫描电压。实验仪默认 U_{G_2K} 扫描电压的初始值为零，U_{G_2K} 扫描电压大约每 0.4 s 递增 0.2 V，直到扫描终止电压。

要进行自动测试，必须设置电压 U_{G_2K} 的扫描终止电压。

首先，将面板区⑦中的"手动/自动"测试键按下，自动测试指示灯亮；在区④按下 U_{G_2K} 电压源选择键，U_{G_2K} 电压源选择指示灯亮，此时电压显示为"000.0"，且小数点后的"0"闪动；按区⑥中的"<"键 2 次，此时电压显示中小数点之前的第二个"0"闪动；再按区⑥中的"∧"键 8 次，此时电压显示为"080.0"表示已设置好 U_{G_2K} 的终止电压为 80.0 V。

(6) 自动测试启动。

自动测试状态设置完成后，在启动自动测试过程前应检查 U_F、U_{G_1K}、U_{G_2K} 的电压设定值是否正确，电流量程选择是否合理，自动测试指示灯是否正确指示。如果有不正确的项目，请重新设置正确。

如果所有设置都是正确、合理的，将区④的电压源选择选为 U_{G_2K}，再按下面板上区⑦的"启动"键，自动测试开始。

在自动测试过程中，通过面板的电压指示区[区④]、测试电流指示区[区③]，观察扫描电压 U_{G_2K} 与 F-H 管板极电流的相关变化情况。

如果连接了示波器，可通过示波器观察扫描电压 U_{G_2K} 与 F-H 管板极电流的相关变化的输出波形。

当扫描电压 U_{G_2K} 的电压值大于设定的测试终止电压值后，实验仪将自动结束本次自动测试过程，进入数据查询工作状态。此时电流显示、电压显示均为"0"。

测试数据保留在实验仪主机的存储器中，供数据查询过程使用，所以，示波器仍可观测到本次测试数据所形成的波形，直到下次测试开始时才刷新存储器的内容。

在自动测试过程中，为避免面板按键错误操作而导致自动测试失败，面板上除"手动/自动"按键外的所有按键都被屏蔽禁止。

在自动测试过程中，只要按下"手动/自动"键，手动测试指示灯亮，实验仪就中断了自动测试过程，回复到开机初始状态。所有按键都被再次开启工作，这时可进行下一次的测试准备工作。

(7) 自动测试后的数据查询。

自动测试过程正常结束后，实验仪进入数据查询工作状态。这时面板按键除区③部分还被禁止外，其他都已开启。

区⑦的自动测试指示灯亮，区③的电流量程指示灯指示本次测试的电流量程选择挡位；区④的各电压源选择按键可选择各电压源的电压值指示，其中 U_F、U_{G_1K}、U_{G_2K} 三电压源只能显示原设定的电压值，不能通过区⑥的按键改变相应的电压值。

改变电压源 U_{G_2K} 的指示值，就可查阅到在本次测试过程中电压源 U_{G_2K} 的扫描电压值为当前显示值时，对应的 F-H 管板极电流值的大小，该数值显示于区③的电流指示表上。

(8) 结束查询过程，回复初始状态。

当需要结束查询过程时，只要按下区⑦的"手动/自动"键，区⑦的手动测试指示灯亮，查询过程结束。面板按键再次全部开启，原设置的电压状态被清除，实验仪存储的测试数据被清除，实验仪回复到初始状态。

思考题如下：
(1)自动测试时，怎样设置扫描终止电压 U_{G_2K}？
(2)怎样启动自动测试？
(3)怎样查询自动测试数据？

实验6.8　多普勒效应综合实验

当波源和接收器之间有相对运动时，接收器接收到的波的频率与波源发出的频率不同的现象称为多普勒效应。多普勒效应在科学研究、工程技术、交通管理、医疗诊断等各方面都有十分广泛的应用。例如，原子、分子和离子由于热运动使其发射和吸收的光谱线变宽，称为多普勒增宽，在天体物理和受控热核聚变实验装置中，光谱线的多普勒增宽已成为一种分析恒星大气及等离子体物理状态的重要测量和诊断手段。基于多普勒效应原理的雷达系统已广泛应用于导弹、卫星、车辆等运动目标速度的监测。在医学上利用超声波的多普勒效应来检查人体内脏的活动情况、血液的流速等。电磁波(光波)与声波(超声波)的多普勒效应原理是一致的。本实验既可研究超声波的多普勒效应，又可利用多普勒效应将超声探头作为运动传感器，研究物体的运动状态。

【实验目的】

1.测量超声接收器运动速度与接收频率之间的关系，验证多普勒效应，并由 f-V 关系直线的斜率求声速。

2.利用多普勒效应测量物体运动过程中多个时间点的速度，由显示屏显示 V-t 关系图，或调阅有关测量数据，即可得出物体在过去过程中的速度变化情况，可研究：
①匀加速直线运动，测量力、质量与加速度之间的关系，验证牛顿第二定律。
②自由落体运动，并由 V-t 关系直线的斜率求重力加速度。
③简谐振动，可测量简谐振的周期等参数，并与理论值比较。
④其他变速直线运动。

【实验仪器与器具】

多普勒效应综合实验仪。

【实验原理】

根据声波的多普勒效应公式，当声源与接收器之间有相对运动时，接收器接收到的频率 f 为：

$$f = f_0 (u + V_1 \cos \alpha_1)/(u - V_2 \cos \alpha_2) \tag{6-8-1}$$

式中，f_0 为声源发射频率，u 为声速，V_1 为接收器运动速率，α_1 为声源与接收器连线与接收器运动方向之间的夹角，V_2 为声源运动速率，α_2 为声源与接收器连线与声源运动方向之间的夹角。

若声源保持不动，运动物体上的接收器沿声源与接收器连线方向以速度 V 运动，则从(6-8-1)式可得接收器接收到的频率应为：

$$f = f_0(1 + V/u) \qquad (6\text{-}8\text{-}2)$$

当接收器向着声源运动时，V 取正，反之取负。

若 f_0 保持不变，以光电门测量物体的运动速度，并由仪器对接收器接收到的频率自动计数，根据式(6-8-2)，作 f-V 关系图可直观验证多普勒效应，且由实验点作直线，其斜率应 $k = f_0/u$，由此可计算出声速 $u = f_0/k$。

由式(6-8-2)可解出：

$$V = u(f/f_0 - 1) \qquad (6\text{-}8\text{-}3)$$

若已知声速 u 及声源频率 f_0，通过设置使仪器以某种时间间隔对接收器接收到的频率 f 采样计数，由微处理器按式(6-8-3)计算出接收器运动速度，由显示屏显示 V-t 关系图，或查阅有关测量数据，即可得出物体在运动过程中的速度变化情况，进而对物体运动状况及规律进行研究。

仪器介绍如下：

整套仪器由实验仪，超声发射/接收器，导轨，运动小车，支架，光电门，电磁铁，弹簧，滑轮，砝码等组成。实验仪内置微处理器，带液晶显示屏，图 6-8-1 为实验仪的面板图。

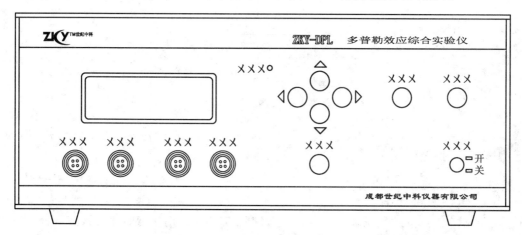

图 6-8-1　实验仪面板图

实验仪采用菜单式操作，显示屏显示菜单及操作提示，由▲▼◀▶键选择菜单或修改参数，按确认键后仪器执行。操作者只需按提示即可完成操作，学生可把时间和精力用于物理概念和研究对象，不必花大量时间在仪器使用，提高了课时利用率。

验证多普勒效应时，仪器的安装如图 6-8-2 所示。导轨长 1.2 m，两侧有安装槽，所有须固定的附件均安装在导轨上。

测量时先设置测量次数(选择范围 5~10)，然后使运动小车以不同速度通过光电门(既可用砝码牵引，也可用手推动)，仪器自动记录小车通过光电门时的平均运动速度及与之对应的平均接收频率，完成测量次数后，仪器自动存储数据，根据测量数据作 f-V 图，并显示测量数据。

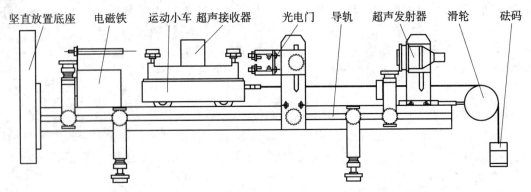

图 6-8-2　多普勒效应验证实验及测量小车水平运动安装示意图

作小车水平方向的变速运动测量时，仪器的安装类似图 6-8-2，只是此时光电门不起作用。

测量前设置采样次数（选择范围 8～150）及采样间隔（选择范围 50～100 ms）经确认后仪器按设置自动测量，并将测量到的频率转换为速度。完成测量后仪器根据测量数据自动作 V-t 图，也可显示 f-t 图，测量数据，或存储实验数据与曲线供后续研究。图 6-8-3 表示了采样数 60，采样间隔 80 ms 时，对用两根弹簧拉着的小车（小车及支架上留有弹簧挂钩孔）所做水平阻尼振动的 1 次测量及显示实例。

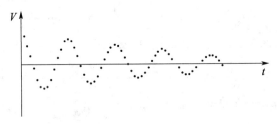

图 6-8-3　测量阻尼振动

【实验内容】

1. 实验仪的预调节

实验仪开机后，首先要求输入室温，这是因为计算物体运动速度时要代入声速，而声速是温度的函数。

第 2 个界面要求对超声发生器的驱动频率进行调谐。调谐时将所用的发射器与接收器接入实验仪，二者相向放置，用 ▶ 键调节发生器驱动频率，并以接收器谐振电流达到最大作为谐振的判据。在超声应用中，需要将发生器与接收器的频率匹配，并将驱动频率调到谐振频率，才能有效地发射与接收超声波。

2. 验证多普勒效应并由测量数据计算声速

将水平运动超声发射/接收器及光电门、电磁铁按实验仪上的标示接入实验仪。调谐后，在实验仪的工作模式选择界面中选择"多普勒效应验证实验"，按确认键后进入测量界面。用 ▶ 键输入测量次数"6"，用 ▼ 键选择"开始测试"，再次按确认键使电磁铁释放，光电门与接收器处于工作准备状态。

将仪器按图 6-8-2 安置好,当光电门处于工作准备状态而小车以不同速度通过光电门后,显示屏会显示小车通过光电门时的平均速度与此时接收器接收到的平均频率,并可用▼键选择是否记录此次数据,按确认键后即可进入下一次测试。

完成测量次数后,显示屏会显示 f-V 关系与 1 组测量数据,若测量点成直线,符合式(6-8-2)描述的规律,即直观验证了多普勒效应。用▼键翻阅数据并记入表 6-8-1 中,用作图法或线性回归法计算 f-V 关系直线的斜率 k,由 k 计算声速 u,并与声速的理论值比较,声速理论值由 $u_0=331(1+t/273)^{1/2}$(m/s)计算,t 表示室温。

表 6-8-1　多普勒效应的验证与声速的测量

次数	测量数据						直线斜率 k/m^{-1}	声速测量值 $u=f_0/k$ /(m/s)	声速理论值 u_0 /(m/s)	百分误差 $(u-u_0)/u_0$
	1	2	3	4	5	6				
V_n/(m/s)										
f_n/Hz										

3. 研究匀变速直线运动,验证牛顿第二运动定律

实验时仪器的安装如图 6-8-4 所示,质量为 M 的垂直运动部件与质量为 m 的砝码托及砝码悬挂于滑轮的两端,测量前砝码托吸在电磁铁上,测量时电磁铁释放砝码,系统在外力作用下加速运动。运动系统的总质量为 $M+m$,所受合外力为 $(M-m)g$(滑轮转动惯量与摩擦力忽略不计)。

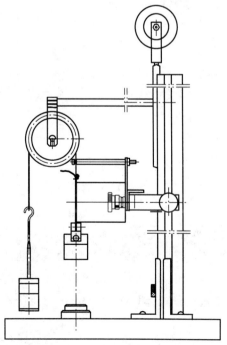

图 6-8-4　匀变速直线运动安装示意图

根据牛顿第二定律,系统的加速度应为:
$$a=(M-m)g/M+m \tag{6-8-4}$$

用天平称量垂直运动部件,砝码托及砝码质量,每次取不同质量的砝码放于砝码托上,记录每次实验对应的 m。

将垂直运动发射/接收器接入实验仪,在实验仪的工作模式选择界面中选择"频率调谐"调谐垂直运动发射/接收器的谐振频率,完成后回到工作模式选择界面,选择"变速运动测量实验"确认后进入测量设置界面。设置采样点总数 8,采样步距 50 ms,用▼键选择"开始测试",按确认键使电磁铁释放砝码托,同时实验仪按设置的参数自动采样。

采样结束后会以类似图 6-8-3 的界面显示 V-t 直线,用▶键选择"数据",将显示的采样次数及相应速度记入表 6-8-2 中(为避免电磁铁剩磁的影响,第 1 组数据不记。t_n 为采样次数与采样步距的乘积)。由记录的 t,V 数据求得 V-t 直线的斜率即为此次实验的加速度 a。

在结果显示界面中用▶键选择返回,确认后重新回到测量设置界面。改变砝码质量,按以上程序进行新的测量。

将表 6-8-2 得出的加速度 a 作纵轴,$(M-m)/(M+m)$ 作横轴作图,若为线性关系,符合式(6-8-4)描述的规律,即验证了牛顿第二定律,且直线的斜率应为重力加速度。

表 6-8-2　匀变速直线运动的测量　　　　$M=$　　(kg)

n	2	3	4	5	6	7	8	加速度 a /(m/s²)	m /kg	$\dfrac{M-m}{M+m}$
$t_n=0.05(n-1)$/s										
V_n										
$t_n=0.05(n-1)$/s										
V_n										
$t_n=0.05(n-1)$/s										
V_n										
$t_n=0.05(n-1)$/s										
V_n										

4. 研究自由落体运动,求自由落体加速度

实验时仪器的安装如图 6-8-5 所示,将电磁铁移至导轨的上方,测量前垂直运动部件吸在电磁铁上,测量垂直运动部件自由下落 1 段距离后被细线拉住。

在实验仪的工作模式选择界面中选择"变速运动测量实验",设采样点总数 8,采样步距 50 ms。选择"开始测试",按确认键后电磁铁释放,接收器自由下落,实验仪按设置的参数自动采样。将测量数据记入表 6-8-3 中,由测量数据求得 V-t 直线的斜率即为重力加速度 g。

为减小偶然误差,可作多次测量,将测量的平均值作为测量值,并将测量值与理论值比较,求百分误差。

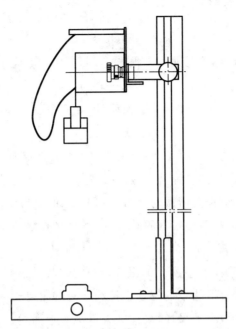

图 6-8-5 重力加速度测量安装示意图

表 6-8-3 自由落体运动的测量

n	2	3	4	5	6	7	8	g /(m/s²)	平均值 g	理论值 g_0	百分误差 $(g-g_0)/g_0$
$t_n=0.05(n-1)/\text{s}$											
V_n											
$t_n=0.05(n-1)/\text{s}$											
V_n											
$t_n=0.05(n-1)/\text{s}$											
V_n											
$t_n=0.05(n-1)/\text{s}$											
V_n											

5. 研究简谐振动

当质量为 m 的物体受到大小与位移成正比,而方向指向平衡位置的力的作用时,若以物体的运动方向为 x 轴,其运动方程为:

$$m\frac{d^2x}{dt^2}=-kx \qquad (6\text{-}8\text{-}5)$$

由式(6-8-5)描述的运动称为简谐振动,当初始条件为 $t=0$ 时,$x=-A_0$,$V=dx/dt=0$,则方程(6-8-5)的解为：

$$x = -A_0 \cos \omega_0 t \tag{6-8-6}$$

将式(6-8-6)对时间求导,可得速度方程：

$$V = \omega_0 A_0 \sin \omega_0 t \tag{6-8-7}$$

由式(6-8-6)、(6-8-7)可见物体作简谐振动时,位移和速度都随时间周期变化,式中 $\omega_0 = (k/m)^{1/2}$,为振动的角频率。

测量时仪器的安装类似于图 6-8-5,将弹簧通过 1 段细线悬挂于电磁铁上方的挂钩孔中,垂直运动超声接收器的尾翼悬挂在弹簧上,若忽略空气阻力,根据胡克定律,作用力与位移成正比,悬挂在弹簧上的物体应作简谐振动,而式(6-8-5)中的 k 为弹簧的倔强系数。

实验时先称量垂直运动超声接收器的质量 M,测量接收器悬挂上之后弹簧的伸长量 Δx,记入表 6-8-4 中,就可计算 k 及 ω_0。

测量简谐振动时设置采样点总数 150,采样步距 100 ms。

选择"开始测试",将接收器从平衡位置下拉约 20 cm,松手让接收器自由振荡,同时按确认键,让实验仪按设置的参数自动采样,采样结束后会显示如式(6-8-7)描述的速度随时间变化关系。查阅数据,记录第 1 次速度达到最大时的采样次数 $N_{1\max}$ 和第 11 次速度达到最大时的采样次数 $N_{11\max}$,就可计算实际测量的运动周期 T 及角频率 ω,并可计算 ω_0 与 ω 的百分误差。

表 6-8-4　简谐振动的测量

M /kg	Δx /m	$k=mg/\Delta x$ /(kg/s^2)	$\omega_0=(k/m)^{1/2}$ /s^{-1}	$N_{1\max}$	$N_{11\max}$	$T=0.01(N_{11\max}-N_{1\max})$ /s	$\omega=2\pi/T$ /s^{-1}	百分误差 $(\omega-\omega_0)/\omega_0$

6. 其他变速运动的测量

以上介绍了实验内容的测量方法和步骤,这些内容的测量结果可与理论比较,便于得出明确的结论,适合学生基础实验,也便于使用者对仪器的使用及性能有所了解。若让学生根据原理自行设计实验方案,也可用做综合实验。

与传统物理实验用光电门测量物体运动速度相比,用本仪器测量物体的运动具有更多的设置灵活性,测量快捷,既可根据显示的 V-t 图一目了然地定性了解所研究的运动的特征,又可查阅测量数据作进一步的定量分析。特别适用于综合实验,让学生自主的对一些复杂的运动进行研究,对理论上难于定量的因素进行分析,并得出自己的结论(如研究摩擦力与运动速度的关系,或与摩擦介质的关系)。

【附】 多普勒效应各实验装置示意图

多普勒验证实验

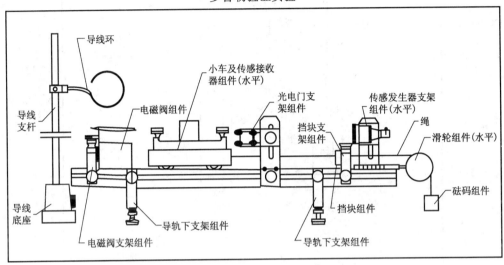

水平谐振实验

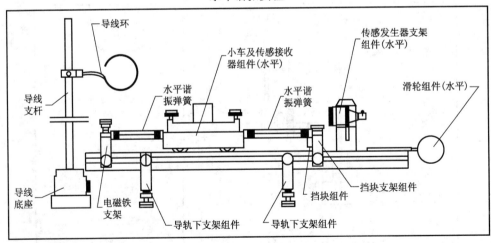

垂直谐振实验

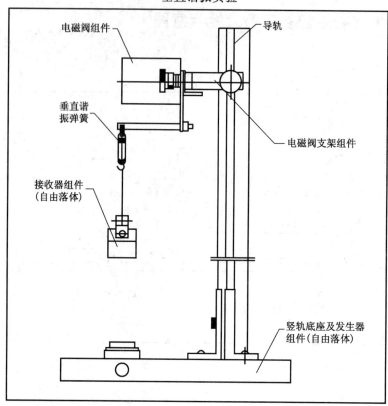

自由落体实验

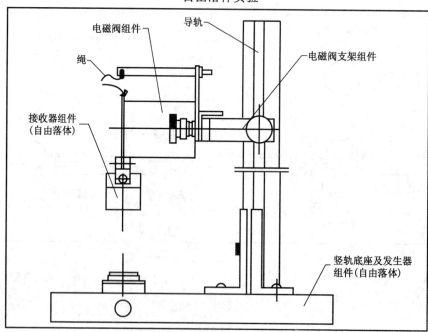

牛顿第二定律实验

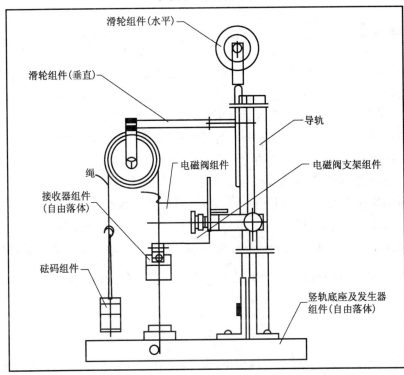

实验6.9 波尔共振实验

在机械制造和建筑工程等科技领域中受迫振动所导致的共振现象引起工程技术人员极大注意。既有破坏作用,但也有许多实验价值。众多电声器件,是运用共振原理设计制作的。此外,在微观科学研究中"共振"也是一种重要研究手段,例如,利用核磁共振和顺磁共振研究物质结构等。

表征受迫共振性质是受迫共振的振幅-频率特性和相位-频率特性(简称幅频和相频特性)。

本实验中,采用波尔共振仪定量测定机械受迫振动的幅频特性和相频特性,并利用频闪方法来测定动态的物理量——相位差。数据处理与误差分析方面内容也较丰富。

【实验目的】

1. 研究波尔共振仪中弹性摆轮受迫振动的幅频特性和相频特性。
2. 研究不同阻尼力矩对受迫振动的影响,观察共振现象。
3. 学习用频闪法测定运动物体的某些量,如相位差。

4.学习系统误差的修正。

【实验原理】

物体在周期外力的持续作用下发生的振动称为受迫振动,这种周期性的外力称为强迫力。如果外力是按简谐振动规律变化,那么稳定状态时的受迫振动也是简谐振动,此时,振幅保持恒定,振幅的大小与强迫力的频率和原振动系统无阻尼时的固有振动频率及阻尼有关。在受迫振动状态下,系统除了受到强迫力的作用外,同时还受到回复力和阻尼力的作用。所以在稳定状态时物体的位移、速度变化与强迫力变化不是同相位的,存在一个相位差。当强迫力频率与系统的固有频率相同时产生共振,此时振幅最大,相位差为 90°。

实验采用摆轮在弹性力矩作用下自由摆,在电磁阻尼力矩作用下做受迫振动来研究受迫振动特性,可直观地显示机械振动中的一些物理现象。

实验所采用的波尔共振装置的外形结构如图 6-9-1 所示。当摆轮受到周期性强迫外力矩 $M = M_0 \cos \omega t$ 的作用,并在有空气阻尼和电磁阻尼的媒质中运动时(阻尼力矩为 $-b \frac{d\theta}{dt}$)其运动方程为:

$$J \frac{d^2\theta}{dt^2} = -k\theta - b\frac{d\theta}{dt} + M_0 \cos \omega t \qquad (6\text{-}9\text{-}1)$$

式中,J 为摆轮的转动惯量,$-k\theta$ 为弹性力矩,M_0 为强迫力矩的幅值,ω 为强迫力的圆频率。

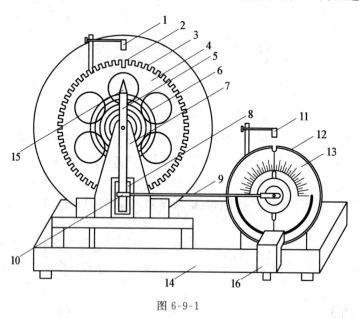

图 6-9-1

令

$$\omega_0^2 = \frac{k}{J}, \quad 2\beta = \frac{b}{J}, \quad m = \frac{m_0}{J}$$

则式(6-9-1)变为:

$$\frac{d^2\theta}{dt^2} + 2\beta \frac{d\theta}{dt} + \omega_0^2 \theta = m\cos\omega t \qquad (6\text{-}9\text{-}2)$$

当 $m\cos\omega t=0$ 时，式(6-9-2)即为阻尼振动方程。

当 $\beta=0$，即在无阻尼情况时式(6-9-2)变为简谐振动方程，ω_0 即为系统的固有频率。

方程(6-9-2)的通解为：

$$\theta=\theta_1 e^{-\beta t}\cos(\omega_f t+\alpha)+\theta_2\cos(\omega t+\varphi_0) \tag{6-9-3}$$

由式(6-9-3)可见，受迫振动可分成两部分：

第一部分，$\theta_1 e^{-\beta t}\cos(\omega_f t+\alpha)$ 表示阻尼振动，经过一定时间后衰减消失。

第二部分，说明强迫力矩对摆轮作功，向振动体传送能量，最后达到一个稳定的振动状态。振幅：

$$\theta_2=\frac{m}{\sqrt{(\omega_0^2-\omega^2)^2+4\beta^2\omega^2}} \tag{6-9-4}$$

它与强迫力矩之间的相位差 φ 为：

$$\varphi=\arctan\frac{2\beta\omega}{\omega_0^2-\omega^2}=\arctan\frac{\beta T_0^2 T}{\pi(T^2-T_0^2)} \tag{6-9-5}$$

由式(6-9-4)和式(6-9-5)可看出，振幅 θ_2 与相位差 φ 的数值取决于强迫力矩 m、频率 ω、系统的固有频率 ω_0 和阻尼系数 β 四个因素，而与振动起始状态无关。

由 $\frac{\partial}{\partial\omega}[(\omega_0^2-\omega^2)^2+4\beta^2\omega]=0$ 极值条件可得出，当强迫力的圆频率 $\omega=\sqrt{\omega_0^2-2\beta^2}$ 时，产生共振，θ 有极大值。若共振时圆频率和振幅分别用 ω_r、θ_r 表示，则：

$$\omega_r=\sqrt{\omega_0^2-2\beta^2} \tag{6-9-6}$$

$$\theta_r=\frac{m}{2\beta\sqrt{\omega_0^2-2\beta^2}} \tag{6-9-7}$$

式(6-9-6)，式(6-9-7)表明，阻尼系数 β 越小，共振时圆频率越接近于系统固有频率，振幅 θ_r 也越大。图6-9-2和图6-9-3表示出在不同 β 时受迫振动的幅频特性和相频特性。

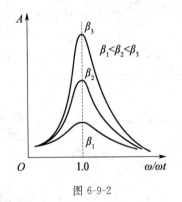

图 6-9-2

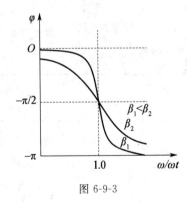

图 6-9-3

【实验仪器介绍】

BG-2型波尔共振仪由振动仪与电器控制箱两部分组成。振动仪部分如图6-9-1所示。由铜质圆形摆轮A安装在机架上，弹簧B的一端与摆轮A的轴相连，另一端可固定在机架支柱上，在弹簧弹性力的作用下，摆轮可绕轴自由往复摆动。在摆轮的外围有一卷槽形缺口，其中一个长形凹槽C比其他凹槽D长出许多。在机架上对准长型缺口处有一个光电门H。它与电气控制箱相连接,用来测量摆轮的振幅(角度值)和摆轮的振动周期。在机架下方有一对带有铁芯的线圈K,摆轮A恰巧嵌在铁芯的空隙。利用电磁感应原理,当线圈中通过直流电流后,摆轮受到一个电磁阻尼力的作用。改变电流的数值即可使阻尼大小相应变化。为使摆轮A做受迫振动。在电动机轴上装有偏心轮,通过连杆机构E带动摆轮A,在电动机轴上装有带刻线的有机玻璃转盘F,它随电机一起转动。由它可以从角度读数盘G读出相位差φ。调节控制箱上的10圈电机转速调节旋钮,可以精确改变加于电机上的电压,使电机的转速在实验范围(30~45 r/min)内连续可调,由于电路中采用特殊稳速装置、电动机采用惯性很小的带有测速发电机的特种电机,所以转速极为稳定。电机的有机玻璃转盘F上装有两个挡光片。在角度读数盘G中央上方90°处也装有光电门(强迫力矩信号),并与控制箱相连,以测量强迫力矩的周期。

受迫振动时摆轮与外力矩的相位差利用小型闪光灯来测量。闪光灯受摆轮信号光电门H控制,每当摆轮上长形凹槽C通过平衡位置时,光电门H接受光,引起闪光。闪光灯放置位置如图6-9-1所示搁置在底座上,切勿拿在手中直接照射刻度盘。在稳定情况时,由闪光灯照射下可以看到有机玻璃指针F好像一直"停在"某一刻度处,这一现象称为频闪现象,所以此数值可方便地直接读出,误差不大于2°。

摆轮振幅是利用光电门H测出摆轮读数A处圈上凹形缺口个数,并有数显装置直接显示出此值,精度为2°。

波尔共振仪电气控制箱的前面板和后面板分别如图6-9-4和图6-9-5所示。

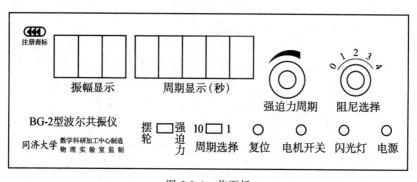

图6-9-4 前面板

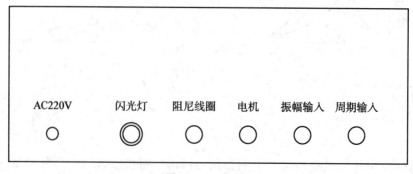

图6-9-5 后面板

左面三位数字显示摆轮A的振幅。右面5位数字显示时间,计时精度为10^{-3}s。利用面板上"摆轮,强迫力"和"周期选择"开关,可分别测量摆轮强迫力矩(即电动机)的单次和十次周期所需时间。复位按钮仅在十个周期时起作用,测单次周期时会自动复位。

电机转速调节旋钮,是带有刻度的十圈电位器,调节此旋钮时可以精确改变电机转速,即改变强迫力矩的周期。刻度仅供实验时作参考,以便大致确定强迫力矩周期值在多少圈电位器上的相应位置。

阻尼电流选择开关可以改变通过阻尼线圈内直流电流的大小,达到改变摆轮系统的阻尼系数。选择开关可分6挡,"0"处阻尼电流为零;"1"最小约0.3 A左右,"5"处阻尼电流最大,约为0.6 A,阻尼电流采用15 V稳压装置提供,实验时选用位置根据情况而定(可先选择在"2"处,若共振时振幅太小则可改用"1",切不可放在"0"处),振幅不大于150。

闪光灯开关用来控制闪光与否,当揿按钮时,当摆轮长缺口通过平衡位置时便产生闪光,由于频闪现象,可从相位差读数盘上看到刻度线似乎静止不动的读数(实际上有机玻璃F上刻度线一直在匀速转动),从而读出相位差数值,为使闪光灯管不易损坏,采用按钮开关,仅在测量相位差时才揿下按钮。

电机开关用来控制电机是否转动,在测定阻尼系数和摆轮固有频率 ω_0 与振幅关系时,必须将电机关断。

电气控制箱与闪光灯和波尔共振仪之间通过各种专用电缆相连接,不会产生接线错误之弊病。

【实验内容】

1. 测定阻尼系数 β

将阻尼选择开关拨向实验时位置(通常选取"2"或"1"处)此开关位置选定后,在实验过程中不能任意改变,或将整机电源切断,否则由于电磁铁剩磁现象将引起 β 值变化,只有在某一阻尼系数 β 的所有实验数据测试完毕,要改变 β 值时才允许拨动此开关,这点是至关重要的。

从振幅显示窗读出摆轮做阻尼振动时的振幅数值 $\theta_0,\theta_1,\theta_2,\cdots,\theta_n$,利用公式:

$$\ln \frac{\theta_0 e^{-\beta t}}{\theta_0 e^{-\beta(t+nT)}} = n\beta T = \ln \frac{\theta_0}{\theta_n} \qquad (6\text{-}9\text{-}8)$$

求出 β 值,式中,n 为阻尼振动的周期次数,θ_n 为第 n 次振动时的振幅,T 为阻尼振动周期的平均值。此值可以测出10个摆轮振动周期值,然后取其平均值。

进行本实验内容时,电机电源必须切断,指针F放在0°位置,θ_0 通常选取在130°~150°。

2. 测定受迫振动的幅度特性和相频特性曲线

保持阻尼选择开关在原位置,改变电动机的转速,即改变强迫外力矩频率 ω。当受迫振动稳定后,读取摆轮的振幅值,并利用闪光灯测定受迫振动位移与强迫力间的相位差($\Delta\varphi$ 控制在10°左右)。

强迫力矩的频率可从摆轮振动周期算出,也可以将周期选择开关向"10"处直接测定强迫力矩的10个周期后算出,在达到稳定状态时,两者数值应相同。前者为4位有效数字,后者为5位有效数字。

在共振点附近由于曲线变化较大,因此测量数据要相对密集些,此时电机转速极小变化会

引起 $\Delta\varphi$ 很大改变。电机转速旋钮上的读数(如 2.50)是一参考数值,建议在不同 ω 时都记下此值,以便实验中快速寻找要重新测量时参考。

3. 注意事项

(1)电器控制箱应预热 10～15 min。

(2)实验步骤:

①建议先测振幅与周期相应关系(不必记录),然后调整强迫力周期旋钮到适当位置(见附测试表),此时相位差约在 80°～100°,待周期显示(周期选择在"10"位置)重复 3 次尾数不超过 5,即可测量。

在共振点附近每次强迫力周期旋钮指示值变化约 0.02,如 5.62→5.64,小于 60°,大于 110°可变化 0.1～0.15,先测 90°→150°,再测 90°→30°,反之亦可。

②完成上述内容后,即可测阻尼衰减系数 β,此时必须关掉电机,将角度指针放在 0°处,然后再用手扳动摆轮使振幅 140 左右,此时松手连续记录振幅值 10 次,并记录 10 个周期值,重复 2 或 3 次。

③将阻尼选择扳向"0"处,将振幅扳向 140～150,松手后,连续测量振幅与周期显示对应关系(周期选择位置"0"),若振幅变小时,周期不变,则可不必记录。

周期末位数变化 1 属于正常情况,因此在记录时偶尔会出现跳跃情况,如 1.685→1.685→1.684→1.685,中间 1.684 可略去不计。

振幅与周期测量范围可根据实验具体情况确定(振幅处于最大与最小值间即可)。

【实验数据及处理】

(1)阻尼系数 β 的计算。利用式(6-9-8)对所测数据按逐差法处理,求出 β 值。

表 6-9-1　阻尼开关位置为"0、1、2、3、4、5"

	振幅/(°)		振幅/(°)	$\ln\dfrac{\theta_i}{\theta_{i+6}}$
θ_0		θ_5		
θ_1		θ_6		
θ_2		θ_7		
θ_3		θ_8		
θ_4		θ_9		
$10T=$	秒;	$\overline{T}=$	秒;	平均值

$$5\beta T = \ln\frac{\theta_i}{\theta_{i+5}} \qquad (6\text{-}9\text{-}9)$$

用式(6-9-9),求出 β 值。

(2)幅频特性和相频特性测量。

作幅频特性 $(\theta/\theta_r)^2$-ω 曲线,并由此求 β 值。在阻尼系数较小(满足 $\beta^2 \ll \omega_0^2$)和共振位置附近 ($\omega = \omega_0$),由于 $\omega_0 + \omega = 2\omega_0$,从式(6-9-4)和式(6-9-7)可得出:

$$\left(\frac{\theta}{\theta_r}\right)^2 = \frac{4\beta^2\omega_0^2}{4\omega_0^2(\omega-\omega_0)^2+4\beta^2\omega_0^2} = \frac{\beta^2}{(\omega-\omega_0)^2+\beta^2}$$

当 $\theta=\frac{1}{\sqrt{2}}\theta_r$，即 $\left(\frac{\theta}{\theta_r}\right)^2=\frac{1}{2}$ 时，由上式可得：

$$\omega-\omega_0=\pm\beta$$

此 ω 对应于图 $\left(\frac{\theta}{\theta_r}\right)^2=\frac{1}{2}$ 处两个值 ω_1、ω_2。由此得出：

$$\beta=\frac{\omega_2-\omega_1}{2}（此内容一般不做）$$

将此法与逐差法求得之 β 值作一比较并讨论。本实验重点应放在相频特性曲线测量。

表 6-9-2　幅频特性和相频特性测量数据记录表：阻尼开关位置

$10T/s$	T/s	$\varphi/(°)$（理论值）	$\varphi/(°)$（测量值）	$\left(\frac{\theta}{\theta_r}\right)^2$	T_0/T	$\varphi=\arctan\frac{\beta T_0^2 T}{\pi(T^2-T_0^2)}$

【误差分析】

因为本仪器中采用石英晶体作为计时部件，所以测量周期（圆频率）的误差可以忽略不计，误差主要来自阻尼系数 β 的测定和无阻尼振动时系统的固有振动频率 ω_0 的确定。且后者对实验结果影响较大。

在前面的原理部分中我们认为弹簧的弹性系数 k 为常数，它与扭转的角度无关。实际上由于制造工艺及材料性能的影响，k 值随着角度的改变而略有微小的变化（3‰左右），因而造成在不同振幅时系统的固有频率 ω_0 有变化。如果取 ω_0 的平均值，则将在共振点附近使相位差的理论值与实验值相关很大。为此可测出振幅与固有频率 ω_0 的相应数值。在 $\varphi=\arctan\frac{\beta T_0^2 T}{\pi(T^2-T_0^2)}$ 公式中 T_0 采用对应于某个振幅的数值代人，这样可使系统误差明显减小。

振幅与共振频率 ω_0 相对应值可用如下方法：

将电机电源切断，角度盘指导 F 放在"0"处，用手将摆轮拨动到较大处（140°～150°），然后放手，此摆轮作衰减振动，读出每次振幅值相应的摆动周期即可。此法可重复几次即可作出 θ_n 与 T_0 的对应表。此项可在实验结束后进行。最好二人配合，一人读数，另一人记录，且只记录后面二位。

也可将摆轮转动到所需振幅值联合会，然后测出它相对应的 T_0，第一次振幅对应的 T_0 应不用。

在周期选择开关放在"1"时，振幅与周期应同时显示，如振幅为 96 周期为 1.651 s，由于闪光时可能使两者不同步，此时，可利用复位按钮，可使两者重新恢复同步显示。若未成功，可重复进行。

【附】 实验测量数据（机号 1010 阻尼 1）

表 6-9-3 振幅与 $T_0(\omega_0)$ 关系

振幅/(°)	T_0/s	ω_0/s^{-1}
128	1.513	4.153
124	1.515	4.147
118	1.516	4.145
107	1.517	4.142
102	1.518	4.139
100	1.520	4.134
96	1.522	4.128
92	1.523	4.126
85	1.524	4.123
78	1.526	4.117
72	1.528	4.112
63	1.529	4.109
58	1.531	4.104
44	1.532	4.101
31	1.533	4.098

表 6-9-4 阻尼系数 β 测量

				$\ln\dfrac{\theta_i}{\theta_{i+5}}$
θ_1	126	θ_6	65	0.662
θ_2	111	θ_7	57	0.666
θ_3	97	θ_8	50	0.663
θ_4	85	θ_9	43	0.681
θ_5	74	θ_{10}	37	0.693
			平均	0.673

$10T = 15.240$ s

$\overline{T} = 1.5240$ s

$\beta = \dfrac{0.673}{5 \times 1.524} = 0.0883 \text{ s}^{-1}$

表 6-9-5

电机转速刻度盘值	强迫力矩周期/s	振幅 $\theta/(°)$	弹簧对应固有周期 T_0/s	$\theta_n/(°)$	φ 计算值 arctan $\dfrac{\beta T_0^2 T}{\pi(T^2 - T_0^2)}$	$\dfrac{\omega}{\omega_0} = \dfrac{T_0}{T}$	$\dfrac{\theta}{\theta_r}$
3.70	1.599	48	1.532	23°	27°	0.958	0.43
3.20	1.565	72	1.528	39°	42°	0.976	0.64
2.94	1.538	98	1.520	60°	61°	0.988	0.88
2.74	1.522	108	1.518	82°	83°	0.997	0.96
2.50	1.519	111	1.517	89°	87°	0.998	1.0
2.40	1.515	106	1.517	95°	95°	1.001	0.95
2.34	1.506	94	1.523	116°	114°	1.011	0.84
2.00	1.497	78	1.525	132°	131°	1.019	0.70
1.40	1.487	60	1.530	142°	143°	1.029	0.54
0.70	1.471	44	1.532	152°	152°	1.041	0.41

实验 6.10 声 速 测 定

声波是一种在弹性媒质中传播的机械波。声波在媒质中的传播速度与传声媒质的特性及状态等因素有关,因而可以通过声速的测量,了解被测媒质的特性及状态变化。如可进行气体成分的分析,测定液体的密度、浓度,确定固体材料的弹性模量等。所以对媒质中声速的测定,在工业生产中具有一定的实际意义。本实验只研究声波在空气中的传播,并测定其传播速度。

【实验要求】

1. 了解声波在空气中传播速度与气体状态参量的关系。
2. 了解超声波的产生和接收原理,学习测量空气中声速的方法。
3. 加深对波的相位、波的干涉等理论的理解。

【实验目的】

测量声波在空气中的传播速度。

【实验仪器与器具】

本实验的主要仪器是声速测量仪。声速测量仪必须配上示波器和信号发生器才能完成测量声速的任务。SW-1 型声速测量仪如图 6-10-1 所示。

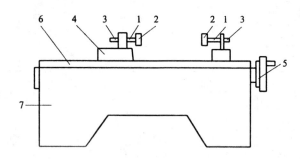

1—压电换能器;2—增强片;3—变幅杆;4—可移动底座;5—刻度鼓轮;6—标尺;7—底座

图 6-10-1 声速测量仪示意图

声速测量仪是利用压电体的逆压电效应,即在信号发生器产生的交变电压下,使压电体产生机械振动,而在空气中激发出声波。本仪器采用锆钛酸铅制成的压电陶瓷管,将它粘结在合金铝制成的阶梯形变幅杆上,再将它与信号发生器连接组成声波发生器。当压电陶瓷处于一交变电场时,会发生周期性的伸长与缩短。当交变电场频率与压电陶瓷管的固有频率相同时振幅最大。这个振动又被传递给变幅杆,使它产生沿轴向的振动,于是变幅杆的端面在空气中激发声波。本仪器的压电陶瓷管的振荡频率在 40 kHz 以上,相应的超声波的波长约为几毫米。由于它的波长短,定向发射性能好,是较理想的波源。变幅杆的端面直径比波长大很多,可以近似地认为在发射面远处的声波为平面波。

超声波的接收则是利用压电体的正压电效应,将接收的声振动转化成电振动。为使此电振动增加,特加一选频放大器加以放大,再经屏蔽线输给示波器观察。接收器安装在可移动的机构上,这个机构包括支架、丝杆、可移动底座(其上装有指针)、带刻度的手轮,并通过定位螺母套在丝杆上,由丝杆带动做平移。接收器的位置由主尺、刻度手轮的位置决定。主尺位于底座上面,最小分度值为 1 mm。手轮与丝杆相连,手轮上分 100 分格,每转 1 周,接收器平移 1 mm,故手轮每转一小格接收器平移 0.01 mm,可估读到 0.001 mm。

【预习思考题】

1. 测量声速用什么方法?具体测量的是哪些物理量?
2. 两种测量方法对示波器的使用有何不同?

【实验原理】

已知波速 v,波长 λ 和频率 f 之间的关系为:

$$v = \lambda f \tag{6-10-1}$$

因此,实验中可以通过测定声波的波长 λ 和频率 f,求得声速 v。由于使用交流信号控制发声器,所以声波的频率就是交流信号的频率,可以从信号发生器直接读出。声波的波长则常用位相比较法(行波法)和共振干涉法(驻波法)来测量。

1. 位相比较(行波)法

设 S_1 为发声器,S_2 为接收器,在发射波和接收波之间产生相位差:

$$\Delta\varphi = \varphi_2 - \varphi_1 = 2\pi \frac{x}{\lambda} = 2\pi f \frac{x}{v} \tag{6-10-2}$$

因此,可以通过测量 $\Delta\varphi$ 来求得声速。$\Delta\varphi$ 的测定可以用示波器观察相互垂直振动合成的李萨如图形的方法进行。

设输入示波器 x 轴的入射波的振动方程为:

$$x = A_1 \cos(\omega t + \varphi_1)$$

输入示波器 y 轴由 S_2 接收的波的振动方程为:

$$y = A_2 \cos(\omega t + \varphi_2)$$

则合振动方程为

$$\frac{x^2}{A_1^2} + \frac{y^2}{A_2^2} - \frac{2xy}{A_1 A_2} \cos(\varphi_2 - \varphi_1) = \sin^2(\varphi_2 - \varphi_1) \tag{6-10-3}$$

此方程的轨迹为椭圆,其长短轴和方位由相位差 $\Delta\varphi = \varphi_2 - \varphi_1$ 决定。当 $\Delta\varphi = 0$,则轨迹为图 6-10-2(a)所示的直线;当 $\Delta\varphi = \frac{\pi}{4}$,则轨迹为图 6-10-2(b)所示的椭圆;当 $\Delta\varphi = \frac{\pi}{2}$,则轨迹为图 6-10-2(c)所示的正椭圆;当 $\Delta\varphi = \frac{3}{4}\pi$,则轨迹为图 6-10-2(d)所示的椭圆;当 $\Delta\varphi = \pi$,则轨迹为图 6-10-2(e)所示的直线。由式(6-10-2)知,若 S_2 向离开 S_1 的方向移动的距离 $x = S_2 - S_1 = \frac{\lambda}{2}$,则 $\Delta\varphi = \pi$。随着 S_2 的移动,$\Delta\varphi$ 随之在 $0 \sim \pi$ 内变化,李萨如图形也随之由图 6-10-2 中的 (a) 向 (e) 变化。

若 $\Delta\varphi$ 角变化 π,则会出现图 6-10-2(a)~(e)的重复图形。与这种图形重复变化相应的 S_2 移动的距离为 $\lambda/2$,由此可以得出声波的波长 λ,然后由式(6-10-1)求得声速 v。

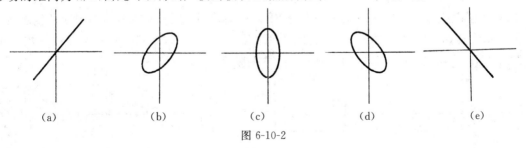

图 6-10-2

2. 共振干涉(驻波)法

由声源 S_1 发出的平面简谐波沿 x 轴正方向传播,接收器 S_2 在接收声波的同时还反射一部分声波。这样,由 S_1 发出的声波和由 S_2 反射的声波在 S_1、S_2 之间形成干涉而出现驻波共振现象。

设沿 x 轴正方向入射波的方程为：

$$y_1 = A\cos 2\pi \left(ft - \frac{x}{\lambda} \right)$$

沿 x 轴负方向反射波方程为：

$$y_2 = A\cos 2\pi \left(ft + \frac{x}{\lambda} \right)$$

在两波相遇处产生干涉，在空间某点的合振动方程为：

$$y = y_1 + y_2 = A\cos 2\pi \left(ft - \frac{x}{\lambda} \right) + A\cos 2\pi \left(ft + \frac{x}{\lambda} \right) = \left(2A\cos \frac{2\pi}{\lambda} x \right) \cos 2\pi ft \quad (6\text{-}10\text{-}4)$$

式(6-10-4)为驻波方程。

当 $\left| \cos 2\pi \frac{x}{\lambda} \right| = 1$ 或 $2\pi \frac{x}{\lambda} = n\pi$ 时，在 $x = n\frac{\lambda}{2}(n=1,2,\cdots)$ 位置上，声波振动振幅最大为 $2A$，称为波腹。

当 $\left| \cos 2\pi \frac{x}{\lambda} \right| = 0$ 或 $2\pi \frac{x}{\lambda} = (2n-1)\frac{\pi}{2}$ 时，在 $x = (2n-1)\frac{\lambda}{4}(n=1,2,3,\cdots)$ 位置上，声波振动振幅为 0，称为波节，其余各点的振幅在零和最大值之间。

叠加的波可以近似地看作具有驻波加行波的特征。由驻波的性质可知，当接收器端面按振动位移来说处于波节时，则按声压来讲是处于波腹。当发生共振时，接收器端面近似为波节，接收到的声压最大，经接收器转换成电信号也最强。当接收器端面移到某个共振位置时，示波器出现了最强的电信号；继续移动接收器，当示波器再次出现最强的电信号时，则接收器移动的距离为 $\lambda/2$，从而可以得出波长 λ，由式(6-10-1)求得声速 v。

【实验内容】

1. 用位相比较（行波法）法测声速

(1) 按图 6-10-3 接好电路，根据函数信号发生器输出信号幅度及压电陶瓷换能器的共振频率 f_0 确定声源（发射端）激励信号，并在测量过程中保持不变，并从信号发生器上记下 f_0。对 SW-1 型声速测量仪，由信号发生器输出 40 kHz 左右的正弦波加在声速测量仪的发声器 S_1 上，用示波器观察接收波的波形。微调信号发生器的输出频率，找到接收波振幅最大处，此时信号发生器的输出频率为压电陶瓷换能器的共振频率 f_0。

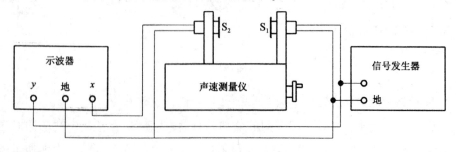

图 6-10-3　位相比较法测声速

(2) 在上述共振频率 f_0 下,使 S_2 靠拢 S_1,然后缓慢移离 S_1。当示波器上出现 45°斜线时,记下 S_2 的位置 x_1。

(3) 依次移动 S_2,记下示波器直线由图 6-10-2(a)变为(e)和由(e)再变为(a)时,游标尺的读数 $x_2, x_3, \cdots$ 值共 12 个。

2. 共振干涉(驻波)法测声速

(1) 按图 6-10-4 接好电路,低频信号发生器与步骤 1 一样处于 f_0 频率状态下。

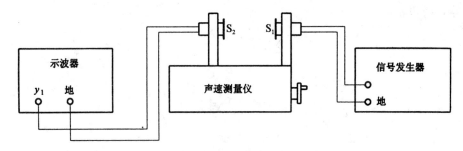

图 6-10-4 共振干涉法测声速

(2) 在共振频率 f_0 下,将 S_2 移向 S_1 处,再缓慢移离 S_1。当示波器上出现振幅最大时,记下游标尺的读数 x_1'。

(3) 依次移动 S_2,记下各振幅最大时的 $x_2', x_3', \cdots$ 值共 12 个。

3. 注意事项

(1) 使用前应搞清楚各仪器的操作规程,并按操作规程使用。

(2) 实验中移动 S_2 时要缓慢,并时刻注意示波器上图形的变化,不能因图形变化过度而使刻度手轮回转。

(3) 实验前应事先了解压电换能器的共振频率,实验中应使声波频率与压电陶瓷换能器的共振频率 f_0 一致,这时得到的电信号最强,压电陶瓷换能器作为接收器的灵敏度也最高。

【实验数据及处理】

声速测量数据如表 6-10-1 所示。

表 6-10-1 声速测量数据表

	x/mm												f_0/Hz
	x_1	x_2	x_3	x_4	x_5	x_6	x_7	x_8	x_9	x_{10}	x_{11}	x_{12}	
位相法													
共振法	x_1'	x_2'	x_3'	x_4'	x_5'	x_6'	x_7'	x_8'	x_9'	x_{10}'	x_{11}'	x_{12}'	

用逐差法处理数据。分别算出用位相法和共振法测得的波长 λ 和 λ',然后分别算出 v 和 v'。

$$\Delta x_{7-1} = x_7 - x_1 = 3\lambda \qquad \lambda_1 =$$
$$\Delta x_{8-2} = x_8 - x_2 = 3\lambda \qquad \lambda_2 =$$
$$\Delta x_{9-3} = x_9 - x_3 = 3\lambda \qquad \lambda_3 =$$
$$\Delta x_{10-4} = x_{10} - x_4 = 3\lambda \qquad \lambda_4 =$$
$$\Delta x_{11-5} = x_{11} - x_5 = 3\lambda \qquad \lambda_5 =$$
$$\Delta x_{12-6} = x_{12} - x_6 = 3\lambda \qquad \lambda_6 =$$

把等式两边相加：

$$\sum_{i=1}^{6} \Delta x_{(6+i)-i} = 18\lambda$$

所以平均波长为：

$$\bar{\lambda} = \frac{1}{18} \sum_{i=1}^{6} \Delta x_{(6+i)-i}$$

可得：

$$S_{\bar{\lambda}} = \sqrt{\frac{\sum (\lambda_i - \bar{\lambda})^2}{k(k-1)}} =$$

$$\Delta_{仪x} = \Delta_{仪f} =$$

$$\Delta_{\lambda} = \sqrt{S_{\bar{\lambda}}^2 + \frac{\Delta_{仪x}^2}{3}} =$$

$$\Delta_f = \Delta_{仪f} =$$

$$\bar{v} = \bar{\lambda} \cdot f_0 =$$

$$E_v = \sqrt{\left(\frac{\Delta\lambda}{\bar{\lambda}}\right)^2 + \left(\frac{\Delta f}{f_0}\right)^2} =$$

$$\Delta_v = \bar{v} \cdot E_v =$$

$$v = \bar{v} \pm 1.96\Delta_v =$$

同理可得 $v' = \bar{v'} \pm 1.96\Delta_{v'}$

【思考题】

1. 如何调节与判断测量系统是否处于共振状态？
2. 在实验过程中，刻度手轮应保持朝一个方向旋转，为什么？

【附】 函数信号发生器的误差

各种型号的函数信号发生器的误差如表 6-10-2 所示。

表 6-10-2

型号	误差
EM 1634 1635 1636	≤±5%
EM 1633 1642 1643 1644	≤±1%
YB1634	≤±1%
XJ1630	≤±5%

$\Delta_{仪f}$＝读数×误差。

附 录

一、国际单位制

1. 7 个 SI 基本单位的定义

(1) 长度单位——米(m)。

米等于光在真空中 1/299 792 458 s 时间间隔内所经路径的长度(第 17 届国际计量大会，1983)。

(2) 质量单位——千克(kg)。

千克是质量单位，等于国际千克原器的质量(第 1 届国际计量大会，1889；第 3 届国际计量大会，1901)。

(3) 时间单位——秒(s)。

秒是铯-133 原子基态的两个超精细能级之间跃迁所对应的辐射的 9 192 631 770 个周期的持续时间(第 13 届国际计量大会，1967，决议 1)。

(4) 电流单位——安[培](A)。

安[培]是电流的单位。在真空中，截面可忽略的两根相距 1 m 的无限长平行圆直导线内通以等量恒定电流时，若导线间相互作用力在每米长度上为 2×10^{-7} N，则每根导线中的电流为 1 A(国际计量委员会，1946，协议 2；第 9 届国际计量大会，1948，批准)。

(5) 热力学温度单位——开[尔文](K)。

热力学温度单位开[尔文]是水三相点热力学温度的 1/273.16(第 13 届国际计量大会，1967，决议 4)。

(6) 物质的量单位——摩[尔](mol)。

摩[尔]是一系统的物质的量，该系统中所包含的基本单元数与 0.012 kg 碳-12 的原子数目相等。在使用摩尔时，基本单元应予指明，可以是原子、分子、离子、电子及其他粒子，或是这些粒子的特定组合(第 14 届国际计量大会，1971，决议 3)。

(7) 光强度单位——坎[德拉](cd)。

坎德拉是一光源在给定的方向上的发光强度，该光源发出频率为 450×10^{12} Hz 的单色辐射，且在此方向上的辐射强度为 (1/683) W/sr(第 16 届国际计量大会，1979，决议 3)。

2. SI 的基本内容

国际单位制(SI)的基本内容包括：

(1) SI 基本单位及其定义与符号。

附 录

(2)有专门名称的 SI 导出单位(包括 SI 辅助单位)及其定义与符号。
(3)SI 词头与符号。
(4)可与 SI 并用的单位及其与 SI 的关系。
分别列表如下：

表1　国际单位制(SI)的基本单位

量的名称	单位名称	单位符号
长度	米	m
质量	千克	kg
时间	秒	s
电流	安[培]	A
热力学温度	开[尔文]	K
物质的量	摩[尔]	mol
发光强度	坎[德拉]	cd

表2　包括 SI 辅助单位在内具有专门名称的 SI 导出单位

量的名称	SI 导出单位		
	名称	符号	用 SI 基本单位和 SI 导出单位表示
[平面]角	弧度	rad	$rad = m/m = 1$
立体角	球面度	sr	$sr = m^2/m^2 = 1$
频率	赫[兹]	Hz	$Hz = s^{-1}$
力,重力	牛[牛顿]	N	$N = kg \cdot m/s^2$
压力,压强,应力	帕[斯卡]	Pa	$Pa = N/m^2 = m^{-1} \cdot kg \cdot s^{-2}$
能[量],功,热量	焦[耳]	J	$J = N \cdot m = m^2 \cdot kg \cdot s^{-2}$
功率,辐[射能]通量	瓦[特]	W	$W = J/s = m^2 \cdot kg \cdot s^{-3}$
电荷[量]	库[仑]	C	$C = A \cdot s$
电压,电动势,电位	伏[特]	V	$V = M/A = m^2 \cdot kg \cdot s^{-3} \cdot A^{-1}$
电容	法[拉]	F	$F = C/A = m^{-2} \cdot kg^{-1} \cdot s^4 \cdot A^2$
电阻	欧[姆]	Ω	$\Omega = V/A = m^2 \cdot kg \cdot s^{-3} \cdot A^{-2}$
电导	西[门子]	S	$S = \Omega^{-1} = m^{-2} \cdot kg^{-1} \cdot s^3 \cdot A^2$
磁通[量]	韦[伯]	Wb	$Wb = V \cdot s = m^2 \cdot kg \cdot s^{-2} \cdot A^{-1}$
磁通[量]密度	特[斯拉]	T	$T = Wb/m^2 = kg \cdot s^{-2} \cdot A^{-1}$
电感	亨[利]	H	$H = Wb/A = m^2 \cdot kg \cdot s^{-2} \cdot A^{-2}$
摄氏温度	摄氏度	℃	$℃ = K - 273.15$
光通量	流[明]	lm	$lm = cd \cdot sr$
[光]照度	勒[克斯]	lx	$lx = lm/m^2 = m^{-2} \cdot cd \cdot sr$

表 3 因人类健康安全防护上的需要而确定的具有专门名称的 SI 导出单位

量的名称	SI 导出单位		
	名称	符号	用 SI 基本单位和 SI 导出单位表示
[放射性]活度	贝可[勒尔]	Bq	$Bq = s^{-1}$
吸收剂量 比授[予]能 比释动能	戈[瑞]	Gy	$Gy = J/kg = m^2 \cdot s^{-2}$
剂量当量	希[沃特]	Sv	$Sv = J/kg = m^2 \cdot s^{-2}$

表 4 SI 词头

因数	词头名称		符号
	原文[法]	中文	
10^{24}	yotta	尧[它]	Y
10^{21}	zetta	泽[它]	Z
10^{18}	exa	艾[可萨]	E
10^{15}	peta	拍[它]	P
10^{12}	tera	太[拉]	T
10^{9}	giga	吉[咖]	G
10^{6}	mega	兆	M
10^{3}	kilo	千	k
10^{2}	hecto	百	h
10^{1}	deca	十	da
10^{-1}	deci	分	d
10^{-2}	centi	厘	c
10^{-3}	milli	毫	m
10^{-6}	micro	微	μ
10^{-9}	nano	纳[诺]	n
10^{-12}	pico	皮[可]	p
10^{-15}	femto	飞[母托]	f
10^{-18}	atto	阿[托]	a
10^{-21}	zepto	仄[普托]	z
10^{-24}	yocto	幺[科托]	y

表 5 部分与国际单位制并用的单位

单位名称	单位符号	用 SI 单位表示的值
分	min	1 min = 60 s
[小]时①	h	1 h = 60 min = 3 600 s
日	d	1 d = 24 h = 86 400 s
度	°	1° = (π/180) rad
[角]分	′	1′ = (1/60°) = (π/10 800) rad

续表

单位名称	单位符号	用 SI 单位表示的值
[角]秒	″	$1″=(1/60)′=(\pi/648\ 000)$ rad
升[②]	L,l	$1\text{ L}=1\text{ dm}^3=10^{-3}\text{ m}^3$
吨[③]	t	$1\text{ t}=10^3\text{ kg}$

注：①这个单位的符号包括在第 9 届国际计量大会(1948)的决议 7 中。

②这个单位及其符号 l 是国际计量委员会于 1879 年通过的。为了避免升的符号 l 和数字 1 之间发生混淆，第 16 届国际计量大会通过了另一个符号 L。

③这个单位及其符号是国际计量委员会所通过的(1879)。在一些讲英语的国家，这个单位叫作"米制吨"。

除表 5 所列单位外，还有两个单位允许与 SI 并用于某些领域，它们分别是"电子伏"(eV)和"原子质量单位"(u)。这两个单位是独立定义的，即它们本身就是物理常量，只是由于国际间协议而作为单位使用。

二、常用物理参数

表 6　基本和重要的物理常数

名称	符号	数值	单位符号
真空中的光速	c	$2.997\ 924\ 58\times10^{-8}$	$\text{m}\cdot\text{s}^{-1}$
基本电荷	e	$1.602\ 177\ 33(49)\times10^{-19}$	C
电子的静止质量	m_e	$9.109\ 389\ 7(54)\times10^{-31}$	kg
中子质量	m_n	$1.674\ 928\ 6(10)\times10^{-27}$	kg
质子质量	m_p	$1.672\ 623\ 1(10)\times10^{-27}$	kg
原子质量单位	u	$1.660\ 540\ (10)\times10^{-27}$	kg
普朗克常量	h	$6.626\ 075\ 5(40)\times10^{-34}$	$\text{J}\cdot\text{s}$
阿伏加德罗常量	N_0	$6.022\ 136\ 7(36)\times10^{23}$	mol^{-1}
摩尔气体常量	R	$8.314\ 510(70)$	$\text{J}\cdot\text{mol}^{-1}\cdot\text{K}^{-1}$
玻尔兹曼常量	k	$1.380\ 658(12)\times10^{-23}$	$\text{J}\cdot\text{K}^{-1}$
万有引力常量	G	$6.672\ 59(85)\times10^{-11}$	$\text{N}\cdot\text{m}^2\cdot\text{kg}^{-2}$
法拉第常量	F	$9.648\ 530\ 9(29)\times10^4$	$\text{C}\cdot\text{mol}^{-1}$
热功当量	J	4.186	$\text{J}\cdot\text{Cal}^{-1}$
里德伯常量	R_∞	$1.097\ 373\ 153\ 4(13)\times10^7$	m^{-1}
洛喜密脱常量	n	$2.686\ 763\ (23)\times10^{25}$	m^{-3}
库仑常数	$e^2/4\pi\varepsilon$	14.42	$\text{cV}\cdot\text{m}^{-19}$
电子荷质比	e/m_e	$-1.758\ 819\ 62(53)\times10^{11}$	$\text{C}\cdot\text{kg}^2$
标准大气压	P_a	$1.013\ 25\times10^5$	Pa
冰点绝对温度	T_0	273.15	K
标准状态下声音在空气中的速度	$\eta_{声}$	331.46	$\text{m}\cdot\text{s}^{-1}$
标准状态下干燥空气的密度	$\rho_{空气}$	1.293	$\text{kg}\cdot\text{m}^{-2}$
标准状态下水银密度	$\rho_{水银}$	$13\ 595.04$	$\text{kg}\cdot\text{m}^{-2}$
标准状态下理想气体的摩尔体积	V_m	$22.413\ 10(19)\times10^{-3}$	$\text{m}^3\cdot\text{mol}^{-1}$
真空介电常量(电容率)	ε_0	$8.854\ 187\ 817\times10^{-12}$	$\text{F}\cdot\text{m}^{-1}$
真空的磁导率	η_0	$12.563\ 706\ 14\times10^{-7}$	$\text{H}\cdot\text{m}^{-1}$
钠光谱中黄线波长 在 15 ℃,101 325 Pa 时	D	589.3×10^{-9}	m
镉光谱中红线的波长	λ_{cd}	$643.846\ 99\times10^{-9}$	m

表 7　在 20℃ 时常用固体和液体的密度

物质	密度 $\rho/(kg \cdot m^{-3})$	物质	密度 $\rho/(kg \cdot m^{-3})$
铝	2 698.9	水晶玻璃	2 900~3 000
铜	8 960	窗玻璃	2 400~2 700
铁	7 874	冰(0℃)	880~920
银	10 500	甲醇	792
金	19 320	乙醇	789.4
钨	19 300	乙醚	714
铂	21 450	汽车用汽油	710~720
铅	11 350	弗利昂-12	1 329
锡	7 298	(氟氯烷-12)	
水银	13 546.2	变压器油	840~890
钢	7 600~7 900	甘油	1 260
石英	2 500~2 800	蜂蜜	1 435

表 8　在标准大气压下不同温度的不同密度

温度 $t/℃$	密度 $\rho/(kg \cdot m^{-3})$	温度 $t/℃$	密度 $\rho/(kg \cdot m^{-3})$	温度 $t/℃$	密度 $\rho/(kg \cdot m^{-3})$
0	999.841	17	998.774	34	994.371
1	999.900	18	998.595	35	994.031
2	999.941	19	998.405	36	993.68
3	999.965	20	998.203	37	993.33
4	999.973	21	997.992	38	992.96
5	999.965	22	997.770	39	992.59
6	999.941	23	997.538	40	992.21
7	999.902	24	997.296	41	991.83
8	999.849	25	997.044	42	991.44
9	999.781	26	996.783	50	988.04
10	999.700	27	996.512	60	983.21
11	999.605	28	996.232	70	977.78
12	999.498	29	995.944	80	971.80
13	999.377	30	995.646	90	965.31
14	999.244	31	995.340	100	958.35
15	999.099	32	995.025		
16	998.943	33	994.702		

表 9　在海平面上不同纬度处的重力加速度

纬度 $\psi/(°)$	$g/(m \cdot s^{-2})$	纬度 $\psi/(°)$	$g/(m \cdot s^{-2})$
0	9.780 49	50	9.810 79
5	9.780 88	55	9.815 15
10	9.782 04	60	9.819 24
15	9.783 94	65	9.822 94
20	9.786 52	70	9.826 14
25	9.789 69	75	9.828 73
30	9.793 38	80	9.830 65
35	9.797 46	85	9.831 82
40	9.801 80	90	9.832 21
45	9.806 29		

表 10 固体的线膨胀系数

物质	温度或温度范围/℃	$a/(10^{-6}\text{℃}^{-1})$
铝	0～100	23.8
铜	0～100	17.1
铁	0～100	12.2
金	0～100	14.3
银	0～100	19.6
钢(碳0.05%)	0～100	12.0
康铜	0～100	15.2
铅	0～100	29.2
锌	0～100	32
铂	0～100	9.1
钨	0～100	4.5
石英玻璃	20～200	0.56
窗玻璃	20～200	9.5
花岗石	20	6～9
瓷器	20～700	3.4～4.1

表 11 20 ℃时某些金属的弹性模量(杨氏模量)

金属	杨氏模量 E	
	吉帕/(GPa)	Pa(N·m^{-2})
铝	70.00～71.00	7.00～7.100×10^{10}
钨	415.0	4.150×10^{11}
铁	190.0～210.0	1.900～2.100×10^{11}
铜	105.00～130.0	1.050～1.300×10^{11}
金	79.00	7.900×10^{10}
银	70.00～82.00	7.000～8.200×10^{10}
锌	800.0	8.000×10^{11}
镍	205.0	2.050×10^{11}
铬	240.0～250.0	2.400～2.500×10^{11}
合金钢	210.0～220.0	2.100～2.200×10^{11}
碳钢	200.0～220.0	2.000～2.100×10^{11}
康铜	163.0	1.630×10^{11}

表 12 在 20 ℃时与空气接触的液体的表面张力系数

液体	$\sigma/(10^{-3}\cdot\text{m}^{-1})$	液体	$\sigma/(10^{-3}\cdot\text{m}^{-1})$
航空汽油(在10℃时)	21	甘油	63
石油	30	水银	513
煤油	24	甲醇	22.6
松节油	28.8	甲醇(在0℃时)	24.5
水	72.75	乙醇	22.0
肥皂溶液	40	甲醇(在60℃时)	18.4
弗利昂-12	9.0	甲醇(在0℃时)	24.1

续表

液体	$\sigma/(10^{-3}\cdot\text{m}^{-1})$	液体	$\sigma/(10^{-3}\cdot\text{m}^{-1})$
蓖麻油	36.4		

表 13　在不同温度下与空气接触的水的表面张力系数

温度/℃	$\sigma/(10^{-3}\cdot\text{m}^{-1})$	温度/℃	$\sigma/(10^{-3}\cdot\text{m}^{-1})$	温度/℃	$\sigma/(10^{-3}\cdot\text{m}^{-1})$
0	75.62	16	73.34	30	71.15
5	74.90	17	73.20	40	69.55
6	74.76	18	73.05	50	67.90
8	74.48	19	72.89	60	66.17
10	74.20	20	72.75	70	64.41
11	74.07	21	72.60	80	62.60
12	73.92	22	72.44	90	60.74
13	73.78	23	72.28	100	58.84
14	73.64	24	72.12		
15	73.48	25	71.96		

表 14　不同温度时水的黏滞系数

温度/℃	黏度 $\eta/(10^{-6}\text{N}\cdot\text{m}^{-2}\cdot\text{s})$	温度/℃	黏度 $\eta/(10^{-6}\text{N}\cdot\text{m}^{-2}\cdot\text{s})$
0	1 787.8	60	469.7
10	1 305.3	70	406.0
20	1 004.2	80	355.0
30	801.2	90	314.8
40	653.1	100	282.5
50	549.2		

表 15　液体的黏滞系数

液体	温度/℃	$\eta/(\mu\text{Pa}\cdot\text{s})$	液体	温度/℃	$\eta/(\mu\text{Pa}\cdot\text{s})$
汽油	0	1 788	甘油	−20	134×10^6
	18	530		0	121×10^5
甲醇	0	717		20	$1\,499\times 10^3$
	20	584		100	12 945
乙醇	−20	2 780	蜂蜜	20	650×10^4
	0	1 780		80	100×10^8
	20	1 190	鱼肝油	20	45 600
乙醚	0	296		80	4 600
	20	243	水银	−20	1 855
变压器油	20	19 800		0	1 685
蓖麻油	10	242×10^4		20	1 554
葵花子油	20	5 000		100	1 224

附　录

表 16　固体的比热

物质	温度/℃	比热 kcal/(kg·K)	比热 kJ/(kg·K)
铝	20	0.214	0.895
黄铜	20	0.0917	0.380
铜	20	0.092	0.385
铂	20	0.032	0.134
生铁	0～100	0.13	0.54
铁	20	0.115	0.481
铅	20	0.0306	0.130
镍	20	0.115	0.481
银	20	0.056	0.234
钢	20	0.107	0.447
锌	20	0.093	0.389
玻璃		0.14～0.22	0.585～0.920
冰	−40～0	0.43	1.797
水		0.999	4.176

表 17　液体的比热

液体	温度/℃	比热 kJ/(kg·K)	比热 kcal/(kg·K)
乙醇	0	2.30	0.55
	20	2.47	0.59
甲醇	0	2.43	0.58
	20	2.47	0.59
乙醚	20	2.34	0.56
水	0	4.220	1.009
	20	4.182	0.999
弗利昂-12	20	0.84	0.20
变压器油	0～100	1.88	0.45
汽油	10	1.42	0.34
	50	2.09	0.50
水银	0	0.1465	0.0350
	20	0.1390	0.0332
甘油	18		0.58

表 18　某些金属和合金的电阻率及其温度系数

金属或合金	电阻率 /(μΩ·m)	温度系数 /(℃⁻¹)	金属或合金	电阻率 /(μΩ·m)	温度系数 /(℃⁻¹)
铝	0.028	42×10^{-4}	锌	0.059	42×10^{-4}
铜	0.0172	43×10^{-4}	锡	0.12	44×10^{-4}

续表

金属或合金	电阻率/($\mu\Omega\cdot m$)	温度系数/($℃^{-1}$)	金属或合金	电阻率/($\mu\Omega\cdot m$)	温度系数/($℃^{-1}$)
银	0.016	40×10^{-4}	水银	0.958	10×10^{-4}
金	0.024	40×10^{-4}	伍德合金	0.52	37×10^{-4}
铁	0.098	60×10^{-4}	钢(0.10%~0.15%碳)	0.10~0.14	6×10^{-3}
铅	0.205	37×10^{-4}	康铜	0.47~0.51	$(-0.04\sim0.01)\times10^{-3}$
铂	0.105	39×10^{-4}	铜锰镍合金	0.34~1.00	$(-0.03\sim0.02)\times10^{-3}$
钨	0.055	48×10^{-4}	镍铬合金	0.98~1.10	$(0.03\sim0.4)\times10^{-3}$

表19　标准化热电偶的特性

名称	国标	分度号	旧分度号	测量范围/(℃)	100℃时的电动势/mV
铂铑10-铂	GB 3772—1983	S	LB-3	0~1 600	0.645
铂铑30-铂铑6	GB 2902—1982	B	LL-2	0~1 800	0.033
铂铑13-铂	GB 1598—1986	R	FDB-2	0~1 600	0.647
镍铬-镍硅	GB 2614—1985	K	EU-2	−200~1 300	4.095
镍铬-考铜			EA-2	0~800	6.985
镍铬-康铜	GB 4993—1985	E		−200~900	5.268
铜-康铜	GB 2903—1989	T	CK	−200~350	4.277
铁-康铜	GB 4994—1985	J		−40~750	6.317

表20　在常温下某些物质相对于空气的光的折射率

物质	H^a线(656.3 nm)	D线(589.3 nm)	H线(486.1 nm)
水(18℃)	1.334 1	1.333 2	1.337 3
乙醇(18℃)	1.306 9	1.362 5	1.366 5
二硫化碳(18℃)	1.619 9	1.629 1	1.654 1
冕玻璃(轻)	1.512 7	1.515 3	1.521 4
冕玻璃(重)	1.612 6	1.615 2	1.621 3
燧石玻璃(轻)	1.603 8	1.608 5	1.620 0
燧石玻璃(重)	1.743 8	1.751 5	1.772 3
方解石(寻常光)	1.654 5	1.658 5	1.667 9
方解石(非常光)	1.484 6	1.486 4	1.490 8
水晶(寻常光)	1.541 8	1.544 2	1.549 6
水晶(非常光)	1.550 9	1.553 3	1.558 9

表21　常用光源的谱线波长　　　　　　　　　　　　　单位:nm

一、H(氢)
656.28 红
486.13 绿蓝
434.05 蓝
410.17 蓝紫

447.15 蓝
402.62 蓝紫
388.87 蓝紫
三、Ne(氖)
650.65 红

589.592(D_1)黄
588.995(D_2)黄
五、Hg(汞)
623.44 橙
579.07 黄

续表

397.01 蓝紫	640.23 橙	576.96 黄
二、He(氦)	639.30 橙	646.07 绿
706.52 红	626.65 橙	491.60 绿蓝
667.82 红	621.73 橙	435.83 蓝
587.56(D_2)黄	614.31 橙	407.68 蓝紫
501.57 绿	588.19 黄	404.66 蓝紫
492.19 绿蓝	585.25 黄	六、He-Ne 激光
471.31 蓝	四、Na(钠)	632.8 橙

三、常用仪器的性能参数

*表 22 长度测量

	名称	主要技术性能	特点和简要说明
基准量具及实现原理	饱和吸收稳频激光辐射（或称为激光波长基准）	CIPM 推荐了用于复现米定义的 8 种饱和吸收稳频激光辐射（频率值、波长值及其不确定度），其中最常用的是 633 nm，由碘稳频 He-Ne 激光器实现复现，规定其复现性为 2.5×10^{-11}	$^{127}I_2$ 和 $^{129}I_2$ 分子在 633nm 附近有多条强吸收谱线，且每条吸收线又有多个超精细结构分量。置碘吸收室于 He-Ne 激光器谐振腔内，当激光频率调谐到吸收线中心频率附近时，其激光输出功率曲线上出现饱和吸收峰，通过稳频器将激光频率自动锁定到吸收线中心
	线纹尺	标准线纹尺有线纹米尺和 200 mm 短尺两种。一般线纹尺的长度有 0.1 m, 0.5 m, 2 m, 5 m, 10 m, 20 m, 50 m 等 1~1 000 mm 线纹尺准确度： 1 等：±(0.1+0.4L/m)μm 2 等：±(0.2+0.8L/m)μm 3 等：±(3+7L/m)μm	作为长度标准用或作为检定低一级量具的标准量具
	量块	按制造误差分成： 00,0,1,2,(3),标准(k)6 级 00 级，小于 10 mm 的量块，工作面上任意点的长度偏差不得超过 ±0.06 μm	是长度计量中使用最广和准确度最高的实物标准，常为六面体，有两个平行的工作面，以两工作面中心点的距离来复现量值

续表

	名称	主要技术性能	特点和简要说明
常用量具	钢直尺	规格　　　　　全长允差 至 300 mm　　　±0.1 mm 300～500 mm　　±0.15 mm 500～1 000 mm　±0.2 mm	测量范围再大,可用钢卷尺,其规格有 1 m,2 m,5 m,10 m,20 m,30 m,50 m。1 m,2 m 的钢卷尺全长允差分别为 ±0.5 mm,±1 mm
	游标卡尺	测量范围:有 125 mm,200 mm,300 mm,500 mm 等 游标分度值:0.1 mm,0.05 mm,0.02 mm 示值误差:0～300 mm 的同分度值 >300～500 mm 的相应为 0.1 mm,0.05 mm,0.04 mm	游标卡尺可用来测量内、外直径及长度,另外还有专门测量深度和高度的游标卡尺
	螺旋测微计（千分尺）	量限:10 mm,25 mm,50 mm,75 mm,100 mm 示值误差(≤100 mm 的): 1 级为 ±0.004 mm 0 级为 ±0.002 mm	千分尺的刻度值通常为 0.01 mm,另外还有刻度值为 0.002 mm 和 0.005 mm 杠杆千分尺
常用测量仪器	测量显微镜	JLC 型:测微鼓轮的刻度值为 0.01 mm 测量误差:被测长度 L_m 和温度为 20 ℃±3 ℃时为 $\pm\left(5+\dfrac{L}{15}\right)$ μm	显微镜目镜、物镜放大倍数可以改变。可用于观察、瞄准或直角坐标测量,有圆工作台的还可测量角度
	阿贝比长仪	测量范围:0～200 mm 示值误差:$\left(0.9+\dfrac{L}{300-4H}\right)$ μm L(mm)——被测长度 H(mm)——离工作台面高度	与精密石英刻尺比较长度
	电感式测微仪	哈量型 示值范围(μm):±125,±50,±25,±12.5,±5 分度值(μm):5,2,1,0.5,0.2 示值误差:各挡均不大于 ±0.5 倍 TESA,CH 型 示值范围(μm):±10,±3,±1 分度值(μm):0.5,0.1,0.05	一对电感线圈组成电桥的两臂,位移使线圈中铁芯移动,因而线圈电感一个增大,一个减小,并且电桥失去平衡。相应地有电压输出,其大小在一定范围内与位移成正比
	电容式测微仪	20 世纪 70 年代产品 示值范围(μm):-2～8,-20～80 分度值(μm):0.2,2 示值误差:1 μm 20 世纪 80 年代已有分辨率达 10^{-9} m 的产品	将被测尺寸变化转换成电容的变化,将电容接入电路,便可转换成电压信号

续表

	名称	主要技术性能	特点和简要说明
常用测量仪器	线位移光栅（长度光栅）	测量范围：30～1 000 mm 分辨率：1 μm 或 0.1 μm，甚至更高	光栅实际上是一种刻线很密的尺。用一小块光栅作为指示光栅覆盖在主光栅上，中间留一小间隙，两光栅的刻线相交成一小角度，在近于光栅的垂直方向上出现条纹，称为莫尔条纹。当指示光栅移动一小距离时，莫尔条纹在垂直方向上移动一较大距离，通过光电计数可测出位移量
	感应同步器，磁尺，电栅（容栅）	分辨率可达 1 μm 或 10 μm	多在精密机床上应用
	单频激光干涉仪	量程一般可达 20 m 分辨率可达 0.01 μm	激光作为光源，借助于一光学干涉系统可将位移量转变成移过的干涉条纹数目。通过光电计数和电子计算直接给出位移量。测量准确度高，需要恒温、防振等较好的环境条件
	双频激光干涉仪	量程可达 60 m，分辨率一般可达 0.01 μm，最高可达亚埃量级	与单频激光干涉仪相比，抗干扰能力强，环境条件要求低，成本高

* 表22～表29选自丁慎训. 物理实验教程（普通物理实验部分）. 北京：清华大学出版社，1992。略作补充及修改。

表 23　时间和频率测量

名称	主要技术性能	特点和简要说明
铯束原子频率标准	频率 $f_0 = 9\ 192\ 631\ 770$ Hz 不确定度优于 1×10^{-13} (1σ) 稳定度 7×10^{-15}	用做时间标准。在国际单位制中规定，与铯-133 原子基态的两个超精细能级间跃迁相对应的辐射的 919 263 177 0 个周期的持续时间作为时间单位秒
石英晶体振荡器	频率范围很宽，频率稳定度在 $10^{-4} \sim 10^{-12}$ 范围内，经校准，1 年内可保持在 10^{-9}。高质量的石英晶体振荡器，在经常校准时，可达 10^{-11}	在时间频率精确测量中获得广泛应用。频率稳定度与选用的石英材料及恒温条件关系密切
电子计数器测量时间间隔和频率	测量准确度主要决定于作为时基信号的频率准确度及开关门的触发误差，测量准确度较高	以频率稳定的脉冲信号作为时基信号，经过控制门送入电子计数器，由起始时间信号去开门，终止时间信号去关门，计数器计得时基信号脉冲数乘以脉冲周期即为被测时间间隔。用时间间隔为 1s 的信号去开门、关门，计数器所计的被测信号脉冲数即为被测信号频率

续表

名称	主要技术性能	特点和简要说明
示波器	测频率的准确度不很高	可测频率、时间间隔、相位差等，使用方便
秒表	机械式秒表，分辨率一般为 1/30 s，电子秒表分辨率一般为 0.01 s	

表 24 质量测量

	名称	主要技术性能	特点及简要说明
质量基准	国际千克原器	直径和高均为 39 mm 的铂铱合金圆柱体，含铂 90%、铱 10%，在温度为 293.15 K 时，其体积为 46.396 cm^3	1889 年，第一届国际计量大会决定该原器作为质量单位，保存在巴黎国际计量局原器库里
	中国国家千克基准	No.60：质量值为 1kg+0.271 mg，标准不确定度为 0.008 mg。表达为：$m_{No.60}$ = (1 000.000 271±0.000 008) g	该原器 1965 年从英国引进，经 BIPM 检定，由中国计量科学院（NIM）保存和使用
常用量具及仪器	天平	按天平的最大称量 m_{max} 与检定标尺间隔 d（即分度值、感量）之比分为 10 个准确度级别，1～10 级相应为比值 $(m_{max}/d) \geqslant 1 \times 10^{-7}$，$4 \times 10^{-6}$，$2 \times 10^{-6}$，$1 \times 10^{-6}$，$4 \times 10^{-5}$，$2 \times 10^{-5}$，$1 \times 10^{-5}$，$4 \times 10^{-4}$，$2 \times 10^{-4}$，$1 \times 10^{-4}$。其中 1～7 级为高精密天平，8～10 级为精密天平	按结构形式分，有杠杆天平、无杠杆天平、等臂、不等臂天平、单盘、双盘天平、还有扭力天平、电磁天平、电子天平等 按用途分，有标准天平、分析天平、工业天平、专用天平 按分度值分，有超微量、微量、半微量、普通等天平
	砝码	按准确度高低分 5 等，各等级砝码的允差(mg)为： 标称质量 1 2 3 4 5 10 kg ±30 ±80 ±200 ±500 ±2 500 1 kg ±4 ±5 ±20 ±50 ±250 100 g ±0.4 ±1.0 ±2 ±5 ±25 10 g ±0.10 ±0.2 ±0.8 ±1 ±5 1 g ±0.05 ±0.10 ±0.4 ±1 ±5 100 mg ±0.03 ±0.05 ±0.2 ±1 10 mg ±0.02 ±0.05 ±0.2 ±1 1 mg ±0.01 ±0.05 ±0.2	用物理化学性能稳定的非磁性金属制成 一、二等砝码用于检定低一等砝码及与 1～3 级天平配套使用；三等砝码与 3～7 级天平配套使用；四等砝码与 8～10 级天平配套使用；五等砝码用于检定低精度工商业用秤和低精度天平
	工业天平（TG 75）	分度值 50 mg，称量 5 000 g，7 级	普物实验用
	普通天平（TG 805）	分度值 100 mg，称量 5 000 g，8 级	物理实验用
	精密天平（LGZ 6-50）	分度值 25 mg，称量 5 000 g，6 级	用于质量标准传递和物理实验
	高精度天平	分度值 0.02 mg，称量 200 g，1 级	检定一等砝码、高精度衡量，计量部门用

表 25 温度测量

名称	主要技术参数	原理或特点的简要说明
玻璃液体温度计、水银温度计 酒精温度计	测量范围可达 $-200\sim600$ ℃ 测量范围 $-35\sim500$ ℃ 对于测量范围在 $0\sim100$ ℃ 的温度计，分度值为 0.1 ℃ 时，示值误差限为 0.2 ℃；分度值不小于 0.5 ℃ 时，示值误差限等于分度值 测量范围 $-80\sim80$ ℃	工作原理基于液体在玻璃外壳中的热膨胀作用。当储液泡的温度发生变化时，玻璃管内液柱随之升高或降低，通过温度标尺便可读出温度值。感温介质有汞、酒精、甲苯等液体。由于结构简单，使用方便，成本低廉，得到广泛应用。一等标准水银温度计，测量范围 $24\sim101$ ℃，最小分度值 0.05 ℃，允许误差 ±0.10 ℃
双金属温度计	测量范围 $-80\sim600$ ℃ 准确度等级 1.0，1.5，2.5 分度值最小 0.5 ℃，最大 20 ℃	两种不同膨胀系数的金属片焊接在一起，将一端固定，当温度变化时，膨胀系数较大的金属片伸长较多，致使其未固定端向膨胀系数较小的金属片一方弯曲变形，由变形大小可测出温度高低。由于无汞害，便于维护，坚固耐振，故广泛用于工业生产和科研
压力式温度计 气体压力式 液体压力式 蒸气压力式	测量范围 $-100\sim500$ ℃ 准确度等级 1.0，1.5，2.5	当温度变化时，装入密闭容器内的感温介质的压力随之变化，致使弹簧管变形，经传动机构带动指针偏转而测温。用做感温介质的有氮、低沸点蒸发液体丙酮、乙醚等。由于能防爆、远距离测温、读数清晰、使用方便，故多用于固定的工业生产设备中
电阻温度计 铂热电阻 铜热电阻 热敏电阻 铑铁电阻	常用的测量范围 $-200\sim650$ ℃ 测量范围 $-259.3\sim630.70$ ℃ 测量范围 $-50\sim150$ ℃ 测量范围 $-40\sim150$ ℃ 测量范围 $0.1\sim273$ K	利用物质的电阻随温度而变化的特性制成的测温仪器。由于测温准确度高、范围宽，能远距离测量，便于实现温度控制和自动记录，故应用较广泛。国际实用温标规定复现 13.803 3 K 到 961.78 ℃ 这个温区的温度量值，采用基准铂电阻温度计。典型的标准铁电阻具有 25.5 Ω 的冰点电阻，平均灵敏度为 0.1 Ω/℃（$0\sim100$ ℃）或 200 μV/℃（工作电流为 2 mA）
热电偶温度计 铂铑$_{10}$-铂 镍铬-镍硅 铜-康铜	测量范围 $1\sim2\,800$ ℃ 测量范围 $0\sim1\,600$ ℃，微分电势 $(5\sim12)$ μV/℃，1 100 ℃ 以下时允差为 1.0 ℃ 常用测量范围 $0\sim1\,300$ ℃，400 ℃ 以下工业用热电偶的允许误差，一般为 3 ℃ $-200\sim350$ ℃，微分电势不小于 16 μV/℃	热电偶是由两种不同的金属或合金制成的，它们的一端焊在一起形成测温端，另一端置于标准温度下。当两个端点置于不同温度处热电偶回路中就会有电动势产生。金属种类和成分确定后，温差和电动势的关系一般即确定，因此，测出电动势便可测得温差。由于结构简单、体积小、测量范围广、灵敏度高、能直接将温度量转换为电学量，适用于自动控温，已成为目前应用最为广泛的测温元件。铂铑$_{10}$-铂热电偶是国际实用温标复现 $630.755\sim1\,064.43$ ℃ 温区的温度量值的基准仪器

续表

名称	主要技术参数	原理或特点的简要说明
光学高温计	测量范围 700~3 200 ℃ 一般工作距离≥700 mm 精密光学高温计在 900~1 400 ℃范围内基本误差可小于±8 ℃	被测高温物体的热辐射表现为一定的亮度,经物镜聚焦在灯丝平面上,改变灯丝电流来改变灯丝亮度,并且与被测物亮度比较。当亮度一致时,灯丝隐于被测物的亮背景之中,此时的电流值即可指示与被测物相应的亮度温度。它是非接触测温仪表,是目前高温测量中应用较广的一种测温仪器
光电高温计	测量范围宽,测量下限值低于光学高温计和辐射温度计	由于采用单色滤光器件,光电探测器等改进了光学高温计,大大提高了灵敏度和准确度。测金凝固点温度(1 064.43 ℃)不确定度达0.04 ℃,分辨率为0.005 ℃,是复现 1 064.43 ℃以上的国际实用温标的基准仪器
辐射温度计	测量范围 100~2 000 ℃ 常用的辐射高温计在 1 000~2 000 ℃范围内基本误差不大于 20 ℃	被测物体的辐射能经过透镜聚焦在热电堆的受热片上(有许多串联的热电偶热接点),受热片接受辐射能量转为热能而温度升高,热电堆中产生相应的热电势。利用物体辐射强度与温度 4 次方成正比的规律,从而较精确地测出温度。它也是非接触测温仪表之一

表 26　直流电流测量

	名称	主要技术指示	原理或特点的简单说明
基准量具及实现原理	电流天平	复现单位 1A,Δ_I/I 已可小于 4×10^{-6}	根据 SI 电流单位 A(安培)的定义,通过测量流过同一电流的两线圈(其几何形状及相对位置均已知)间的力来确定电流
	由测质子磁旋比 γ_p 来复现电流单位	$\gamma_p = 267\ 522\ 128\pm 81\ s^{-1}\cdot T^{-1}$,电流复现的不确定度在 10^{-6} 量级	一定尺寸的线圈中心磁场正比电流 I。磁场中核磁共振的频率 $\nu = \gamma_p B$,测出 ν,可求出 B,进而求出电流 I
	利用欧姆定律 $I=U/R$ 来实现	电压基准的参数见表26,电阻基准的确定度达 2×10^{-7}。1990 年起利用量子霍耳效应来复现实用电阻基准,其稳定度指标比不确定度高几个数量级	低温强磁场下,场效应管长条形表面沟通两侧的霍耳电极间产生霍耳电压 U_H,U_H 和漏极电流 I_P 之比 $R_H=U_H/I_P$。R_H 称为霍耳电阻,其阻值为物理常数 R_{K-90} 的整数分之一,这一效应称为量子霍耳效应。R_{K-90} 取约定值 25 812.807 Ω
	直流标准电流发生器	准确度很高,输出电流 0.001~10 A	由基准电压源、精密电阻分压器和高准确度、高增益运算放大器等部分组成

续表

	名称	主要技术参数	原理或特点的简要说明
常用测量仪表及装置	振动电容静电计	电流分度值可达 1×10^{-16} A/div	由振动电容器、电子放大器和指示仪表等组成测微电流的振动电容静电计,可用于超高阻测量。微电流经振动电容器调制后再放大
	磁电系仪表		一般动圈式磁电系仪表中,载流线圈在永久磁铁磁场中发生偏转。该类仪表准确度高、灵敏度高、功耗小、刻度均匀,但过载能力差
	电流表	准确度多在 1.5 级以上,可达 0.05 级	无分流器的磁电系电流表只有微安表或毫安表,仅能测直流
	检流计(灵敏电流计)及光点反射(或复射)式电流计	指针式分度值在($10^{-6}\sim 10^{-7}$)A/div 量级,光点式在($10^{-6}\sim 10^{-10}$)A/div 量级	用于测小电流或作平衡指示仪表。也常用直流放大器和检流计(或微安表)相连组成弱电流测量装置或平衡指示装置,以代替光点式检流计,其分辨率可优于光点检流计
	电磁系电流表	可测 $10^{-2}\sim 10^{2}$ A 的电流,准确度一般低于 0.5 级	在固定载流线圈和可动软磁铁芯间产生偏转力矩 M,$M\propto I^2$。电磁系表可直接测大电流,过载能力强,结构简单,交、直流两用,但刻度不均匀、功耗较大、灵敏度较低
	电动系电流表	准确度可达 0.5 级以上,最高达 0.1 级。量限为 $10^{-1}\sim 1$ A 量级	通有电流的固定线圈和可动线圈间产生偏转力矩。电动系仪表准确度高,可用于交流测量,灵敏度较高,但刻度不均匀,过载能力差,易受外磁场干扰且功耗较大
	数字电流表	量限 $10^{-8}\sim 10^{1}$ A,分辨率可小于 10^{-10} A	利用基于欧姆定律的电流电压转换器将电流转换为电压,经数字电压表(参阅表 26)显示电流值
	直流大电流测量装置		测 10 A 以上的大电流时,常用定值电阻和上述仪表并联分流的办法。分流器分为并联分流和环形分流两种,后者常用于多量程电流表

表 27　直流电压测量

	名称	主要技术指标	原理或特点的简要说明
基准量具及实现原理	标准电池	电动势稳定度级别 0.2～0.001,国家基准电池组的平均值年漂移小于 2×10^{-7}	电动势稳定性较好,结构简单,但温度系数大,易碎。其电动势不确定度(最高)为 10^{-6} 量级
	电压天平	不确定度约 1×10^{-5}	两平行平面电极间的静电引力 F 和电压平方 U^2 成正比。已知 F、极间距和面积,可求 U
	液体静电计	不确定度约 1×10^{-5}	汞液面和它上方的平板电极间加电压 U,静电力使电极下方液面升高一定距离 Δh

续表

	名称	主要技术指标	原理或特点的简要说明
基准量具及实现原理	利用约瑟夫森效应实现电压的新实用基准自1990年1月1日起在世界各国推行	我国1993年完成量子电压基准装置研制,1995年与BIMP进行比对,两装置所复现的电压单位相差-1.1×10^{-1},标准不确定度为1.1×10^{-10}。我国的量子电压基准装置达到国际先进水平,并居于前列	低温下两超导体间夹有极薄的绝缘层,组成了约瑟夫森结。用频率为ν的电磁波照射结时,在一系列分立的电压值U_n上,可感应出直流电流,且$\nu_n=K_{J-90}U_n$,n是正整数。这是外感应约瑟夫森效应。常数K_{J-90}取约定值483 597.9 GHz/V
	使用稳压二极管的标准电压发生器	通常用10 V、100 V、1 000 V 3个量限,不确定度可优于5×10^{-5}	由基准电压源、精密电阻分压器和运放组成。基准电压源由稳压二极管等构成。稳压二极管温度系数小,其电压不确定度小于2×10^{-6},广泛用于数字仪表中
常用测量仪表及装置	光电放大检流计	电压分度值可达1×10^{-9} V/div	检流计偏转时,小镜使照在两并置光电池上的光强差改变,从而使其光电流的差值改变,光电流差由另一检流计指示
	直流电位差计	准确度分为10个级别:0.000 1, 0.000 2, 0.000 5, 0.001, 0.002, 0.005, 0.01, 0.02, 0.05, 0.1 按测量范围分为高电势电位差计(最大测量电压$\geqslant$1 V)和低电势电位差计(最大测量电压<1 V)	测量盘有不同的线路结构类型:向单分压线路、串联代换线路、并联分压式、电流叠加线路、桥式线路和分列环式线路等 直流单位差计具有测量准确度高,对被测电路无影响等特点,可用来测量微伏级到约2V的电动势。配以标准附件可测量电流、电阻、功率及较大电压。配合热电偶能测量温度;还可以对各种直流电压表、电流表及标准电阻进行检定
	磁电系检流计和电压表	检流计电压分度值($10^{-4}\sim10^{-8}$)V/div,电压表准确度1.5~0.05级	磁电系电压表准确度高,功耗小,但过载能力低。内阻一般为($10^3\sim10^4$)Ω/V量级。量限一般小于10^3 V
	电磁系电压表	测量范围$1\sim10^3$ V,准确度一般为5.0~0.05级	结构简单,过载能力强,可测交流电压,分度不均匀。内阻约为($10^1\sim10^3$)Ω/V量级
	电动系电压表	准确度可达0.5级以上(最高达0.1级)	准确度高,可测交流,常用防外磁场干扰的机构。过载能力差,分度不均。内阻一般小于磁电系仪表
	静电系电压表	输入电容$10^{-11}\sim10^{-10}$ F,量限$10^3\sim7.5\times10^5$ V	电容器两极板间的静电作用力产生的转矩正比于极间电压的平方。测量时功耗最小,也可测交流电压,输入阻抗很高,但准确度较低

续表

	名称	主要技术指标	原理或特点的简单说明
常用测量仪表及装置	数字电压表	分辨率可达 $10^{-4} \sim 10^{-9}$ V，量限可为 $10^{-2} \sim 10^3$ V	主要部件为基准源、电阻（或分压器）和放大器 3 部分。带精密感应分压器的数字表允许以 10^{-7} 的不确定度进行电压比较。基准源多用硅稳压二极管
	分压法测直流高压		有串联电阻分压和串联电容分压两类，后者仅限于和静电系电压表配合使用
	示波器测量电压	输入阻抗可达 $10^5 \sim 10^6$ Ω 或更高，测量范围 $10^{-4} \sim 10^2$ V 量级	测量准确度低，输入阻抗高，较直观。可测直流、交流或脉冲电压

表 28　直流电磁感应强度的测量方法简介

名称	主要技术指标	原理或特点的简要说明
电磁感应法（探测线圈法）用冲击电流计、格拉索特（Grassot）磁通计或电子积分器		根据电磁感应定律，在已知探测线圈参数时测出和感应电动势有关的量，进而求出磁场 B。可在磁场建立时测感应电动势（或电流）对时间的积分，也可在线圈翻转 180°或移至无磁场处时测上述量。冲击电流计能测量电流对时间的积分，磁通计和电子积分器能测电压对时间的积分
旋转线圈法	测量范围 $3 \times 10^{-4} \sim 3$ T	转轴和磁场方向垂直，可测均匀场。已知线圈参数、转动频率时测出感应电动势，再算出 B 值
振动线圈法	不确定度为 10^{-2} 左右	线圈沿轴向（平行于外磁场）振动
浮线法		两端固定的载流柔性导线在与均匀磁场相垂直的平面内会发生弯曲，线上张力与磁场 B 成正比
核磁共振法	测量范围 $10^{-2} \sim 2$ T	在电磁波作用下处于外磁场中的原子核能级之间的共振跃迁现象叫核磁共振。共振时电磁波频率 $\nu=$ 磁场 $B \times$ 核子磁旋比 $\gamma/2\pi$。常用水或石油内的氢作共振用的样品，此法是目前磁场测量准确度最高的方法之一
电子顺磁共振法	测量范围 $10^{-4} \sim 2$ T	利用电子轨道及自旋的磁共振现象来进行测量，$\nu = B \times$ 电子磁旋比 $\gamma_e/2\pi$。因 γ_e 比核子磁旋比大两个数量级以上，故此法灵敏度高

续表

名称	主要技术指标	原理或特点的简要说明
霍耳效应法	测量范围一般为 $10^{-4} \sim 10$ T	霍耳探头尺寸可做到 25×25 μm^2 甚至更小,测量范围可小到 10^{-7} T,使用温度范围已达 $4.2 \sim 573$ K
磁通门法	量限 <0.1 T,主要用于小于 10^{-3} T 的弱磁场,分辨率最高可达 $10^{-18} \sim 10^{-19}$ T	利用高磁导率铁芯,在饱和交变励磁下选通铁芯中直流磁场分量,并将直流磁场转变为交流电压输出而进行测量。此法广泛用于地磁研究、探矿及星际磁测量等领域
磁光效应法	可测强磁场,如 $1 \sim 10^2$ T 量级的场	平面偏振光在置于磁场中的各向同性介质中沿磁场方向传播时,其偏振面发生旋转,转角正比于磁场 B,这叫法拉第效应(磁光效应)。此法响应速度快,可测上升时间很短的脉冲磁场,运用温度范围广,可用于低温条件下
超导量子干涉器件(SQUID)法	测量范围 $10^{-13} \sim 10^{-4}$ T,适合弱磁场测量,灵敏度很高,分辨率可达 10^{-15} T,可用于磁场差、磁场梯度的测量。即使在 2.5 T 的强场下,仍可测出 10^{-11} T 的磁场变化	两块超导体间夹有极薄的绝缘层,组成了约瑟夫森结。在一超导环内插入两个或一个约瑟夫森结可分别组成直流 SQUID 和射频 SQUID。这类器件在工作条件下产生一输出电压信号,该信号是穿过其超导环的磁通量的周期函数。它们能测量的最小磁通变化为 $10^{-5} \phi_0$ 的数量级,$\phi_0 = h/2e \approx 2.07 \times 10^{-15}$ Wb
光(泵)磁共振法	测量范围 $5 \times 10^{-6} \sim 10^{-3}$ T,测量不确定度可达 10^{-11} T,灵敏度高,可测出 10^{-14} T 的场	在弱磁场中,某些元素的超精细结构能级作进一步分裂。当用一定频率的合适圆偏振光照射原子时,各低能级上的粒子不断被光"泵"到各高能级上,而高能级上粒子又经过自发辐射跃迁回到各低能级上。这时由于跃迁的选择规则可以造成各低能级中某一较高能级上的粒子数密度远大于另一较低能级上的粒子数密度,这时如再加一个频率合适的射频场,就会产生在这两个能级之间的磁共振现象,叫作光(泵)磁共振或光学射频双共振

表 29 常用光探测器

类别	名称	原理	主要特性		特点及使用注意事项
			光谱响应范围	响应时间	
光电探测器	光电二极管	利用光生伏特效应制成,核心部分是一个 PN 结,与普通二极管不同的是有意使 PN 结能接受光照以获得光电流。一般在反向偏压下工作,也可以是零偏压	光谱响应范围与材料有关。锗管的光谱响应范围为 $0.4 \sim 1.8$ μm,峰值波长 $1.4 \sim 1.5$ μm。硅管的为 $0.4 \sim 1.1$ μm,峰值波长 $0.86 \sim 0.9$ μm	一般可达 10^{-7} s。PIN 型可达 10^{-10} s 量级	适用于可见光到近红外光区,光电流与温度有关,用于精密测量时要注意温度的影响。体积小,使用方便,是常用的探测器

续表

类别	名称	原理	主要特性		特点及使用注意事项
			光谱响应范围	响应时间	
光电探测器	光电池	也是利用光生伏特效应。在半导体片和金属片之间有一 PN 结，PN 结吸收能量足够大的光子后的结处形成电动势，金属一边带负电，半导体一边带正电，用导线连接两极则可产生光电流。一般在光不太强时，光电流的短路电流与光辐射照度成线性关系	硅光电池的光谱响应范围为 $0.4\sim1.1\ \mu m$，峰值波长 $0.86\ \mu m$。硒光电池为 $0.35\sim0.8\ \mu m$，峰值波长为 $0.57\ \mu m$，接近人眼的光谱响应，但易老化，寿命较短	$10^{-3}\sim10^{-5}$ s 量级	光电池结构简单，体积小，不需加偏压，寿命长，成本低，是常用的光探测器。其光灵敏度为 $(6\sim8)$ $\mu A/mm^2\cdot lx$，转换效率为 $6\%\sim12\%$ 以上。作探测器时，一般应使用在小的负载电阻情况 硅光电池用做大面积功率转换器件就是硅太阳能电池 应在黑暗中存放
	光敏电阻	硫化镉、硒化镉等光导管受光照射后电阻变小，且电阻值的变化与照射的光通量有一定关系，因而可通过测量光导管受光照后电阻的变化来测量入射光辐射光通量的大小	光谱响应一般在可见光 $0.4\sim0.76\ \mu m$ 范围。硫化镉光敏电阻的峰值波长为 $0.51\ \mu m$，接近人眼的光谱响应。硒化镉为 $0.72\ \mu m$，较人眼响应偏近红外	$10^{-1}\sim10^{-5}$ s 量级，比光电池的响应速度慢，但较灵敏	一般可用于光的测量、光的控制及光电转换 使用时要注意它所允许承受的最高电压值
	光电倍增管	某些金属氧化物表面吸收一定能量的光子后能发射电子，称为外光电效应。利用外光电效应可做成光电倍增管，它有一个阴极、多个倍增极和一个阳极。光照在阴极上时发射的电子打在倍增极上，并且产生二次电子，逐级增殖。最后，阳极收集电子形成电流	光谱响应与阴极材料有关。现在适应各种波长范围的不同的光电倍增管	可达 $10^{-8}\sim10^{-9}$ s	是目前最灵敏的光探测器，常用于测微弱光。它的放大倍数一般在 $10^6\sim10^8$ 范围。我国生产的对紫光 $(0.42\ \mu m)$ 灵敏的 GDB-546，其阳极光照灵敏度（即阳极输出的信号电流与入射到光电阴极的光通量之比）可达 2 000 A/lm 应在黑暗处存放
热电探测器	热电偶	一般采用合金或半导体材料做成热电偶，它的一端接收光辐射而升温，其温差电势与吸收的光辐射能成比例	对可见光到红外光的各种波长的辐射同样敏感，无特殊选择	响应速度较慢，一般在 $10^{-1}\sim10^{-3}$ s	流经热电偶的电流一般在 1 μA 以下。使用时注意，不能用万用表检查热电偶，以免烧坏。在光谱仪器中常采用真空热电堆
	热释电探测器	某些晶体受到辐射照射时，温度升高引起正比于辐射功率的电信号输出	对可见光到红外光的各种波长的辐射同样敏感，无特殊选择	可达 $10^{-4}\sim10^{-5}$ s 量级	电荷易泄漏，噪声较大，入射光宜斩波